猴 面 包 树

TOM CHATFIELD

CRITICAL

THINKING

向 答 案 提 问

[英] 汤姆·查特菲尔德 著　赵军 主译

浙江教育出版社·杭州

如果对事物不加批判，我们就总能找到我们想要的东西：我们总会找到证据来确认某些观点的正确性，可能会有失偏颇地忽视那些有悖于我们情感偏好的证据。

——卡尔·波普尔
Karl Popper

当然，
思想开放的问题在于，
人们会坚持走到一起，

努力
把事情
放进去

——特里·普拉切特
Terry Pratchett

不要试图通过提高嗓门来强化你的观点。

——德斯蒙德·图图
Desmond Tutu

所有的

人类力量

都可以为人

所抵御或改变。

——厄修拉·勒古恩
Ursula K. Le Guin

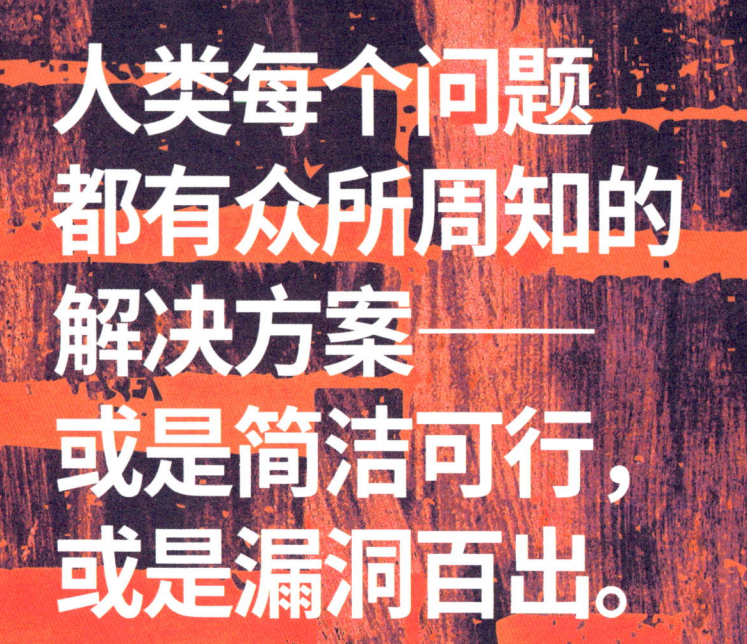

人类每个问题
都有众所周知的
解决方案——
或是简洁可行，
或是漏洞百出。

——门肯
H. L. Mencken

如果不说出来，
真相不会浮出水面。
如果不开口说话
或者动笔写作，
真相就会不复存在。

——苏珊·桑塔格
Susan Sontag

我深信，
逻辑思考的行为
不可能是人类头脑中的
自然行为。

—奈尔·德葛拉司·泰森

Neil Degrasse Tyson

只有让人
开始反思自身，
教育
才是有效的。

老师的
想法
并不重要。

——爱丽丝·摩尔·哈伯德
Alice Moore Hubbard

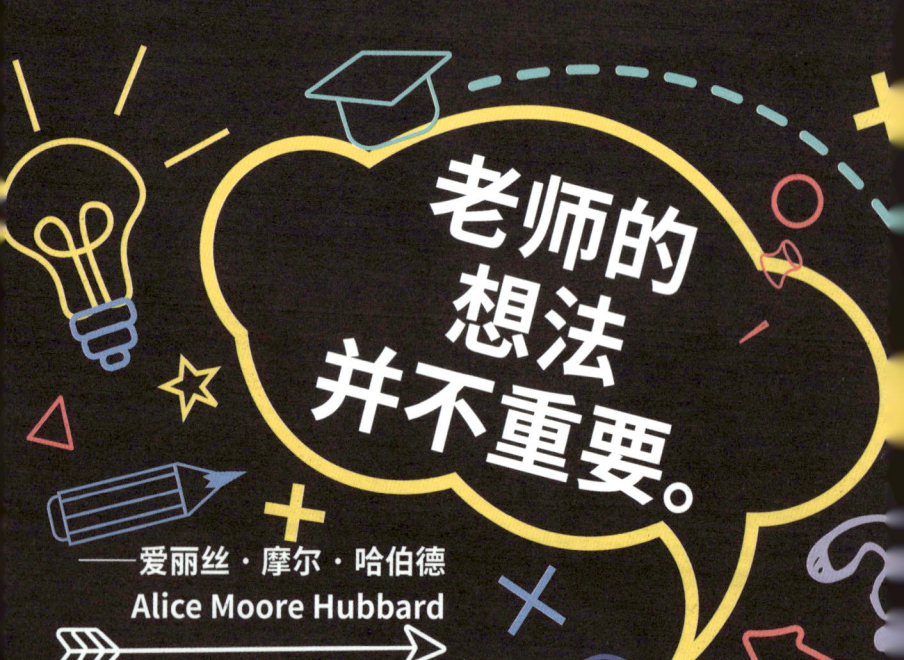

训练
可以预防
突发事件，

教育
可以应对
突发事件。

——詹姆斯·P. 卡斯
James P. Carse

当我们
通过想象和推理，
利用经验
预测未来时，
经验
就会变得
有价值。

——埃莉诺·罗斯福
Eleanor Roosevelt

发现
开始于
对异常现象的
认识
。

——托马斯·库恩
Thomas Kuhn

做研究
就应该在
最令人
意想不到的点上
攻击
既定事实。

——西莉亚·格林
Celia Green

一本书的价值远不止于阅读。

——莫里斯·桑达克
Maurice Sendak

那些
改变人生的想法
通常是
书籍
带给我的。

——贝尔·鲁克斯
Bell Rooks

我
不是用我的话
说服他人，
而是用
他们自己的话。

——理查德·穆伦德斯
Richard Mullendez

如果每个人
都对你说谎，
结果
并不是你
会相信
这些谎言，
而是
没有人
会相信
任何
事了。

——汉娜·阿伦特
Hannah Arendt

为什么聪明人也会如此愚蠢？

——雷伊·海曼 Ray Hyman

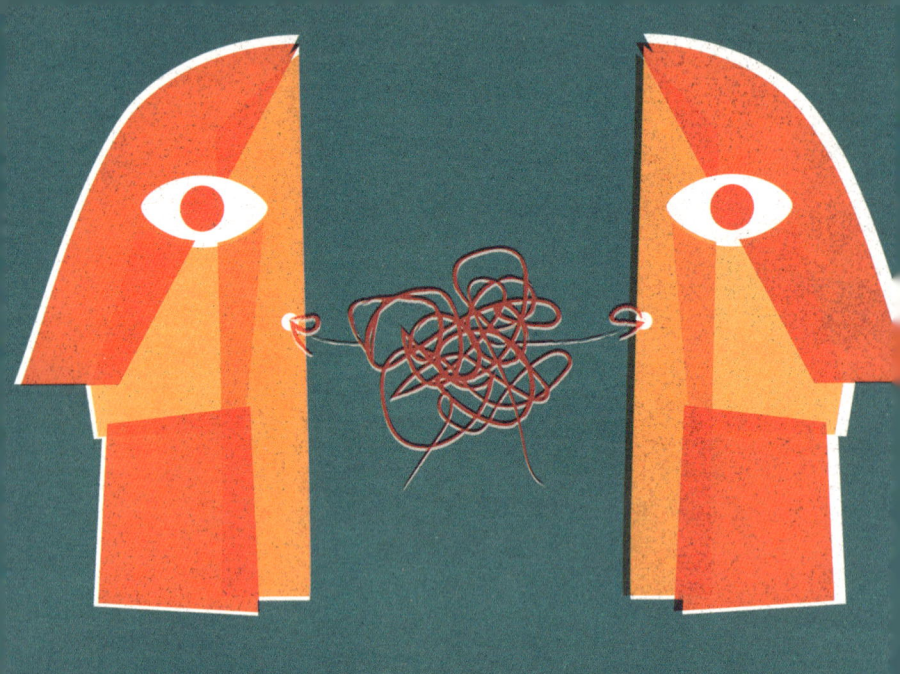

理性化
可能是用推理
来欺骗自己

——卡伦·霍妮
Karen Horney

你无法
劝说人们
拒绝他们本来
就不接受的事物
○

——班·高达可
Ben Goldacre

人们的想法
只有在
生活实践中
才能得到
检验。

——海伦·凯勒
Helen Keller

科学很好,但科学家存在危险。因为科学家也是人,和普通人一样受到偏见的影响,有时可能更甚。

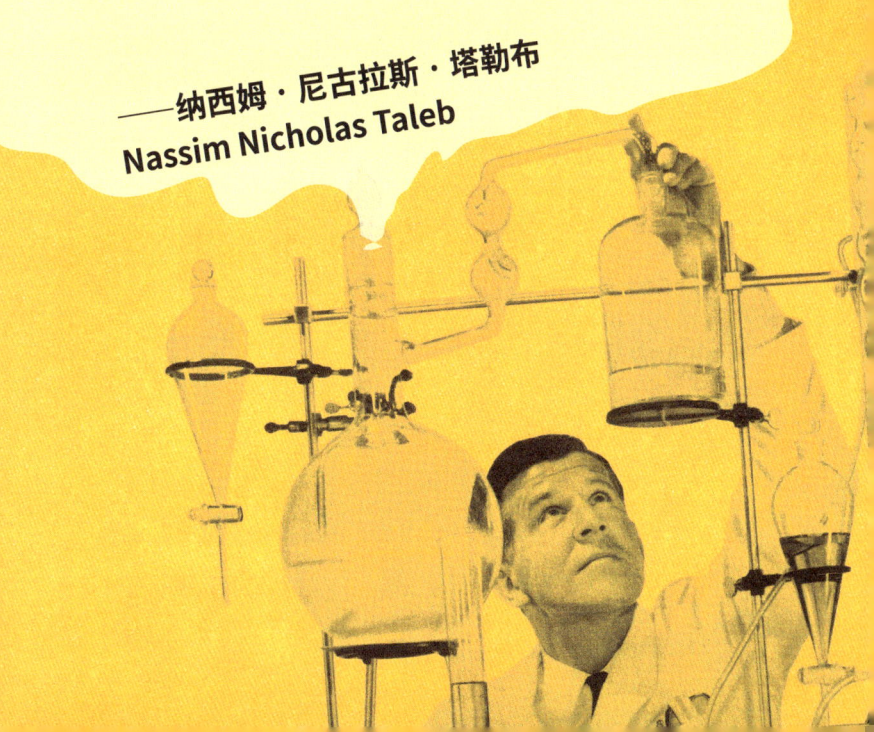

——纳西姆·尼古拉斯·塔勒布
Nassim Nicholas Taleb

记住，

解释要比预测
　　简单得多。
大多数事物
　　都远比你想象得复杂。
即便你自认为
　　　读懂了这句话，
也不意味着
你真正
认识到了
　　这一点。

——海姆·沙皮拉
Haim Sharpira

技术最重要的作用是改变人类。

——杰伦·莱纳
Jaron Lainer

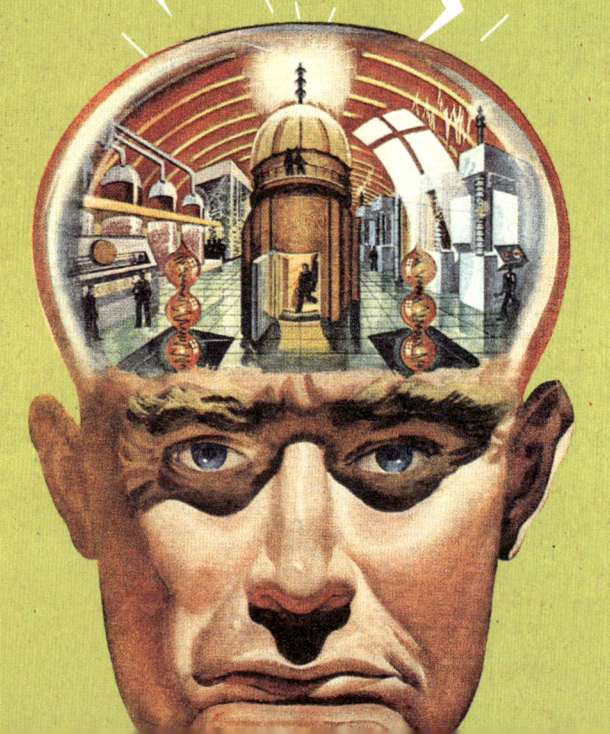

网络就像酒……它会让你所做的事情变得更糟糕。

——埃丝特·戴森

Esther Dyson

写作为生活赋予意义。你一生耕耘,可能就会为某个领域,创造非凡的意义。

——纳丁·戈迪默
Nadine Gordimer

诗歌
是给无名之物
命名，

从而
赋予我们
思考的机会。

——奥德尔·洛德
Audre Lorde

CRITICAL
THINKING

目录

译者序 /040

致谢 /048

第二版序言 /052

欢迎来到《向答案提问》 /054

读这本书有何裨益？/055
批判性思考本书/057

序章
何为批判性思维及其重要性？ /060

非批判性思维的对立面/061
怀疑精神和客观态度/066
区分两种偏见/071
快速思考和慢速思考/073
合理分配注意力/078
评估你的批判性思维工具箱/081
批判性思维的目标/086
总结/088

第一部分
保持理性的艺术和科学

第一章
理解事物背后的原因 /092

论证：以（推）理服人/094
识别论证：结论定点法/099
什么不是论证：没有推理的信息/103
解释：逆向推理的过程/114
什么不是论证：缺乏推理的劝说/122
总结/129

第二章
阐明论证和假设 /132

前提和结论：标准形式/134
重构扩展论证/141
手把手教学——如何重构论证/146
关于假设的几个问题/163
综合运用/167
总结/172

第三章
基于逻辑和确定性的推理 /176

关于演绎推理/178
有效论证与无效论证/180
必要条件和充分条件/186
有效推理和无效推理的两种类型/190
肯定前件vs肯定后件/191
总结/200

第四章
基于观察和不确定性的推理 /204

归纳论证/206
关于归纳力/208
归纳推理与日常语言/212
通过概率解决不确定性问题/216
处理样本/224
归纳存在的问题/232
归纳与证伪/235
总结/240

第五章
发展解释和理论 /244

关于溯因推理/246
解释、理论和假说/251
优化解释/255
从证据到证明/258
相关与因果/263
开展有意义的研究/272
总结/279

第六章
评估证据并制定阅读策略 /282

批判性地看待原始资料和次级资料/285
制定批判性阅读的策略/301
做笔记与进行批判性思考/312
总结/325

第二部分 在不合理的世界中保持理性

第七章
掌握修辞技巧 /330

语言和修辞的力量/332
将说服力融入语境中/338
详细分析信息：情感与故事/342
力求公正/346
修辞手法/352
总结/362

第八章
识破错误推理 /366

谬误论证和错误推理/368
形式谬误与非形式谬误/374
相关性非形式谬误（红鲱鱼谬误）/375
歧义非形式谬误（语言学谬误）/382
预设性非形式谬误（实质谬误）/386
两种形式谬误：肯定后件和否定前件/396
中项不周延：一种形式谬误/398
基本比率谬误：另一种形式谬误/400
从基本比率谬误到贝叶斯定理/402
总结/409

第九章
理解认知偏见 /412

启发式的四种类型 /415
正确运用启发式 /430
基于事物呈现方式的偏见 /433
由于过度简化导致的偏见 /439
自我认识不够深刻而导致的偏见 /446
行为经济学及其研究背景 /451
总结 /452

第十章
克服自己与他人的偏见 /456

高估偶然事件的重要性 /458
没考虑到未发生的事情 /470
高估规律性和可预测性 /479
人类：擅长社交情境，拙于统计数字 /489
总结 /490

第十一章
对技术保持批判性思维 /494

数据、信息和知识/497
社会认同和系统性偏差/507
时间、注意力和其他人/520
搜索、发现和知识分类/523
关于搜索和发现的实用建议/533
总结/542

第十二章
综合篇：研究、工作和生活中的批判性思维 /546

泛谈高质量写作/547
细说高质量学术写作/552
写作和重写练习/559
妨碍完成任务的因素/565
评估你的批判性思维/568
批判性思维中的十诫/570
总结/572

结语 /574

词汇表 /578

附录
五大论证有效形式纲要 /590

注释 /598

参考书目 /606

译者序

"批判性思维"这个名词，确实就像本书中所说的那样，听起来不友善。一方面，"批判"一词暗含的攻击意思让人们本能地产生抵抗和防御的情绪；另一方面，由于众所周知的历史原因，相当一部分人对"批判"一词心存误解，总以为所谓批判就是对言行思想的批评驳斥，从而对"批判性思维"先入为主地心存芥蒂。其实，批判性思维的字面意思恐怕并没有准确反映实际含义，英文中批判性（critical）一词不同于批判或批评（criticize），批判性是指审辩式、思辨式的评判，多是建设性的。早在英国文艺复兴时期，哲学家弗兰西斯·培根就曾经对批判性思维进行过准确且全面的定义：一种对探寻的渴望、对疑问的耐心、对沉思的热爱、对判断的谨慎、对思考的热衷、对部署调整的慎重，以及对任何欺骗行为的厌恶。彼时是1605年，这种致力于分析、创造与建设的思维模式第一次掀开其神秘的面纱，有了清晰的概念，并从此深刻影响世界和人类社会进步数百年，一直至今。

从培根的定义出发，我们不难认识到批判性思维本身并不是简单的质疑与驳斥，而是一种综合能力，包括对信息的评估、分析、探索和综合判断。在做出判断和决定之前，首先要对接收到的信息有正确的认识，才能最终得出理性的认知。如果不能批判性地思考，人们就可能会被不熟悉的事物迷惑,从而做出错误的选择或者决定。例如,后疫情时代,有些不良商家已经开始售卖所谓的"防毒能量牌",利用人们防范病毒的心理迷惑大众。如果不能仔细甄别接触到的信息,我们很可能会陷入这样或那样的陷阱中,因为并不是所有噱头都这样拙劣。信息浪潮席卷而来,我们每个人都需要处理大量的信息,如果不能建立自己严密的批判性思维体系,难免会被其中错误或者诡异的信息所裹挟。

培根对逻辑学的研究并未止步于此。15年后,他的《新工具论:或解释自然的一些指导》一书问世,书中矛头直指亚里士多德的传统哲学,称他的演绎推理逻辑"耽溺于争辩""不能帮助追求真理",统治西方世界观两千年的古希腊智慧面临近代科学的有力挑战。书中提出的经验认知原则开始将西方逻辑学引入归纳逻辑的时代。从文艺复兴至19世纪中叶,西方进入了三百年的逻辑发展近代时期,从培根到康德,从黑格尔到马克思,西方逻辑宇宙迅速膨胀,学界百家争鸣,传统逻辑与归纳逻辑针锋相对,理性逻辑与数理逻辑彼此挑战,在错综复杂的学说和批判中,西方逻辑学开始走向成熟。

与西方逻辑的发展史不同,中国的传统思维逻辑很少有抽象的理论研究。有中国学者曾经指出,中国传统的逻辑思维往往与政治、伦理紧密相连，受传统价值观的影响，将"天人合一"的哲学思想作为基础，未开启抽象化、公理化、形式化和符号化的发展，也没有形成系统的、完整的理论体系。清华大学经管学院原院长钱颖一教授曾经有一句经典的评价："中国的文化传统和教育传统在训练学生'how'方面见长。中国学生提出的问题，几乎所有都是关于'how'的，但很少是关于'why'的。我们往往满足于知其然，不知其所以然。"

批判性思维实质上是所有人，更是所有试图进行有效思考的人都需要掌握的能力。因此，其重要性不言而喻。美国学者理查德·保罗曾说过："批判性思维其实就是对思维的再思考。"他的观点和本书内容不谋而合。要在如今科学技术飞速发展、信息网络日新月异的时代保持清醒的头脑，需要我们认识到自己思维本身的弱点，强化思维能力，将传统哲学中逻辑推理的方法与信息技术时代的高新技术相结合，将批判性思维推向学习知识本身之外的领域，形成元认知，保持终身学习。

批判性思维不仅会提升我们的思维能力，同时还会塑造我们的人生观和价值观，因此，这本书超越了具体学科但又适用于所有学科，旨在帮助读者实现四个方面的转变：

成为有思想的批判者。现代人的一切活动，不论是学习工作、创作研究还是娱乐生活,都被纷繁复杂的信息裹挟。工作时要面对电脑上跳动的字符,闲暇时也难免掏出手机浏览社交网络。海量信息带来了甄别上的困难,这就需要我们强化逻辑思维,培养辨别是非对错、认清他人谬误的能力。只有严密的逻辑思维和精确的分析能力才能帮助我们剖析事物的根本,保持头脑清醒,不被谬误所迷惑。这种培养应当从孩童时期开始,建立筛选信息、做出判断和推理的能力,这些基本技能的建立对以后的工作学习研究都大有裨益。在本书中,作者阐述了推理方式的类型以及进行推理的方法,从基本的概念出发,通过分析案例强化认知,帮助读者建立对于逻辑推理中理论、方法和形式的认识,帮助读者判断演绎论证的有效性和可靠性、了解归纳论证的概率问题、辨别溯因论证中的相关性与因果关系,全面提高我们的逻辑思维能力,确保我们能对接收到的信息提出批判性的见解。

成为有深度的表达者。古今中外,许多思想名家、科学巨匠都具有完善的批判性思维,敢于质疑权威,拒绝墨守成规。实际上,大量推动社会发展的观点和学说都是从质疑前人的理论开始的。这些时代的推动者通常拥有两种共同的能力,建构和表达观点的能力,以及成熟的批判思考能力。批判性思维并不是要盲目地挑战别人的观点,而是要建立坚实的思维网络，提升自我逻辑的严密性，成为思路清晰、表达清晰的产出者。表达能力也是现代人必修的课题，清晰地组织自己的思想和观点，高效地进行表达，都是展示自我观点的必要条件。作者同时还展示了错误和低效的形式逻辑，阐释了有效、合理的推理方式，以帮助读者在思考过程中时时注意自己的错漏，形成符合逻辑的思维方法，表达出有深度、有见地的思想。

成为高效的学习者。时间和精力都是宝贵的有限资源，所以在逻辑思考之余，时间管理和精力分配也是每个人的重点。效率不高的研究者可能会为了一个假说去阅读数不胜数的文献或者处理海量的数据，诚然任何学科的研究都少不了日积月累的苦读，但高效阅读才是我们追求的目标。阅读的目的是定性而非定量，相比阅读的数量，了解阅读的目的、采取清晰的阅读策略更加重要。本书在阅读策略方面提供了极具价值的指导建议——如何规划阅读内容、对内容进行评估、寻找信息与观点之间的联系，以及如何形成自己的理解。盲目的阅读不仅浪费时间，还可能是无效的。跟随本书的指导，成为高效的阅读者，才能提高思维效率。

成为技术的驾驭者。21世纪以来，信息技术革命已经影响到了人们生活的方方面面。我们每天要与他人进行交流，在工作中做出决定，在生活中做出选择，这些活动无一不受我们接触的信息技术的影响，因此对其保持批判性思考的重要性已经不言自明。信息技术是人类社会发展的产物，它和人类一样有着偏误和盲区，这些偏误和盲区又与人类本身的偏误相互交叠，产生了全新的偏误效应：信息茧房、两极分化、近因偏误、影响力偏误……诸如此类的偏误，已经成为信息时代的烙印。个人要建立甄别偏误的能力、避免受其干扰、保持自身思想的中立性，就要积极培养完善的批判性思维。

对事实真伪、信息来源以及推理链条保持警惕，是贯穿本书的中心思想。在信息席卷而来、技术日新月异的时代，我们急需强化批判性思维的能力，以便做出正确的判断和选择。批判性思维并不是每个人生而具备的能力，而是需要后天培养的技能。只有具备了这样的技能，才能"权衡在手，明镜当台"，辨别是非、去伪存真。

当然，对批判性思维的认知也是螺旋式上升的过程，谁也不能刚接触便掌握这样的能力。本书介绍的批判性思维是一套完整的思维体系，囊括大量的工具和要点，要运用自如首先要经过大量的练习。跟随本书的指示与引导，相信大家都能"知之愈明，则行之愈笃；行之愈笃，则知之益明"。万千之道，终究还是要在实践中学习。本书的一大特色就是结合阅读、写作和新技术的使用来详细阐述批判性思维的重要性，书中包括大量的实例便于读者深入理解。祝愿大家在读完本书后，都能形成严密的思维体系，不唯书不唯上，只唯实只唯理。从此以后，无论是面对浩如烟海的信息，还是分析千变万化的语言，内心自有正确的判断。

最后，我想特别感谢猴面包树工作室资深文化人李娟女士的信任，邀请我主译这本书。因为我过去在思维研究领域的作品主要是关于原创性思维和创新性思维的，例如《走出思维泥潭》《像天才一样思考》，翻译本书让我可以站在批判性思维角度重新梳理思维研究的知识体系，并有机会对创新性思维和批判性思维之间的关系做一些比较和思考。潘曼谊和刘奕蕾参与了翻译工作，展现了良好的合作精神和学习态度，刘回、阎芳和陈喆等朋友也提了很好的意见，在此一并感谢。

赵军

2022年12月24日于北京中关村

中国科学院国家空间科学中心研究员，管理学博士，长期从事创新和战略研究工作，具有丰富的创新管理和领导实践经历，研究领域主要为科技体制、高层次人才政策、科学传播、技术转移转化以及创新思维与方法。主持多个重要研究课题，公开发表30余篇高水平SCI和核心期刊学术论文，正式出版《创造力危机》《走出思维泥潭》《像天才一样思考》《生源能源产业生态系统研究》等7部著作，作品受到广泛好评，获"全国优秀科普作品""中国科学院优秀科普图书"等多项荣誉。

致谢

首先，我想感谢你选择本书，希望你能喜欢并有所收获，也特别期待你与我以及其他读者分享各种想法、疑问和建议。

其次，写书真的并非易事，这本书之所以能够成功出版，离不开许多人的热心帮助，他们卓越的才能让我受益良多，否则，要完成此书真是异想天开。

有段日子里，我闭门不出在办公室里埋头写作，感谢我的妻子凯特，还有我的孩子托比和克利欧始终给予我坚定的支持。谢谢你们为我做的一切，我爱你们。

世哲出版社能出版这本书是我莫大的荣幸，在此过程中我结识了很多优秀的朋友和合作伙伴，包括齐亚德、基伦、玛莎、凯蒂、马克、贾伊、凯瑟琳(C)、艾米、凯瑟琳(K)、蒂莫等。和他们一起相处的那些日子，是我近些年来最快乐又最有激励意义的时光。本书编辑是米拉·斯蒂尔和贾伊·西曼，他们过硬的专业水平、高昂的工作热情和宽容待人的亲和力贯穿始终，并且整个工作过程精彩纷呈。这本书的排版设计十分美观，这要归功于产品经理伊恩·安特克利夫和创意设计师肖恩·默西埃。还有，我尤其要感谢齐亚德·马拉的热情帮助和友情支持。我希望没有辜负大家的信任。

在我写作期间，牛津大学互联网研究所提供了家园般宁静的创作环境，我特别感谢薇姬·纳什提供的这一切，让我得以在那里度过快乐的时光。卢西亚诺·弗洛里迪的帮助和建议也给我良多启发。牛津大学就像我的第二个家，朱迪斯和劳伦斯·弗里德曼提供了慷慨的帮助，因此我也十分珍惜与他们之间缔结的真挚友谊。

过去数年中，很多朋友都激励着我不断前进，他们的珍贵友谊和真诚交流都让我受益匪浅。特别是奈杰尔·沃伯顿，他是一位慷慨的良友，不管是实际相处的感受，还是通过跟别人言谈得知，他都是我的学习榜样。我在伦敦有幸认识了很多同事，包括罗曼·克日纳里克、菲莉帕·佩里和约翰·保罗·夫林托夫，他们不断丰富着我的思想以及对生命的感悟。此外，也特别感谢朱立安·巴吉尼、朱尔斯·埃文斯、乔纳森·罗森和大卫·爱德蒙兹的鼎力相助。

第二版序言

让我万分惊喜的是，本书第一版收获了成千上万名来自世界各地的读者，而你现在手中拿着的是全新修订后的第二版。本次修订中，我尝试专注于自己一贯推崇的原则：清晰易懂、实事求是和实用至上。我尝试更新和提升书中各种观点的清晰度和准确性，同时也着重强调了我们身处21世纪所面临的技术、信息系统和数字文化。本书中的相关术语解释均建立在批判性思维的语境基础上。所以说，此次改版不是将原书完全推倒重来，而是对内容进行更新和改进。当然，我最希望的是能给读者提供更好和更全面的阅读体验。

我还要衷心感谢那些主动联系我并对第一版提出具体更正和改进建议的读者，包括丽贝卡·苏伦、贝内特·麦克纳尔蒂、杰夫·拉森和R.E.温科等。此外，还有几十名读者与我分享了他们的个人见解，或者特意写信告诉我，这本书让他们受益良多。

毫无疑问，能写出一本让人开卷有益的书，是一名作者最开心的事情。所以，我希望这本书能让你有所裨益，在你研究、学习、思考或是向某一目标前进时能够增添信心。

再次感谢读者们花费宝贵时间来阅读本书，也祝大家一切顺利。

欢迎来到《向答案提问》

读这本书有何裨益？

欢迎你阅读这本书！无论你读这本书是因为工作或是兴趣爱好，是因为学习任务抑或是为了提升专业能力，批判性思维都对以下两个方面至关重要且大有帮助：

（1）帮助你在阅读其他人的作品或者是接受来自其他渠道的信息时，成为有选择且具有批判性思维的接受者。

（2）帮助你更好地创作，成为思路清晰且能够高效输出知识或表达想法的作者。

作为一门学科，批判性思维一贯强调这些原则，同时要求你学会批判性地思考论证和解释的方法和效用：我们试图解释事物的来龙去脉的方法，以及为什么某些理念和行动方针是合理的。

上述两个原则十分关键，但是我对批判性思维在另外两个拓展方面中与日俱增的重要作用也非常感兴趣，它们是：

（3）帮助你高效地管理自己的时间和注意力，并且更好地识别出思维中的偏见和缺陷。

（4）帮助你成为更自信、更具批判性的数字信息系统使用者，包括运用搜索引擎、浏览网页以及使用社交媒体等。

（3）和（4）描述的批判性思维的两点作用，与（1）

和（2）所列举的运用批判性思维的两种情况有相似之处且紧密相关。

如今，当我们着手开始研究或探索一些问题时，总是倾向于使用电子设备，包括在智能手机里输入搜索关键词、查找维基百科、浏览新闻网页、搜索期刊数据库、下载讲座视频和在社交媒体上寻找灵感等。

其实，在点击鼠标、输入检索或者上网浏览之前，我们已经被信息的洪流淹没了：动态更新、新闻头条、实时评论、虚假信息和谣言，其中充斥着众多碎片化的信息，当然也不乏高深奥妙的知识。人类收集、整理并创造了信息，从媒体到代码、从文字到数学模型，而且信息技术领域的成果日新月异——从利用大数据的人工智能到数十亿台追踪着我们一举一动的网络设备。

这些信息数量惊人又至关重要，所以处理信息的方式非常关键。我们如何才能充分利用这些指尖上的惊人资源，又同时保持住控制力和理解力？当今时代，大数据和人工智能等技术正在运用于越来越多的专业领域，我们如何才能最大限度地发挥人类的推理和创造能力？

我相信，如果想要在这个时代取得成功，就需要对思考本身进行批判性的思考，需要制定策略，充分利用科技所孕育的前所未有的互联互通，而不是盲目地被时代的浪潮席卷。因此，批判性思维不应止步于信息学习，还应被视作**元认知**的一部分——一种可以帮助我们适应和保持终身学习的更高层次的技巧。技术变迁的步伐如此迅速，未来几十年里人们从事的很多领域将不复存在，我想不出有什么比批判性思维更能作为21世纪教育和工作核心的宝贵能力了。

本书共分为两大部分。前一部分大致包括我所列出的第（1）点和第（2）点，阐明如何批判性地阅读他人作品以及如何将推理原则运用到自己作品中。后一部分主要关于第（3）点和第（4）点，着眼于如何审视思维方式，思考思维为什么会变得片面或漏洞层出，同时阐释批判性思维在信息爆炸的21世纪中的意义。

批判性思考本书

为了遵循批判性思维的原则，你不应该认为我所说的就是适用于所有事情的金规铁律，也不必勉强自己接受我的观点。你可以尽情地质疑或反对我的观点，向我提出问题，或者与我进行讨论。但是，首先你必须明确自己对书中观点的否定之处，然后阐明你反对的原因以及你所认为的更优解决方案。

学习要点0.1

在本书中，你将会看到很多这样的要点，用以强调批判性思维和研究技巧之间的联系。同时本书还为你提供建议，强调如何将这些技巧加以实践运用到你自己的学习和工作中。

想一想0.1

每一章都设置一到两个问题帮助你反思。答案并无对错，但是如果你能利用这些机会，停下来理清思路，明确自己的思绪和想法，那你就能更充分地掌握本书要点，发挥它最大的作用。这里有一个问题供你开启思考之旅：你希望从本书中收获什么？为什么？

序章

何为批判性思维及其重要性？

你能从本章中学到的5点

1 批判性思维与非批判性思维的不同之处。
2 关于如何在你文章中运用怀疑精神的实用建议。
3 管理时间和精力的小诀窍。
4 为什么你需要警惕确认偏误?
5 批判性思维工具箱的五个关键技巧。

非批判性思维的对立面

"批判"一词听起来并不友善。如果我对你进行批判,你可能会问:你为什么不能支持我?为什么要批评我?人们都不喜欢被批判,也常常不知道该如何回应批判。

批判性思维却代表了完全不同的含义。它并不意味着用负面眼光看待问题或者不断地发表批评言论,批判性思维内涵更丰富,也更具正面意义。让我们先思考一下批判性思维的对立面,也是我们时常试图摒弃的行为——**非批判性思维**。在非批判性思维模式下,我们对事物的表象深信不疑,不考虑它们是不是真正合理的或理性的。

我在某个夏天的早晨收到了一封邮件:

你好,

我正哭着给你写这封邮件。我和家人正在菲律宾的马尼拉度假,但是非常倒霉的是,我们在酒店的停车场遭到了抢劫,所有的现金、钱包、信用卡还有手机都被抢走了,但还好我们的护照放在酒店的房间里……我们去了当地的领事馆和警察局,可是他们完全帮不上忙……预订的航班几个小时之后就要起飞了,但是我们没法支付酒店的账单。

很抱歉麻烦你,但是我们现在能求助的人寥寥无几。如果你能借我们2450英镑的话,我们万分感谢。这能让我们付清账单,可以让我们这些可怜虫回家。如果你愿意帮助我们,不论金额是多少,请用西联汇款,再次感谢!我们承诺等回到家一定会全额返还。如果你能提供帮助,请你与我们联系。请你尽快与我们联系。非常感激!

谢谢!戴维(蒙歉名)

如果你用非批判性的思维来阅读这封邮件,你可能会简单地相信并接受所有内容。这封邮件是从我朋友戴维的个人邮箱地址中发出来的,时间是7月。或许他和家人真的在度假，或许他真的陷入了困境需要我的帮助。那一刻，我瞬间的情绪化反应是必须马上帮助他。

但所幸，这并不是我的所有反应。我很快意识到，我需要停下来，退一步，再批判性地思考一下。

我又仔细地读了一遍这封邮件。我朋友戴维是一名作家，也干着编辑的活，有着非常丰富的旅行经验，他应该不会慌乱无措才对，那么这封邮件看起来像是他写的吗？不，这封邮件真的不太像他的口吻，"让我们这些可怜虫回家"这个句子也听起来怪怪的，其中还有一些断句、称呼和语法的问题，就算戴维情绪低落也不会犯这种错误。

还有，在这种危急情况下，他真的会发一封这样的邮件来找我借钱吗？答案仍然是否定的。他应该不会这样写邮件，相比之下他会提供更多情况和具体细节，而且他应该能联系到比我更为亲近的家人和朋友。

我要怎么判断这封邮件的真假呢？如果这是一封诈骗邮件，那应该是别人盗用或者伪造了他的邮箱。我打开浏览器，将邮件的第一句"我正哭着给你写这封邮件"加上了引号在网上精准搜索。

果然不出意料，搜索结果非常多，看来这是一封千真万确的诈骗邮件。在写这一章的时候，我发现搜索结果已经达到了两万个，其中最早的可以追溯到2010年。有一个靠前的搜索结果是《福布斯》杂志发布的新闻，内容就是关于我遇到的这种诈骗，即所谓的"祖父母骗局"，因为诈骗的目标群体是不熟悉电脑操作的老年人。

文章的作者是金融专家约翰·瓦西克，他写道："这个骗局之所以奏效，是因为它制造了一种紧急情况，利用了我们感到脆弱的孤独时刻的情感诉求。"[1]换言之，这种诈骗形式故意引发我们非理性思考，用强烈的情感驱使你做出瞬时的应急反应。

在网上搜到这封诈骗邮件之后，我立马放松了许多，并随即给戴维发了一个短信，告诉他，他的邮箱可能被入侵了，并询问他和家人是否安然无恙。他回复的语气听起来有点疲倦，说他和家都很好，而我则是过去一个小时内第十个给他发信息确认他是否在菲律宾遇到麻烦的人了。实际上，他正在位于英国萨里的家中。

在收到邮件之后我所进行的批判性思考对大多数上过网或发过邮件的人来说都非常容易，这种思考也是非常重要的生存机制，因为世界上很多事情常常不像表面看起来的那样简单。在不知不觉中，在面对像诈骗邮件一样的东西时，大多数人都形成了批判"过滤网"，比如：

- 这是否不同寻常、意料之外或者诡异奇怪呢？
- 如果是，那你应该停下来，集中注意力思考并提出一些严肃的问题。

- 这封邮件是谁发的?
- 他为什么发这封邮件?
- 发这封邮件的人确定就是发件人本人吗?
- 我是否相信这封邮件的内容?
- 如果我不相信,那隐藏在这封邮件背后的意图是什么?
- 我可以运用哪些可靠的来源来弄清楚事情的真相吗?
- 完成以上步骤之后,最后我应该做什么?

当然,很多用过邮箱或熟知技术操作的人看到这封可疑的邮件时,压根不需要一步一步地完成这些步骤,他们只会问:

- 这是一封正常邮件吗?或者只是一封垃圾邮件?

因为至少在面对诈骗邮件这件事上,大多数人都是批判性思考的老手。我们看到过上百条诈骗信息,知道其中的底层逻辑,还建立了一些有用的习惯、猜想和快捷思维方式。我们在潜意识里已经成为厉害的诈骗批判者。

这种变化非常重要,在阅读这本书的过程中我们也将会多次回顾这一点:如果你多次处理了类似情况,并且不受外在干扰影响,你在很大程度上已经获得了相关的专业知识和批判性思维的直觉。

但当面对毫不了解的陌生事物,你也没有任何专业知识或者信息来了解来龙去脉时，或者当你十分焦急或处在压力之下时，你很可能做出错误的瞬时反应。

我们一直在进行批判性思考，或者不断地从之前批判性思考的教训中受益。想象一下，如果你相信别人说的所有话，相信你从每个广告中看到、听到、读到的所有事情，以及相信每一个政客的言论，如果我们仅仅从表象上看待一切事物，那么我们的生活就会充满欺骗、迷惑和操控，我们根本没法走得很远。

批判性思维不是要改变人类天性，要求我们时刻保持完全理性，而是需要我们学习认识到自身和他人的局限性，知道什么时候应该稍作停顿，重新思考以触及问题的内核，从而了解事情的真相。

这是我所定义的**批判性思维**，在后文中也会对此进行探究和学习：当进行批判性思考时，我们会通过推理、评估证据和仔细思考思维本身来积极地了解正在发生的事情。

怀疑精神和客观态度

现在我们已经引入了批判性思维的观点，

请你自己尝试着对以下8个主张进行批判性思考，考虑它们是否合理可靠，你是否需要再三思考才能接受它们？为什么？

（1）他们说这可能是世界上最好的啤酒，这啤酒一定很不错，我要买一些。

（2）她写了世界上最前沿的心理学教材，那她关于心理学的观点一定值得我重视。

（3）她写了世界上最前沿的心理学教材，那她关于索尼家用电子游戏机的观点一定值得我重视。

（4）薯条很好吃，我要一直吃。

（5）我朋友的腿受伤了，他痛苦地躺在我身边，我现在必须赶紧帮助他。

（6）我朋友的腿受伤了，他痛苦地躺在车水马龙的马路对面，我必须立刻跑过去帮助他。

（7）我朋友在社交媒体上发布的视频真的很有趣，我要给他点赞。

（8）我朋友在社交媒体上发布的视频真的很差劲，我要发表一些情绪化的个人言论。

陈述（1）说"我应该买一些据说是世界上最好的啤酒"，这是一种非批判性思考，对其需要持怀疑态度来看待。怀疑精神意味着拒绝简单地相信事物表象，而是要质疑其可靠性。在这种情况下，带有**怀疑精神**的反思会让我们意识到这只是一句广告体口号，不可能是品鉴了世界上所有啤酒后的专家评定。

陈述（2）"我认为这位前沿的心理学家非常了解心理学"的说法很合理，采纳一位专业心理学家在心理学上的观点似乎是非常可靠的，尽管我可能还需要确认一些关于她专业领域的衍生问题。然而，当看到陈述（3），也就是这位心理学家关于索尼家用电子游戏机的观点时，我们并不能全盘接受，因为一个人是某一特定领域的专家并不能代表她了解另一领域，比如游戏和对应的特定游戏机。所以，在接受这种观点前我们应该三思。

至于陈述（5）至陈述（8）的共同点是，它们表达了我对下一步打算的快速判断。我要不停地吃薯条、立刻帮助朋友、点赞或发表粗鲁的言论。快速判断有些时候非常重要，但是它们是瞬时的情感反应，通过反思你可能会认为这种反应是非常糟糕的。冲动地冲进车流当中去帮助你的朋友很有可能会让你们两个人都受伤，而在网上发布情绪化的冒犯评论可能会对其他人造成持久的伤害，或给自身带来坏名声。

批判性思维常常需要你能抓住情境中的客观事实：将我们的即时感受和偏好放在一旁，尝试辨认出重要的事实。**客观态度**和怀疑精神是互相关联的，都需要我们尽全力地了解事情真相，而不是不假思索地接受你最先接触的信息。

然而，客观态度和怀疑精神的运用都是有限的，因为你不可能保持绝对客观，也不可能怀疑你所知道的一切。思维的差异根源于身份、经历和感受的不同，平衡好客观态度和怀疑精神的诀窍在于要更好地了解自己，能够对你的观念和假设进行有意义的检验，同时可以借鉴他人的想法、观点和知识，以更严谨、更全面地理解世界。

以上的8个例子不是非黑即白地划分为"是，这是合理且可靠的"和"不，这完全不合理也不可靠"两类。相反，它们有不同的可靠程度，从完全不可信到完全可信。我们在现实生活中所接触的大多数说法都是如此，所以在看待任何事物时，我们并不能简单地接受或拒绝，而是需要做出准确的判断，弄清真相。

不管是在职场还是做研究，我们都需要判断信息是否有用或者重要。如果我们想了解事情的本质，那就需要考虑更多的可能性，采用更多的不同信息来源，而不是仅仅依靠我们的直接感受和事物的表象。

这个建议很浅显，很多教科书根本不会提及，但是你会惊讶地发现，我们所有人（包括我在内）都经常根据即时可用信息来快速做出判断，而不会进一步地了解和思考。

学习要点 0.2

通过四个问题，成为更好的质疑者

怀疑精神意味着不仅仅从表面上看待事物。在生活、工作和学习中，如果你遇到了需要三思而后行的时刻，你可以问自己四个简单的问题：

为什么我要相信这个说法？

为什么发表这个言论的人会这样认为，他又为什么试图说服我？

关于这件事有其他说法、文章或者报道吗？

我能否足够自信地回答上述所有问题？

如果最后一个问题的答案是"否"，你就必须承认自己对事情了解还不够充分，至少不足以做出明智决定，因此必须搜寻更多相关信息。

区分两种偏见

如果说客观态度和怀疑精神要求我们理解事物的本质，那么偏见就是它们的对立面，即带有特定的成见或用片面的视角来看待事物。**偏见**有很多种，我们将会在本书中一一探索，但是它们都有一个共同的定义：以片面的方式歪曲理解你要处理的事物。

假如我疯狂地爱着你，我可能会不客观地高估你的沟通能力或者认为你讲的笑话很好笑。假如你相貌出众，就算我不爱你，我也可能会倾向于给你一份工作，或者认为你在业余演出的《歌剧魅影》中唱得很好。同样，如果我想卖给你一辆汽车，我可能会着重强调汽车的优点，并试图掩盖它的缺点。

因此，我们必须区分两种偏见：有意识的偏见和无意识的偏见。这里有几个例子，看看你是否能区分开它们：

偏见（Bias）：以片面的方式处理事物，从而扭曲事物的实际情况。

有意识的偏见（Conscious bias）：有人故意发表片面的观点或者明显地持有片面的观点。

无意识的偏见（Unconscious bias）：观点或决定被未察觉到的因素所影响。

	无意识的	有意识的
（1）总理的发言人坚称总理的行为是出于诚意和善意的，并不像人云亦云的批评者所说的那样。	○	○
（2）当对比两名候选人照片时，来自全国各地的选民们倾向于给长得又高又帅的那位候选人投票。	○	○

例（1）是一种**有意识的偏见**：总理的发言人有意识地将总理摆在更有利的位置，并且暗示那些批评者是人云亦云。例（2）是一种**无意识的偏见**，当看到两名候选人的照片时，选民们更喜欢长得又高又帅的那位候选人，他们甚至没有意识到这是他们的偏好，换言之，偏好可能影响了他们的判断，而他们自己却没有意识到。

无意识的偏见可能比有意识的偏见更难处

理。如果一个人积极地表达有偏见的观点，比如，某人声称自己绝不会投票给女候选人，那么我们很容易识别出这个观点当中的偏见并对其发起质疑（即使改变他人主意是另一回事）。然而，无意识的偏见很难被发现，更别说质疑了。例如，某人可能绝不会自认为是男权主义者，但仍然经常按照连他们自己都不承认的大男子主义方式行事。

就像不存在绝对的客观态度一样，没有人能够完全消除偏见，我们也不必奢望能摆脱所有偏见。但是，其中的挑战在于如何提高对偏见的辨别能力，并设法减少棘手的偏见给我们带来的影响。我们将会在本书的后半部分探索更多关于偏见的细节。

想一想0.2

你在周围人的身上最常见到哪些无意识的偏见？其中哪些也会对你的判断造成影响？

快速思考和慢速思考

很多时候，我们凭借直觉本能地决定行为、话语和思考。在日常生活中，如果我们要对每一个行动和决定都深思熟虑，那我们将无法正常生活。不过，我们确实有能力停下来，刻意地对某些事情展开深思熟虑的思考，也就是"慢速"思考，这是一种随着批判性思维能力提高而发展起来的思维。然后，我们可以以此为基础，更好地快速做出决策。这就是为什么批判性思维中的首要原则与思考速度有关，**即放慢速度**。

心理学家丹尼尔·卡尼曼（Daniel Kahneman）在其著作《思考，快与慢》[2]中提出了一个短语来描述人们过度依赖第一印象、感觉和触手可及的信息的情况。他将这个问题称为**"所见即全貌"**（What You See Is All There Is，缩写为WYSIATI）。

这句话描述了几乎所有人的日常行为：根据我们所知道的来做出判断，而不会停下来认真思考自己是否拥有足够的知识来证明这种判断的正确与否。

比如说，有一个同事总是挖鼻孔，所以你很讨厌他，因为你认为他有这个陋习说明他人品很差。同样，你只阅读了一篇关于某个主题的文章，就自信地认为自己可以剖析这个主题，例如你根据一个维基百科条目写了一篇关于丹尼尔·卡尼曼的文章，这就是最容易犯的把获得的信息当作你需要知道的全部的错误。

上面这种错误容易发现和避免吗？请你想一想以下问题：

如果我通过研究几家非常成功的科技公司，比如苹果和谷歌公司，来找出科技公司成功的原因，你认为这个研究意义有多大？

答案是：不一定有意义。你可能会觉得匪夷所思，很多人会认为，研究世界上最成功的公司就可以完美地了解成功的方法。确实，很多人正是以这种商业分析为业并取得了成功。然而，这种想法漏洞百出。如果你只关注成功公司，你分析的只是冰山一角，这些成功公司只是整个行业中的一小部分幸运者。

事实上，每出现一个像苹果公司一样成功的行业巨头，该行业中就同时存在着上千个业绩平平的小公司。每一个在行业中艰难立足的公司，背后就有成千上万家公司因失败而销声匿迹。而每有一个公司以失败告终时，就可能有成千上万家潜在公司甚至从未开始运营。对于这种基于苹果和谷歌的成功提炼出的"成功原则"，可能成千上万的公司也同样遵循了，只是都未成功。做这个研究时，你完全忽略了大部分的个体，只将关注点放在那些碰巧取得了巨大成功的少数公司上。

我们称这种情况为幸存者偏差，属于一系列无意识的偏见之一，它会扭曲每个人的思考和决策。顾名思义，这种偏见通过仅观察成功结果来形成普遍判断，却对失败结果视而不见。**幸存者偏差**的出现是因为成功虽然很少，但往往引人注目，失败者虽然很多，但几乎无形。因此，人们往往重视极少数著名的成功范例，但实际上它们只是冰山一角。

在进行实验和研究评估时，能够最大限度地减少各种偏见是一项至关重要的技能。在进行批判性阅读、写作和讲话时，我们要尽可能地意识到他人或自己思维中潜在偏见的根源。

无意识偏见有很多种形式，但其中对批判性思维阻碍最大的一种是确认偏误，这是我们最需要谨慎提防的一种偏见。**确认偏误**描述了一种普遍倾向，即用新信息来强化原有观念，而不是去挑战它们。

确认偏误是客观态度和怀疑精神的敌人。持有这种思维方式的人认为他们原有的观点神圣不可侵犯，不需要检验和改进，也不会因为新获得的信息而放弃。面对恐龙骨骼化石时，

幸存者偏差（Survivorship bias）：一种认知偏见，倾向于在某件事上只考虑成功的例子，而不顾多数失败或不太成功的整体情况。

确认偏误（Confirmation bias）：人们普遍倾向于只用新的信息来强化自己原有的观念，而不是试图提升和理清自身理解。

有人可能说,"我知道上帝在6000年前创造了世界,显然是他创造了这些恐龙来考验我们";或者有人会说,"如果世界是上帝在6000年前创造的,那我们无法解释恐龙的存在,我想知道对于恐龙化石更好的解释是什么"。[3]这两种说法完全不同,而前者就属于确认偏误。

我们不可能完全避开确认偏误。无论走到哪里,我们都会带着假设,不可能对一切事物都持怀疑态度,我们也无法完全抛弃我们的知识储备和经验认知。然而,我们可以训练自己变得更加警觉。这里有一个供你探究的案例,请你尝试用带有怀疑精神的方式去思考确认偏误如何阻碍了批判性思考,这个案例取自一个虚构的学生研究项目:

> 我找到了一项宏观经济调查结果来支撑我的研究项目,即天气条件和经济产出之间的联系。在分析了50多个国家的10年数据后,我发现,在两个全球领先的经济体中,夏天多雨会导致未来两年生产力的提高。

这个研究结果看似重磅,但如果你梳理大量信息,认真寻找天气与经济之间的关系,就会发现其中的破绽,因为这个结果仅仅基于两个特定的国家和特定的季节。这个案例的本质就是寻求确认,但忽略所有缺乏证据的情况。如果随后只报告结果中得到确认的部分，不提及更广泛的背景情况，你或许确实会获得一部分人的信任。这就类似于，一个人用某一次好运的特例来证明运气好，但是对自己倒霉的情况避而不谈，更不会提及和自己同样遇到倒霉情况的其他人。

重要的是，批判性思维并不认为传统想法和个人观念毫无用武之地，也不认为我们能够为一切事物提供合理的解释，但它的确要求我们检验自诩熟知的事物，同时尽可能坦率地承认我们的不确定和知识缺陷。换言之，批判性思维反对教条主义，不会将某些原则和规定视为绝对真理而无需接受检验，无论这种**教条主义**是由牧师、科学家还是政治家提出的。

合理分配注意力

"花费注意力"(pay attention)这个词组搭配出奇的准确。注意力是一种有限的资源，不仅因为一天的时间有限，还因为想要集中注意力很难，需要付诸努力并勤加练习。花费注意力并不只是集中注意力，还要集中思想去关注、参与和掌握某些事物。缓慢并且集中注意力的思考极为困难，十分耗费精力，因此确实是在消耗一种有限的资源。

因此，诚实地面对自己，留意自己是否分心是一项重要的技能，比如你应该了解什么样的工作环境和准备工作能使你进入高效工作的状态。当我还是本科生的时候，我主要是趴在自己房间的书桌上学习。到了研究生阶段，我开始频繁地去图书馆，与其说是为了查阅资料，不如说是因为图书馆的安静空间有助于排除杂念以集中注意力和提升投入程度。

分心是注意力的一大劲敌，在如今技术纵横的时代，这个问题恐怕已经普遍存在了。也许你在阅读这本书的过程中，已经多次刷新社交媒体或查看电子邮件的收件箱，或者刚在浏览器或设备上打开了它们。你觉得自己能沉浸在一篇文章或一个观点上多长时间呢？

避免分心和时间管理是学习时最艰巨的挑战，解决了这些问题之后，我们就需要思考哪些材料是最值得花费精力的。世界上的信息纷乱复杂，而我们的时间有限又宝贵(何况还得给自己留点放松时间)，我们应该读什么、看什么、听什么和做什么？

答案并不是靠超人的意志力，而是策略、计划和习惯。你首先需要决定哪些材料值得仔细阅读，以便能掌握关键的观点，而哪些材料只需要粗略了解。通过制定相应的策略，实现时间和精力的利用效率最大化，是实现高效思考的关键一步。

学习要点0.3

管理时间和注意力的十个提示

当今时代，技术和大量的信息触手可及，管理时间和注意力比以往任何时候都更为重要。这里列出了十大学习技巧，可以帮助你减少工作和生活中的分心走神：

1 创造一个安静、整洁的工作空间，并退出社交媒体。

2 把你的手机调到"勿扰"模式（或关机），集中精力一个小时。

3 整理与制作记忆卡，总结出关键点和术语。

4 在纸上绘制思维导图，在此过程中打开思路。

5 使用数字工具来绘制你的思维导图，试着使用软件来辅助思考。

6 尝试对任务进行分类，在一段时间内集中处理相似的任务，以免在不同的任务之间来回切换。

7 与朋友建立学习小组，吸收多种不同的观点。

8 脚踏实地：每天安排几小时的高质量专注时间。

9 至少购买一本核心教科书，以便在学习过程中记录和批注。

10 实验：尝试找到最适合你的工作风格的环境。

评估你的批判性思维工具箱

我们已经详细介绍了批判性思维，你觉得自己的批判性思维能力如何？回答以下5个问题并打分，满分是10分，10分代表完全自信，0分代表完全没有自信：

1 我能够密切且详细地关注信息和观点。　　____/10
2 我能够总结和解释我所获得的信息。　　　____/10
3 我很容易理解别人的观点，以及他们为
  什么相信自己的观点。　　　　　　　　　____/10
4 我可以清楚地表达自己的观点。　　　　　____/10
5 当了解到新事物时，我愿意改变自己的
  想法和观念。　　　　　　　　　　　　　____/10
                                总分____/50

如果你的总分超过40分，恭喜你：你要么非常自信，要么已经非常善于批判性思考,或者两者兼而有之。如果你的分数低于20分,没关系,你可能缺乏自信,但通过练习和专注能够改变你的心态。现在试试下面5个问题,探索你在学习和研究方面的思维:

1 我能够比较和评估多种信息来源。 ____/10
2 我可以自己找到并研究相关信息的来源。 ____/10
3 我能够清楚地总结和解释他人的作品,
 包括其局限性。 ____/10
4 我能够证明自己的结论,并概述其背后
 的证据。 ____/10
5 我清楚并能够向他人解释我的知识局限性。 ____/10

总分____/50

现在,你得到了一个新的分数。可能大多数人的第二个分数都会比第一个分数低,因为前五个问题是关于一般的思维技能,后五个问题更为具体地涉及在实际工作和学习中运用一般思维技能的能力。

如果你第二次的总分超过40分,那我真的很佩服。如果你的分数低于10分,那这就是你阅读这本书的意义所在。在本书后面的学习过程中,我会要求你再次做同样的自我评估。如果你认真阅读了本书,你将会看到自己有很大的进步。

想一想 0.3

回顾一下你上面的答案,你认为自己的优势和劣势是什么?不妨花几分钟时间,诚实地回答这个问题。

反思自己的思维是成为优秀思考者的重要途径。这或许非常困难,即使是那些最杰出的思想家在大多数时候都不会积极地进行批判性思考,影响大多数普通人的弱点和缺陷也会困扰着他们。但思维的进步往往有赖于细心观察、诚实自省和良好习惯,而不是突然迸发的灵感。

这也是为什么说批判性思维是一个工具体系,而不是简单的能做到或不能做到的问题。

我们所要做的是不断发展并练习这套特殊的技能,也就是批判性思维工具箱。在本书的学习过程中,我们将着重培养五个关键技巧,它们都与广义的推理过程有关:以明智或符合逻辑的方式思考问题,然后通过有意义的辩论、争论、比较和合作的方式,积极向他人展示这种思考过程。

学习要点 0.4

批判性思维的五个关键技巧

学习如何理解和评估推理（第1—4章）。**推理**需要我们为某个主张或观点提供令人信服且严谨的支持,或是为某件事情提供令人信服的解释。正是这种提出、比较和批评的推理链的过程,使我们能够有意义地检验不同的论据和观点,而不是简单地凭借个人感受去接受或拒绝。评估推理是一项重要的学习技能,确保我们能准确理解他人的主张且洞悉其中的原因。在任何批判性思考的过程中,你都会发现自己回到了一个看似简单的问题:"这是否是一个合理或值得相信的说法?"

学习如何理解和评估证据（第5章）。证据是为支持某种观点,或对事物的现状提供特定描述而收集的信息。证据有多种形式,对大多数研究项目来说,筛选证据是最大的挑战之一。理解证据包括:寻找有用的和相关的材料;了解各种信息来源的特点;知道如何从中提取你所需要的信息;如何评估信息来

推理（Reasoning）：以明智或符合逻辑的方式思考问题,展示出思考过程,以便进行有意义的辩论;在允许分歧的同时促进合作。

源的可靠性和相关程度。

学习如何理解和解释偏见（第7—10章）。面对各种来源的信息，不同的人都有各自的偏见，你也是如此。世界上没有绝对客观的观点，所以我们不仅要了解他人的偏见，还要看到自己在工作或研究中也可能带有偏见。你将学习如何识别偏见、如何容忍某些偏见以及如何重新构建概念和解决问题，以降低被偏见扭曲的程度。

成为一个具有批判精神的技术使用者（第11章）。从阅读和写作到研究、讨论和合作，数字信息系统几乎触及我们个人和职业生活的每一个角落。第11章论述了成为一个自信的、具有批判精神的技术使用者有何意义。

培养清晰、自信的阅读和写作方法（第6章和第12章）。仔细和批判性地阅读他人的文章，能帮助我们提高写作时的信心和作品的清晰程度。本书两大部分的最后一章都着眼于提升阅读和写作水平，以及如何形成有效的结构和习惯来达到这个目标。在本书结束时，你将收获一些技能，帮助你准确而有力地阐述自己的想法，清晰且有益地参与他人的工作，并不断理清和提升自己的思维。

批判性思维的目标

思考以下关于地球在宇宙中位置的不同说法,选择你认为最好的说法,并写出原因。

- 地球是由一只巨大的乌龟背着的一个扁平圆盘。

  —————————— ◯

- 地球是由一只巨大的鸟在很久以前产下的一个巨蛋。

  —————————— ◯

- 地球是一个位于宇宙中心的球体。

  —————————— ◯

- 地球是银河系中围绕太阳运行的岩石行星。

  —————————— ◯

很明显,最后一个说法是最好的。但为什么呢?因为前三种说法与人类目前对地球的认知不相符,飞机和卫星拍摄了大量的地球图像,清楚地展示了地球的曲率,我们还积累了大量关于宇宙中行星和恒星运动的知识。关于圆盘、乌龟和巨蛋的故事曾经可能足以解释人们的发现,但它们不再与我们如今的知识储备相匹配了。

最后一种说法"地球是一个围绕太阳运行的岩石行

星"符合我们目前掌握的最新信息。它并未否认我们所知道的事实，也不需要我们提出其他特别的理由来支撑。而且，这个说法足够准确，可以接受严格的检验。

但是，这并不意味着我们现在知道了一切，也不意味着我们获得了前所未有的全部真相。恰恰相反，随着我们不断学习新的事物，我们的理解将继续改变。批判性思维的任务就是不断挑战自己，提出更好的解释。

这一点至关重要：严格的批判性思维不仅要求我们解释为什么相信某件事情，它还需要我们在对世界的认识发生变化时，必须随之改变自己的想法。从这个意义上讲，它与所有科学和哲学研究拥有紧密相关的共同**目标**：寻找我们目前能够提供的关于事物实际情况的最佳描述。

批判性思维是促进思想进步的关键途径。我们试图清晰且精确地描述事物现状，然后不是通过寻求确认的方式，而是在寻找我们仍然无法解释的事情的过程中检验某些观点。正是这些我们无法解释的事情指明了前进的方向，勾勒出新理论和新思想的轮廓，这些理论和思想又反过来将人类未知的边界推得更远。

总结

非批判性思维意味着不假思索地相信你读到的或被告知的东西，而不去问它是否准确、真实或合理。

批判性思维是指通过仔细评估信息、观点和论据，并仔细思考思维过程本身，积极着手了解真正发生了什么。

批判性思维的基础是怀疑精神和客观态度等原则：

- 怀疑精神意味着不要不假思索地接受你听到、读到或看到的东西的表象。

- 客观态度意味着试图从外部识别事实情况，而不是仅仅依赖你自己或其他人的感觉或观点。

完美的客观态度并不存在，人们或多或少带着自己的经验和观点，但我们可以通过更好地了解自己，并使用工具和技术来更清楚地看待事物。这其中就包括处理偏见，而偏见一般有两种形式：

- 有意识的偏见是指某人故意对某事提出非常片面的

看法，或明确地对某事持有片面的观点。

● 无意识的偏见是指某人的意见或决定被他们甚至没意识到的因素所歪曲。

我们尤其是要警惕确认偏误，即人类普遍倾向于利用新信息来巩固已经相信的东西，而不是对观点进行改进。

如果你想进行批判性思考，就必须有效地分配你的注意力，记住批判性思考的第一条规则就是放慢思考速度，并抛开你的第一印象和偏见。

批判性思维应该是一套技术体系，而不是简单的能否做到的事。提高你的批判性思维需要发展和练习一套特殊的技能：批判性思维工具箱。这些工具将帮助你：

● 理解并评价推理；

● 理解并评估证据；

● 理解并解释偏见；

● 培养清晰、自信、批判性的写作方法；

● 成为一个具有批判精神的技术使用者。

进行批判性思考，就是寻找事物实际情况的最佳描述，这意味着，当事实和理性要求我们改变想法时，我们必须且乐于接受。

第一部分

ness
保持理性的艺术和科学

第一章

理解事物背后的原因

为何推理很重要（以及如何识别论证）？
↓
如何阐明论证背后的推理过程？
↓
如何根据所给前提推出合乎逻辑的结论？
↓
如何根据所给前提推出可能的结论？
↓
如何选择并检验事物的最佳解释？
↓
如何评估证据以及制定阅读策略？

你能从本章中学到的5点

1 推理在工作和研究中的意义。
2 如何识别论证及其结论?
3 如何写出清晰的描述、总结和示例?
4 如何分辨论证和解释的区别?
5 如何判断解释的好与坏?

我们将批判性思维定义为非批判性思维的反面——不要不假思索地相信你读到的或被告知的东西,而是需要停下来,仔细评判事物的真实情况。当我们进行批判性思考时,我们寻找的是对于实际情况的最佳解释。这里涉及两个相关的问题:

- 为什么我们应该接受某件事情是真实的?
- 事情是如何变成现在这样的?

或者说,我们想识别出论点,提出有力的论证和合理的解释,并且摒弃其中虚弱又不合理的部分。

我们将在本章中探讨,为什么有关批判性思维的书往往非常强调论证。但批判性思维远远不止是论证,我们还需要能够对其他类型的交流和表达进行批判性思考,尤其要对解释、理论和科学调查方法背后的推理保持警惕。

论证：以(推)理服人

为什么推理如此重要？在回答这个问题之前，让我们先看看推理的反义词：断言。这里有一个关于把动物当作宠物饲养的断言：

将动物当作宠物饲养是错误的。

断言是对事实或观点的陈述，没有理由或证据支撑，除了传递信息之外没有任何其他作用。

相比之下，论证则有意义得多。请你思考以下论证的思路：

将动物作为宠物饲养是错误的，因为这样意味着它们丧失了自由和尊严。所有的生物都应该享有自由和尊严的权利。

现在，我们看到的不仅是一个关于事物现状的陈述，而且包括了试图证明这一主张的推理过程。每一个特定的结论都需要合理理由支撑，当有人断言"把动物当作宠物饲养是错误的"时，我们无法知道他为什么会这样认为，或许他有一个无懈可击的理由，我们听了之后会改变自己的生活方式，也有可能只是他曾经听自己母亲这样说过。我们无从得知，不过一旦有人提出了论点，我们就可以开始做各种有趣的事情：

● 更全面地了解他们对事物的看法。

● 明确我们是否同意他们的推理。

● 比较不同的论点，考虑是否有其他更有说服力的内容。

● 调查了解他们是否忽略了重要的信息或观点。

● 与他们辩论，试图改变他们的想法，也可能改变我们自己的想法。

他人试图通过**论证**说服你去接受一个特定的结论，并且提出一个或多个相关的论据（他们所声称的）来支持这个结论。因此，我们在批判性思维中可将论证定义如下：论证就是试图用推理来说服你同意某一特定结论的过程。

我们可以将其分解为两个关键因素：

● 呈现给你一条推理线。

● 试图说服你接受一个特定的结论。

结论是论证的终点，一切过程都为结论服务。一个论证的结论可以是另一个论证的出发点，但是每个论证只有一个最终结论。

下面是找工作时可能出现的三种求职方式，其中只有一种符合我刚才所说的论证：既有结论，也有推理过程。请你试着将它找出来：

	是	否
（1）你好！我叫汤姆，我是这份工作的合适人选！	○	○
（2）我是这份工作的合适人选。我是最有资格的，而且我可以立刻上岗。	○	○
（3）我有在世界各地工作的丰富经验，我是一个出色的工作者。	○	○

让我们按顺序浏览一下，看看它们是否既有推理又有结论：

1 这肯定有一个结论：我是这份工作的合

结论（Conclusion）：进行论证的人试图让你接受的最终观点；在所有论证中由诸多前提支持的最后观点。

适人选。但例子中没有提供理由作为支撑。我只进行了自我介绍，但没有提供任何理由，因此这只是简单地做出了断言。

2 这句话既有推理又有结论，虽然十分口语化，但它仍然算作论证。第一句话提供了结论：我是这份工作的合适人选。第二句话提供了支持结论的两个理由——"我是最有资格的"和"我可以立刻上岗"。

3 这句话写出了推理思路"我有丰富的工作经验"，但并没有明确地指向结论，或者说服对方，只是对"我"的工作经验和能力进行了断言。

请注意，如果第三个例子是在关于求职的面试中出现的，你可能会认为我的隐含结论非常明显，那么我的话可以算作论证。比如，招聘人刚刚说"我们需要一个有全球经验的员工"，而你马上回答说"我有很多来自世界各地的工作经验"，那么试图说服招聘人相信的结论就很明显了，这才算得上是一个论证。换言之，什么能算作论证，什么不能算作论证，在很大程度上取决于谈话背景。识别日常讲话中的推理过程需要练习，同时还要知道什么时候应该将推理显化，以便对其进行分析。

请你试着分辨下列的例子是否在进行论证。如果是的话，试着明确说明推理和结论分别是什么：

	是	否
（1）进来吧，水里很舒服。	○	○
（2）小心那条狗，它很生气，可能会咬你的手。	○	○
（3）你不会想在我哥哥宿醉的时候见他的。	○	○

尽管例（1）"进来吧，水里很舒服！"听起来很不正式，但一旦我们把其中的推理显化，它就是一个论证。这个论证在努力说服你接受这个结论，即你应该下水。"水里很舒服"是论据，至于你是否觉得这很有说服力还有待商榷，你可能想在进入水中之前先伸脚测试一下水温。

例（2）中也有一个论证，其试图说服你接受的结论是"你应该小心那条狗"，使用的理由是"它很生气，可能会咬你"。同样，这种非正式的语气代表着我们需要对事情进行转述，以便清楚地了解事情的真相。

例（3）不是论证，尽管它听起来类似于论证："当我哥哥宿醉的时候，你不会想见到他。"就其本身而言，这句话只是告诉你一些关于他哥哥的信息，你可以选择相信，也可以不相信。

但是，如果我说"我哥哥宿醉了，你别见他，因为他的心情肯定不好"。或者，如果这个含义在我们谈话的大背景下很清楚，那例3就可以算作一个论证。这里我试图用论据"他宿醉了，心情肯定不好"来说服你接受结论"你别见他"。

识别论证：结论定点法

你可能已经注意到，在上面的每个例子中，我都是通过从**定位结论**开始分析的。这听起来像是弄反了顺序，但是这个方法往往能帮助你辨别某一说法是否是论证，我们将在下一章中详细探讨。

请看下面的三段文字，并尝试使用结论定点法来确定它们是否是论证：

	是	否
(1) 你度假的时候，我可以照顾你的猫。我喜欢猫，猫也喜欢我。我家里有很多猫，我知道如何照顾它们。我有12只猫，我经常和它	○	○

们说话。我是一个货真价实的养猫专家。

(2) 科学家们对大量的临床试验进行了重复研究，却无法得到原来的结果。这表明，有关临床研究的同行评审和发表体系可能存在严重问题。 ○ ○

(3) 我有很多朋友在金融业工作：他们很令人讨厌，金融也是个不安定的职业。但我们确实一起吃过很美味的晚餐。 ○ ○

例（1）是论证。结论出现在第一句话中——"你度假的时候，我可以照顾你的猫"。然后，该段的其余部分给出了一些理由，以说明你为什么应该接受这个结论——我喜欢猫，有很多猫，知道如何照顾它们，以及一些不太相关的（甚至可能有些令人震惊的）关于我养猫的信息。

例（2）也是论证。第一句话围绕科学家不能得出某些临床试验的结果这一事实提出了一个推理。第二句话提出了这一推理路线所支持的结论：同行评审和发表体系可能出了问题。发现了这个结论，我们就可以倒过来看，发现第一句话正是其前提，所以这个论证是成立的。

例（3）不是论证。其中提出的观点并不符合任何特定的顺序，而且其中一个观点并不是另一个观点的结论。很可能我会自认为有可靠理由来得出金融业是一个"不安定的职业"的结论，但在这个例子中，这只是简单的断言，没有任何理由支撑。

在现实生活中，你遇到的论证可能比这些例子更复杂、更混乱。因此，和识别推理时一样，牢记一些指向结论的提示词会有很大帮助。使用指示性词语并没有固定的规则，有时甚至没有任何字面上的指示性词语。但一般来讲，最终结论会用到诸如"因为"和"由于"这样的词，或者会比较醒目地出现在文章的开头或结尾处。

现在试着阅读以下段落，思考其是否包含论证和完整的推理及结论？如果是，请试着找出指向结论位置的指示词：

各国在儿童早教方面的支出差异很大。基于一些衡量标准，英国在第一个教育阶段的支出比其他国家都要多，但在小学和中学教育方面有所落后。因为缺乏关于教育支出对教育成果影响的直接证据，而基于证据的决策在教育领域又尤为重要，因此，详细比较和研究不同国家在每个阶段的支出对学生成绩的影响，将是一个值得严谨调研的有价值的课题。

通过仔细阅读，你可以找出上面段落中的关键信息。"因为"这一指示词指出论证的主要推理是"缺乏关于教育支出对教育成果影响的直接证据"，以及"基于证据的决策在教育领域又尤为重要"，而"因此"一词表明其结论是"详细比较和研究不同国家在每个阶段的支出对学生成绩的影响，将是一个值得严谨调研的有价值的课题"。

你是否得出了与我相同的分析结果？如果没有，也不要灰心。识别论证并非易事，所以我们既要知道什么是论证，也要注意什么不是论证。在后文中，我们将看看几种关键的**非论证**类型，也就是不属于论证的写作类型，因为它们没有通过推理来说服你接受某个结论。

学习要点 1.1

发现表明结论和推理的词语

某些词和短语常常指出了一个论证中推理和结论的位置。当你试图分析推理过程时，你可以寻找诸如"鉴于""基于""考虑""由于""因为"等词语，因为这些词语所跟随的信息支持了某一个观点，而不是简单地将其作为事实呈现。当你试图辨别结论时，则可以寻找"因此""所以""因而""总之"和"这表明"等词或短语。

什么不是论证：没有推理的信息

我们已经说过，论证意味着使用推理来支持一个特定的结论，否则所呈现的就不是论证。

当我们接收到的信息缺乏明确的推理时，问题的关键就是我们有多相信信息的准确度，以及它与我们所关注的特定话题有多大相关性。本节探讨了我们在写作和讲话中常见的四种不同类型的信息：

- 描述；
- 总结；
- 意见和观点；
- 阐释和说明。

描述
思考下列陈述中是否有论证。

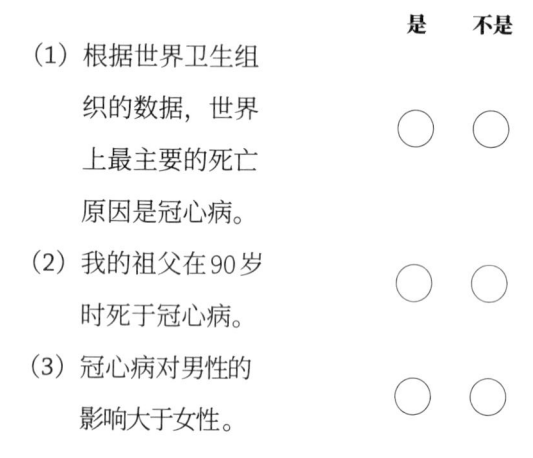

	是	不是
（1）根据世界卫生组织的数据，世界上最主要的死亡原因是冠心病。	○	○
（2）我的祖父在90岁时死于冠心病。	○	○
（3）冠心病对男性的影响大于女性。	○	○

可能正如你所思考的那样，上面的陈述都不是论证。相反，它们是**描述**：它们陈述了关于某个事物的信息，没有进行任何形式的推理，也没有明确地对其中所包含的信息进行判断或分析。

你可能会认为"冠心病对男性的影响比女性大"这一句中包含推理或评价，但即使如此，它也只提供了一个描述性的信息——我没有在试图说服你，我只是在传递信息。

在学术环境里，一个好的描述旨在提供清晰的信息，而不含有任何评价、推理或说服意图：其目的是尽可能清晰和中立地传递相关信息。比

描述（Description）：只是陈述信息，而没有通过评估、评论或使用信息来说服他人。

较以下两个描述:

哪个更好

(1) 在我们的实验中,大部分人觉得搞不清楚到底发生了什么事。 ○

(2) 在我们的实验中,10个受试者中有8个都认为得到的指示非常不清晰,以至于他们没能正确完成任务。 ○

哪个描述更好呢?

上面两句话都描述了同样的事情,但是很明显,第二句话的描述比第一句话更好。它更详细、更准确、更清晰,因为它对所发生的事情进行了更有效的记录。密切关注并写出详细、有效的描述是一门艺术,因为一个好的描述尤其重要的是首先确定哪些内容是值得我们关注的。

在上面的例子中,"10个受试者中有8个都认为他们得到的指示非常不清楚"这个信息是很有用的,如果可以知道他们每个人认为指示的哪一方面不够清楚会更有帮助。相比之下,衣服颜色和身高这样的信息可能就没什么用处。在对各种情况的描述中,可以提及的信息内容是无穷无尽的，因此在进行描述时辨别有效信息非常关键。

在解读别人的描述或自己进行描述的时候，我们应该把这些问题牢记在心：

- 进行描述的人知道什么信息？
- 这个描述中的哪些内容对我来说有用或者与我想获取的信息相关？
- 还有哪些可能有用或重要的细节被遗漏了？
- 描述是否准确清晰，还是模糊或过于夸张？

总结

这里有一个扩展的例子，是学术文章和研究中经常使用的一种特殊描述：

该实验需要将100名志愿者分成两组，每组50人。志愿者被随机分组，并分配到两个不同的房间。他们将参加相同的测试，时长为30分钟，包含30道选择题，测试内容是在一个序列中正确识别出下一个符号。第一组志愿者可以在参加测试之前吃5个盘子中新鲜烘烤的饼干，不限制数量。第二组房间里也摆放着同样的饼干盘，但志愿者在完成测试之前不能吃饼干。最后，那些被允许测试前吃饼干的志愿者在测试中的平均正确率为75%，而完成测试后才能吃饼干的志愿者正确率仅为55%。

这段话对一个虚构的实验(基于鲍迈斯特、勃拉茨拉夫斯基、穆拉文和泰斯1998年在凯斯西储大学进行的一个真实心理学实验)[4]进行了**总结**。

作为一项重要的技能，撰写(或识别)优秀清晰的总结和描述性文字需要进行大量的推理和思考，即便其中的推理过程并没有被明确地展示出来。为什么呢？因为这需要我们批判性地思考几个复杂的问题：哪些信息是相关的？哪些信息需要被清楚和明确地陈述？为什么在描述和总结时需要尽可能避免强加或掺杂自己的偏见和观点？请你将上面的总结与下面的描述进行对比，它们以截然不同的方式描述了同一个实验：

实验需要将100名志愿者分成两组，每组50人，我们最终将其视为"贪婪组"和"饥饿组"。每组都被迫参加一个相同的、极其无聊的测试。我不确定他们是否都能理解，而且我担心结果可能无效，因为他们中有很多人似乎崩溃了，或者无法顺利进行，最终没有耐心完成测试。总之，第一组人吃了很多我们放在桌子上的饼干，第二组则没有。让人惊讶的是，饥饿显然对大脑不利，尽管实际上得分最高的人是"饥饿组"的。当然，我还认为，有人作弊了，在测试结束前偷吃了一两块饼干。

与第一个版本相比，这是一个相当糟糕的实验总结(尽管它读起来或许更有活力)。它的结构十分混乱，内容令人困惑，没有告知必需的信息来帮助我们清楚地了解事情的全貌，还将意见和评价等内容与描述混淆一通(比如"饥饿显然对大脑不利")，其中还包含了一些无关紧要的细节，比如对于是否有人偷吃了饼干的猜测，却忽略了关键信息，比如总体的结果。

归根结底，一份好的总结要仔细、清晰地列出相关信息，并尽可能简要地涵盖所有关键点，同时不引入任何不相关或可能令人困惑的内容。在阅读或撰写总结时，要问自己：

- 这个总结的目的是什么？
- 理解事情的发展需要哪些关键信息？
- 是否有任何不相关的细节可以省略，使这个总结尽可能简洁明了，或者有没有其他必要的信息还需要添加？

观点和观念

如果我表达了一个**观点**或**观念**，那么我就是在描述一个他人无法拥有的东西：我自己对某一事物的个人感受。对于某个观点或观念，我可能有很多有力的理由来支撑，也可能毫无根据。但是，假如我说"意大利人做的冰淇淋是世界上最好吃的"，那么我所能获取的证据可能根本无法证明我的个人立场。

观点和观念所涉及的内容十分广泛，小到琐碎的小事，大到深刻的人生道理。我可能对政治和体育，或对道德和建筑有强烈的观点。我可能对某些事情深信不疑，而对另一些事情却犹豫不决或随时准备改变主意。一般来说，"观念"这个词倾向于描述人们确信是真实的或基本的东西，而"观点"则是更随意地持有某一想法，与观念相比涉及更多的日常话题。但这两个词可以互相替换，而且最终都表达了超越客观原因和证据支持的判断或偏好。换句话说，它们描述的是一个人的世界观或一个群体的共同世界观的主观方面，它可能与其他人的观点相冲突，而这一矛盾是任何外部证据都无法调和的。

思考以下三个陈述。每个人都以自己的方式提出了一个观点或者一个中立的描述，看看你是否能分辨它们：

	观点	描述
（1）在防治心脏病的斗争中，政府在道义上有义务发挥领导作用。	○	○
（2）首相在最近的演讲中宣布，政府在道义上有义务领导心脏病防治的斗争。	○	○
（3）你的饮食很糟糕，你不能再吃这么多培根了！	○	○

虽然第一个例子中没有"我认为"这个词，但是很明显，说"政府在道义上有义务领导与心脏病的斗争"并不是简单地对说话者所注意到的东西进行中性描述。它与"世界上有很多心脏病病例"这个描述不同：它提出了某人对事情应该如何发展的看法。因此，此处是某人表达的一种观点和观念。

相比之下，第二个陈述并没有表达说话者的个人观念，而是对总理所表达的观念的描述，因此我们对它的评价应该围绕其是否准确和清晰地表达了这一演讲的要点来展开。

最后一个例子是直接针对他人行动给出的意见，表明了我认为他们应该做什么："你的饮食习惯很糟糕，你不能再吃这么多培根了。"我们可以将其归类为**建议**或**警告**，这是一种特殊的观点，它不仅描述了某人的观点，而且还包含了他们应该怎么做的建议。

在现实中，我们花很多时间处理他人的各种观念和观点，同时也会表达我们自己的观念和观点。我们只是偶尔为自己的观点提供推理过程，但即便我们这样做，往往与其说是试图说服别人相信我们，不如说是解释我们为什么做某事或相信某事。事实上，大多数推理过程最终都是在探讨重要或不重要、好或坏、正确或错误、公平或偏颇等诸如此类的观念。正如我们将在后面章节中讨论的那样，"合理"更多的是被用于承认和分析这些观念，而不是像字面上表达的那样存在完美的公正性。当遇到一种观点或观念时，问问自己：

- 为什么有人会持有这种观念，你认为他们这样做有多大的合理性？
- 持有这样的观念或观点可能会产生什么影响？

⦁ 对于这个问题,有可能存在哪些不同的观点或观念,或者其他人持有哪些不同的观点或观念?

阐释和例证

阐释和说明经常被用来帮助我们理解观点和论证。请仔细阅读下列的例子,看看你是否能将它们区分开来:

下面的例子是阐释还是例证呢?

	阐释	例证
(1) 我所说的冠心病,是指因冠状动脉狭窄而导致流向心脏肌肉的血液减少的一类疾病。	○	○
(2) 世界各地都有在公共场合跳舞庆祝的文化习俗。在中国,许多夫妇过去常常会在公园里随着扬声器播放的交谊舞曲公开表演。	○	○

第一个例子是**阐释**:它提及一个短语或概念(此处是冠心病),并阐明了其含义。第二个例子是**例证**,首先提出了一个观点:世界各地都有在公共场合跳舞庆祝的文化习俗。之后提供了一个支持该观点的具体例子,用来说明该观点

阐释（Clarification）：阐明某个短语、想法或思路的含义。

例证（Illustration）：有关一般观点的实际例子。

适用的某一特定情况。

阐释可能听起来像是提供一个词或概念的定义，但它也可以解释作者感兴趣的东西或想表达的事物。

例如，如果我正在写一篇关于社会学研究伦理的文章，我可能首先要阐明我的观点：

> 研究伦理学是一个有争议的领域。在这篇文章中，我主要指的是社会学领域内的研究伦理，但并不代表其他领域没有面临某些特有的挑战。

我们可以把例证看作一种特殊的阐释：用一个具体的例子来阐明一个更为宏观的想法。在我关于研究伦理的文章中，我可能会用一个特定的案例来说明一个一般性原则：

> 在开始任何研究之前，你必须获得所在部门有关科研伦理的书面批准，但各国的标准可能不同。最近的一项有关亲密性行为研究的问卷调查，在澳大利亚成功获得批准，但如果想在美国获得批准，必须进行大篇幅改写。

"例证"很多情况下就是"举例子"的一种书面表达，但它强调了并非每个例子都能有效地说明某个一般观点，一个例子的好坏与否取决于它和论点之间的相关性及对论点进行阐释的有效性。

解释：逆向推理的过程

在学习了一些不包含推理过程的非论证形式之后，现在我们来学习一种注重推理的写作形式：**解释**。解释可能很难与论证区分开来，因为它们都提供了支持某一事物的理由。事实上，一些教科书也将解释视为一种特殊的论证。然而，在本书中，我决定将它们分开，一是因为这能使我们更近距离地学习它们的一般含义，二是因为它们在推理形式上有一些本质上的区别。

论证和解释之间的根本区别是什么？论证试图通过推理来说服你认同某个特定的结论是真实的，而解释则首先认定某些事情是真实的，然后着手解释它如何发生或为什么发生。

从某种意义上说，解释是论证的倒置：它从

解释（Explanation）：对事情发生的一个或多个原因进行如其所是的推测。

一个假定为真实的结论开始倒推。实际上，论证解决的问题是从某些被认为是真实的前提中合理地得出结论，而解释解决的问题是如何找到事情发生的背后原因。

合理的解释既是推理的一种重要形式，也是大多数科学和哲学研究的主要内容。大多数有价值的调查在某种程度上都会涉及"为什么"的问题：为什么世界是这样的？为什么发生了这件事而不是另一件事？为什么某人做了某件事？日常生活和讲话中也处处是解释。这里有一个简单的例子：

> 我不再吃太多培根了，因为我担心心脏的健康。

尽管这句话中包括"因为"这个词，但我并不是在进行论证，因为我并不是要说服你我不再吃过多培根的事实。相反，我从一个事实的陈述开始，我希望你能接受这个事实——"我不再吃太多培根了"，然后对这个事实是如何形成的进行了解释——"因为我担心心脏的健康"。

我的解释包含全部事实吗？答案是否定的。即便是一个看似简单的决定，其背后的原因也是无法用一句话就解释清楚的。我为什么会担心心脏的健康？为什么这会让我停止吃培根？还涉及哪些其他因素？一个"为什么"必然会涉及更多的"为什么"。

另一种说法是，解释就是讲故事，而且要讲的故事会变得越来越多。在这个意义上，解释是我们使用推理时最有争议又最狡猾的方式之一。思考一下以下三个例子是解释还是论证。

	解释	论证
（1）汤姆在英国心脏基金会的网站上看到，健康饮食和保持运动有助于保持心脏健康。因此，他决定改变自己的饮食习惯，每周去慢跑两次。	○	○
（2）她的丈夫不再吃黄油和喝全脂牛奶。她给他看了一张动脉堵塞的照片，吓得他改变了自己的饮食习惯。	○	○
（3）我每周跑步两次，因为这有助于我保持生活的平衡感。	○	○

事实上，这些都不是论证。在上面的第一个例子中，我所做的是解释，而不是论证，因为我并不是要说服你相信某件事情是真的，我只是陈述了这样一个事实：汤姆现

在每周去慢跑两次，而对这一点的解释是他读到了一些关于保持运动的重要性的文章。

第二个例子也是在讲故事。她的丈夫不再吃黄油或喝全脂牛奶，这被作为一个事实提出来，而对此的解释是，他看了一张动脉堵塞的图片，吓得他不得不改变自己的习惯。

最后，第三个例子用一句话解释了我为什么每周去跑步两次：因为它帮助我保持生活的平衡感。你可能相信也可能不相信我所说的，但如果你想提供一个相悖的解释，你就需要拿出一些相当有说服力的证据。

解释与论证难以区分是因为它们结构类似，并且会使用相似的连词，如"因为"和"由于"。如果你想区分它们，可以问问自己：

● 某人是想说服我某件事情是真的（论证），还是只是想告诉我为什么某件事情是这样的（解释）？

● 他所论证的事物是过去已发生的、作为事实提出的事件（解释），还是要求我同意的一种可能性（论证）？

解释在批判性思维中十分重要，如果你认为它比论证简单就大错特错了。在相对立的解释之间做出决定是大多数人日常生活中所面临的最重要的批判性思维任务，而且这往往需要基于一定的证据调查。在第五章中，我们将更详细地讨论证据调查。现在，这里有两个一般性原则，可以用于评价一个解释的好坏：

● 一个好的解释能够解释某一特定案例中的所有证据，并且不会选择性地忽略难以解释的事实。

● 一个好的解释往往是简洁的，没有不必要的步骤或假设。一般来说，如果两个解释都能解释所有的事实，那简洁的版本比复杂的更好。

例如，你可以想象一下，我刚刚被警察抓到超速，假设警察出具的报告包括以下信息：经检查，该车的速度表工作正常；通过电话得知司机的母亲非常健康；警方数据库中搜索显示，这不是该司机第一次被抓到超速。请你在警察提供信息的基础上，在以下四种关于我为何超速的解释中选出最佳的一个。

	最佳解释
（1）我开车超速是因为当时的天气非常反常。	○
（2）我开车超速是因为我有一辆跑车，并且我喜欢开快车。	○
（3）我开车超速是因为我急着去见我生病的母亲。	○
（4）我开车超速是因为我的速	○

度表显示错误。

根据已知的信息，第二种解释"我开车超速是因为我有一辆跑车，并且我喜欢开快车"看起来最为合理。虽然，这并不意味着这种解释一定是真实的，但如果我想改变你的想法(或警察的想法)，我需要寻找其他更有效的理由来解释所有的事实。

学习要点1.2

六个关键的内容类型

这里列举了信息和表达的不同种类，在本章中我们已进行了探讨学习。在此做一个简单的总结，我们要牢记有四种信息类型不包含推理过程：

描述：直接阐述信息；

观点或观念：表达个人的判断或者是偏好；

总结：提供简洁的关键信息大纲；

阐释或例证：构建或展示一个特定的概念。

同时还有两种信息类型是有推理过程的：

论证：通过能够支持结论的推理过程来说服他人；

解释：通过假设某件事情是正确的来进行反向推理。

这些类型可以涵盖你正在学习或撰写的作品中可能相关并具有意义的大部分内容。试着把下面的每个例子分别归类为描述、总结、观点/观念、阐释/例证、论证或解释。其中有两个是论证，其他所有类型的内容则至少有一个例子：

1 如果参赛人数为奇数，那么在挑选两支相同人数的队伍时，总会有人被剩下：例如，5人被分为每队2人，剩1人；7人被分为每队3人，剩1人；以此类推。

2 我把蛋糕烤成了焦炭，因为我不小心把它放在烤箱里13个小时。

3 当我退后一步欣赏我的手艺时，宜家衣柜突然就倒下了，它在重力作用下的"自我解体"还是很壮观的。

4 以下是我建造衣柜的过程：第一，我扔掉了说明书；第二，我把所有的圆形部件都装进了小孔里；第三，我把所有看起来需要拧的东西都拧在一起；第四，我用锤子把所有剩下的部件都拼起来了。

5 在商业街购买廉价的衣服是不道德的。

6 购买极其廉价的衣服是不道德的：生产廉价衣服的工人们在拥挤的工厂里过度工作，工资却非常低。

7 我们买的衣服之所以便宜得令人难以置信，是因为生产这些廉价衣服的人工资很低。

8 他迅速而"不失优雅"地从水里跑出来，因为他的脸上"挂"着一只螃蟹。

9 你应该为所有朋友都购买这本书，因为它物超所值，而且肯定会让你的朋友们变得更聪明。

10 我写前面的例子是因为我已经才思枯竭了。

其中有两个属于论证：例6尝试说服你买廉价的衣服是不道德的，使用的论据是生产廉价衣服的工人处于非常糟糕的工作环境中；例9尝试说服你为你的朋友们购买这本书，使用的论据是这本书的价值极高，而且会让他们变得更聪明。不过你也需要考虑这两个论证是否足够有力。

剩下的例子中，例1是阐述和例证：首先提出一个一般性观点，然后提供显示观点的原理的特定案例来进行说明。例2是解释：解释了为什么我的蛋糕会被烤成炭。例3是一个简单的描述（衣柜倒塌）。而例4提供了一个总结，概述了我把衣柜造得如此糟糕的过程。例5是一个观点/观念——称其为关于廉价服装不道德的观点可能是最准确的，这一观点可能是基于某些关于是非的基本观念。正如我们所看到的那样，例6是一个论证（注意，它提出了支持例5的理由），而例7是对同一主题的解释，解释了为什么我们买的衣服便宜得惊人这一事实。同样地，例8对某人从水里跑出来的原因进行了解释。最后，例10也是一个解释，说明了为什么我写了前面的例子。

总体而言，在10个例子中，你正确识别了几个呢？如果少于7个，我建议你再次思考一下你搞错的那些例子。

想一想1.1

除了本章所列举的信息类型之外，你还能想到其他类型的信息吗？你如何对它们进行分类呢？

什么不是论证：缺乏推理的劝说

如果说论证就是通过推理来说服别人，那么**修辞**就是另外一种说服别人的方式。修辞是一个广义的术语，指说服别人的说话或写作技巧，最早可以追溯到古希腊和古罗马时期。许多演讲者和作家都会灵活地使用大量的修辞技巧，让听众或者读者相信某些特定的结论或者观点。我们在第七章中将会更加深入地探讨修辞，本章中我们将会了解一些修辞的基本特点。

修辞（Rhetoric）：通过诉诸情感而非理性来使别人信服。

实际上，我们在现实生活中遇到的大多数论证或者非论证，都会或多或少地含有一些修辞的成分。修辞本身并不是一件坏事，但是仍然需要我们密切关注，观察写作和表达**风格**如何影响我们的思维，因为这些修辞手段与推理毫无关系。

每个人都有不同的写作风格，而这些不同的风格，分别适用于不同的对象。给朋友发的短信和给父母发的信息里，我们会使用不同的词和短语。在创作故事、歌词和诗歌的时候，你的用词选择也会与撰写论文或者描述科学研究的时候截然不同。

大体而言，学术写作的风格要尽可能清晰明了：准确地说明你的意思，避免歧义。在一些学术领域中，需要使用到专业术语，对读者的理解能力要求也较高，此类文章中的语言一般很晦涩，这无法避免。但是，有一些学术文章是为了显得难而难，完全是画蛇添足，不管是在结构和词汇方面，还是在句子长度和复杂性上都为读者设置了障碍。

这种故意降低文章可读性的行为，本质上来说是一种修辞手法，通过增加文章的难度来显示自己是专家,并且宣称只有专家才能理解文章中复杂的内容。总而言之,我们写作的时候需要对过于复杂的语言保持警惕。复杂的语言可能只是为了掩盖文章的精确度不高、不易理解或缺乏证据的缺陷,或者仅仅是担心过于容易理解的写作风格会降低文章的专业性。所以,就算是使用合理和有根据的语言这件事情本身,也有可能是一种用来说服读者的技巧,包含着"我是一个严谨的科学家,你可以信任我"的言外之意。当你在阅读文章的时候,你首先需要做的就是问问自己:

- 这篇文章的写作风格是什么?
- 使用这种风格背后的意图是什么?作者希望我有什么样的感受?
- 这里所陈述的观点背后是否有严谨且令人信服的推理过程,还是我是出于其他理由来接受它?

除了风格和语气,修辞也可以通过精心包装成情感推理和呼吁的形式来实现。这里有几个例子,你认为它们分别是什么类型的修辞形式呢?

1 你今天看起来很不错!既专业又强大,一看就是个杰出的领导者和企业家,你肯定很有眼光,会让我来和你一起工作。

2 是时候做出改变了。你的公司需要一些新鲜血液,需要一个热情投入的新人——这个人就是我。

3 我已经拒绝了十几个潜在雇主发出的工作邀约，因为我只想为你工作。你是怎么想的呢？

4 如果你不给我这份工作，我真的不知道应该去做什么了，我一无所有，你是我唯一的希望，拜托了！

5 如果在当下的商业环境中，你不雇用像我这样的员工，你的公司将会失败。等着瞧吧，只有我才能帮助你救公司于水火之中。

6 我曾经在中介领域与一些头部企业合作过。我知道如何从横向和纵向上进行多维度、根本性的重新思考，我能带来切实的价值提升。

按照顺序，这些例子属于：

1 诉诸奉承：奉承某人来使他人按自己的想法行事。

2 诉诸新奇：宣称某事物是新的，所以肯定好。

3 诉诸人气：宣称某事物受大众欢迎所以肯定好。

4 诉诸同情：利用他人的同情心和怜悯心。

5 诉诸恐惧：以吓唬引发恐惧的方式迫使人同意。

6 拽大词：使用花哨但无意义的复杂词汇来把某人包装成拥有智慧的大脑。

这方面的内容远不止于此。谈到批判性思维，你需要尽可能地了解你所接触的文本中使用的修辞策略，然后将基本的推理过程从纷乱的材料中剥离出来。

让我们来看看下面这段修辞写作，并对其进行逐句分析，你能看出作者在哪些地方试图用情感诉求和修辞手法而不是严格的推理来说服你吗？

（1）商业世界很疯狂！（2）每个人都在谈论行业颠覆、新想法和新技术等话题。（3）他们说人工智能将取代世界上一半的工人。（4）但我不这样认为。（5）我认为，我们最终将进入一个世界，智能机器会出现在我们所有的工作领域，智能机器还能帮我们找到各种有趣的新工作。（6）毕竟，人们总是害怕新技术。（7）19世纪初，工业革命期间砸毁棉纺厂的卢德主义者就是典型的例子。（8）然而，工作不会停止。（9）只是在技术真正创造出新的工作之前，人们无法想象出它会是什么样子的。

句子（1）完全就是修辞："商业世界很疯狂！"这是一个饱含情绪的句子，并且使用感叹号结尾来增强语气。它试图把你拉到作者这一边，让你对后文产生期待，或许你会听到有关科技行业的什么怪事，以此与作者建立一种非正式的融洽关系。

句子（2）也更像是修辞而非推理或论证：我们被告知

"每个人都在谈论行业颠覆",这句话在字面上非常绝对,所以不够严谨。此处作者使用了**夸张**的手法来营造一种氛围:暗示"每个人"都"总是"在说一件事,而你将会听到一个令人兴奋的全新观点。

第(3)和(4)句故意将"他们说"与"我不这样认为"的事实进行对比。这是一种对话式的语言,旨在创造一种戏剧性和参与感。因此,当我们最后读到第(5)句并发现"我认为"的时候,虽然还没有看到任何推理和证据,但我们已经准备开始点头同意了。第(5)句中包含了作者想要说服你相信的结论,尽管只有在你读完上面整段话时才会发现这个结论。

正如平时阅读到的文章中经常出现的那样,支持这一结论的推理出现在结论之后,即用结论开篇,然后再对其进行论证,这种顺序在修辞上可能更为有效。在告诉我们人们"总是害怕新技术"之前,用"毕竟"来作为第(6)句的开头,这是一种以**过度概括**的形式表达的推理。

第(7)和(8)句进一步支持结论,以19世纪的"卢德主义者"为例,作者做出假设,自

夸张(Exaggeration):夸大其词,通常作为一种修辞策略,与过度概括一样,提出比实际情况严重得多的主张。

过度概括(Over-generalization):暗示某件事情比实际情况更普遍,通常作为一种修辞策略,提出比实际情况更广泛的主张。

然而然地认为200年前的事情与今天的事情一定相关。然而，这并不是一种强有力的推理方式。

最重要的一点：放慢速度。给你自己留一点空间！你面前的事情是否重要且需要深入地思考？如果需要，请停下来思考合适的策略。如果不是，那就不要太担心，别把它放在心上，继续前进。

作者使用这个例子可能不一定相关，但如果想要说服我们，我们需要更详细的细节。最后，第（9）句提出，19世纪初的人们"无法想象出"新的工作种类"会是什么样子的"。这或许不是一个出人意料的观察，但其说服力可能也并不像作者所认为的那样出色。

总而言之，我们可以剥离这些修辞并整理表达出这段话中的核心观点："人们总是惧怕新技术。例如，19世纪的卢德主义者无法想象新技术将创造的机会。他们的恐惧并无道理，今天，当涉及对技术和就业的担忧时，情况也是如此。"删减后，这篇文章原来所具有的煽动性被削弱了，但作为一个论证，我们更容易观察到它的优点和缺点。这种对论证进行精简和澄清的过程是我们下一章的重点,也是批判性思考他人观点的基础。

想一想 1.2

电子邮件、短信息和动态更新之类的日常沟通与正式的学术写作之间的主要风格差异是什么?为什么会有这些差异?

总结

断言是对事实或观念的陈述,没有理由或证据支撑。

论证是试图通过推理说服某人,使其同意某一特定结论。你可以将这个概念分为两个关键部分来帮助你识别论证:

- 运用了推理。
- 加强了某一特定的结论。

在批判性思维中,论证极其重要。它通过提供推理、试图证明某一特定观点的合理性,来帮助我们判断是否可以接受这一推理过程,并比较不同的论证,来找出更有说服力的那个。

当你试图辨认他人是否在进行论证时,通常最好从寻找他人想要证明的结论入手。

将论证与缺乏推理的说服区分开来至关重要。修辞就是通过诉诸情感而非严谨的推理过程来使别人相信某一观点。当我们带着批判性思维阅读文章时，我们应该重点关注写作风格，不要被模糊、夸张或复杂的语言蒙骗。

很多时候，你接触的是不包含说服意图的信息。所以，学会识别这种非论证形式并将其与论证区分开来十分重要。我们已经学习了四种不包含说服意图的信息类型：

1 描述仅仅陈述信息，不包括评估和评论。

2 总结提供的是关键信息的大纲，通常它总结了长文章中的关键要点。

3 观点和观念展示的是他人未进行推理的认知。观点常常是个人基于事实的判断,而观念常常是基于道德、信仰或文化背景而产生的想法。

4 阐释是对特定词汇、概念或想法下定义,而例证则是为某个一般性观点提供一个特定实例。

最后,解释是一种特殊的推理形式,它是从既定情况出发,通过反向推导来描述事情是如何发生的。解释阐明了某件事物发生的原因和过程。最佳解释应该能够解释所有现有的证据,并且形式要尽可能简单。

第二章

阐明论证和假设

为何推理很重要（以及如何识别论证）？
↓
如何阐明论证背后的推理过程？
↓
如何根据所给前提推出合乎逻辑的结论？
↓
如何根据所给前提推出可能的结论？
↓
如何选择并检验事物的最佳解释？
↓
如何评估证据以及制定阅读策略？

你能从本章中学到的5点

1 如何以标准形式重构他人的论证?
2 如何分辨前提和结论?
3 如何阐明假设?
4 对他人的论证持宽容态度的重要性。
5 如何区分关联前提和独立前提?

假如有一个论证摆在你面前,你能否看出作者想要表达什么,又使用了怎样的推理?正如学会批判性思维就像拥有了一套工具箱一样,想要回答这些问题就如同需要掌握如何操作一台复杂的机器。如果我们想完全理解一个事物,我们就需要对事物进行分解,找出不同的组成部分。这就是所谓的**论证重构**。

在本章中,我们将建立一套重构论证的方法。然而,重构论证所涉及的技能不只适用于论证。每当我们试图弄清别人的想法,或者想要阐明一篇文章或证据中起关键作用的想法和假设时,都会用到这些技能。

论证重构(Reconstructing an argument):识别一个论证中各个不同的部分,然后以标准形式清楚地对这些部分进行阐述,使我们能够准确地看出论证是如何运作的。

前提和结论：标准形式

显然，标准形式是一种清晰展示论证过程的常见方法。下面是一个简单论证的例子，分别用一般形式和标准形式表达出来：

图书馆里没有你需要的教科书，这说明你无法从那里借到教科书。

前提1：图书馆没有你需要的教科书。

结论：你无法从图书馆借到你需要的教科书。

标准形式像这样改写一个论证：
1 将**结论**清楚地列在最底部。
2 将支撑结论的**前提**进行编号之后清楚地写在结论上面。

前提是一个论证最基本的组成部分。许多不同的前提可以连接起来形成推理链以支撑结论，但有时仅一个前提就足以支持一个结论，如上例所示。

一个论证可以有很多前提，但只能有一个最终结论。一个论证的结论可以构成另一个论证的

结论（Conclusion）：进行论证的人试图说服他人的最终观点，或在论证中由其前提支持的最后命题。

前提（Premise）：在论证中为支持其结论而提出的主张。

前提。从某种意义上来说，所有的论证都是命题的集合，其中每个命题都会受到所有其他命题支持。当我们用标准形式展示一个论证时，就可以清晰地看到各个命题。每个命题都有自己的编号，然后根据这些编号顺序依次推理就能得出最终结论。如果一个论证是成功的，从各个命题到结论之间的递进就像平稳地拾阶而上。

然而，在日常生活中，我们通常遇到的论证，其前提和结论并不是结构完整又秩序井然的，反而可能只是一些杂乱无章的命题。下面是一个比较复杂的论证，分别用一般形式和标准形式表达：

如果我不知道如何区分不同类型的变量，我的统计学考试肯定会挂科。不幸的是，我甚至不知道什么是变量，更不用说如何区分不同类型了。我通过考试肯定无望了！

前提1：知道如何区分不同的变量是通过统计学考试的关键。

前提2：我不知道如何区分不同类型的变量。

结论：我的统计学考试将挂科。

请注意，将这个观点用标准形式解析时，我重新组织了语言来阐明两个前提。原文中的第二句话"不幸的是，我甚至不知道什么是变量"包含的信息与推理过程并无直接关联。

一旦我们接受了"知道如何区分不同的变量是通过统计学考试的关键"这个前提,那么唯一关联的信息就变成了我能否将变量区分开来。如果我不会,那我就会挂科,论证得出的结论是受到前提条件支持的。"不幸的是,我甚至不知道什么是变量……"这个信息与论证无关,是**无关信息**,所以在重构论证的时候应该将其删除。

请你试着用标准形式改写下面的例子,同时去掉其中的无关信息。这个论证共包含三个前提来引出最终结论:

听好了!我们最迟必须在下午5点前出发。那条河的渡口只开放到下午6点。我们需要在渡口过河,但我们距离那里还有1个小时的路程。

前提1:
前提2:
前提3:
结论:

你的答案是什么？下面是我的答案，将我的与你自己的版本对比一下。你列出的前提顺序和我的有什么不同吗？你划分的三个前提和我的一样吗？在这个特定的案例中，前提的顺序并不是最重要的，因为这三个独立前提组合在一起的推理过程支持了一个特定的最终结论。

前提1：我们需要在渡口过河。
前提2：我们距离渡口有一个小时路程。
前提3：渡口只开到下午6点。
结论：我们必须在下午5点前出发。

我还想补充一点来帮助你理解。为了尽可能详细地重构这个论证，我们可以填补推理中缺失的部分：论证中的假设。在论证中，很多人将一些信息视为理所当然，所以并未阐明，我们只有将他们所假设的内容展现出来，才能充分研究其推理过程。

你能看出这个论证中的假设是什么吗？这个假设显而易见，以至于你可能会认为它不值一提，但我还是把这个假设加入到标准形式的表达中：

前提1：我们需要在渡口过河。

前提2：我们距离渡口有一个小时路程。

结论1：我们必须在渡口关闭的一个小时前出发。

前提3：渡口只开到下午6点。

结论2：我们必须在下午5点前出发。

你可以看到，我把**假设**以中间结论的形式加入到了推理过程中。前两个前提引出了这个结论，然后我又将这个结论作为新的前提与前提3结合了起来。一个论证过程只能有一个最终结论，但是论证过程中可以有很多个**中间结论**。

在结束这个小节前，我们还将探讨使用标准形式的另一大优势，它让我们能严谨表达和准确分析每一步论证。想象一下，我们在一个12人小组里，对于上述案例中的情景，小组中有人这样喊道：

我们现在就要出发！如果我们错过了轮渡，那就太糟糕了！我们必须在渡口那里过河。它只开放到下午6点，我们过去还需要一个小时，而且现在已经下午2点了。时间过得太快了，我们

假设（Assumption）：与论证有关，陈述者认为是理所当然而未明确说明的内容。

中间结论（Intermediate conclusion）：论证过程中出现的结论，用作前提来支撑最终结论。

没有时间可以浪费了,现在就要行动起来!

让我们再次对这个论证进行重新构建,忽略其中的无关信息,精简语言,把最终结论写在最下方,再按顺序列出每个前提。通过这些步骤,我们会得出以下结果:

前提1:我们需要在渡口过河。
前提2:我们距离渡口有一个小时路程。
结论1:我们必须在渡口关闭的一个小时前出发。
前提3:渡口只开到下午6点。
结论2:我们必须在下午5点前出发。
前提4:现在是下午2点。
结论3:我们必须现在出发才能赶上轮渡。(错误!)

完成这些步骤之后,我们会发现,在这个论证中,前面的推理过程并不能支撑"我们必须现在出发"这个最终结论。在之后的章节里我们将会更详细地讲解如何检验论证的细节。但是很多时候,成功地对一个论证进行重构非常重要。只要我们成功地对别人的论证进行了详细重构,这个论证的成立与否就显而易见了(当然,我们也理解这个例子中的说话人其实是想表达:"我们应该尽快出发,以留出应急的机动时间")。

如果你觉得这些步骤看起来很麻烦，也不必担心，我并不是让你对遇到的每一个论证都以标准形式进行重构。重要的是，熟练掌握标准形式可以帮助自己认真地思考某一论证的运作过程，拆解并分析论证思路；如果我们想要充分理解正在发生的事情，我们往往还需要阐明未表述出来的假设。

学习要点2.1

重构论证有何意义？

用标准形式重构他人的论证并非易事，当然你也不需要在每次阅读中都使用这一方法。那我们为什么还要这么麻烦地去做这件事呢？这里有四点重要意义：

1 主动地按逻辑步骤整理阐述他人的论证，是确保你能够完全理解其意图的最好方法之一。

2 在没有任何无用信息的情况下，按逻辑步骤阐明某件事情，往往能揭示他人推理中容易被隐藏起来的缺陷或漏洞。

3 重构论证要求我们找出它所依赖的关键却未被阐明的假设，然后逐一分析这些假设。

4 养成按照上述步骤进行思考的习惯，可以使自己更有信心同时更成功地提出令人信服且合理的论证。

重构扩展论证

很少有论证是孤立存在的。一个论证的结论常常会被用作另一个论证的前提，而它本身的一个前提可能也是来自另一个论证。思考下面这个简单的例子：

前提1：我的朋友鲍勃要么在图书馆，要么在酒吧。
前提2：鲍勃不在图书馆。
结论：鲍勃在酒吧。

在两个初始前提的基础上，我得出结论：我的朋友鲍勃在酒吧里。这可能是我的最终结论，然后我可能会去酒吧找他。

或者，我可以将此处的最终结论作为扩展论证中的一个中间结论。现在，这个中间结论有了双重身份，已同时成为整个论证过程中新阶段的前提之一。

扩展论证是指最终结论由一个或多个前提支持的论证，而这些前提本身就是中间结论，中间结论则受到之前的前提支持。

为了看看这个理论如何在实践中奏效，我对我的原始论证进行了扩展：

前提1：我的朋友鲍勃要么在图书馆，要么在酒吧。

前提2：鲍勃不在图书馆。

结论1：鲍勃在酒吧。

前提3：酒吧里没有手机信号。

结论2：鲍勃的手机没信号。

我的初始结论是"鲍勃在酒吧"，现在它变成了**扩展论证**中的一个中间结论。当这个中间结论与新的前提"酒吧里没有手机信号"结合起来时，会引出一个新的最终结论——"鲍勃的手机没信号"。

然而，我并没有止步于这个中间结论，我利用第二个结论"鲍勃的手机没信号"继续扩展我的推理过程，将其作为长线推理中一个新的前提：

前提1：我的朋友鲍勃要么在图书馆，要么在酒吧。

前提2：鲍勃不在图书馆。

结论1：鲍勃在酒吧。

前提3：酒吧里没有手机信号。

结论2：鲍勃的手机没信号。

前提4：鲍勃的母亲想用手机联系他。

结论3：鲍勃的母亲无法用手机联系上他。

希望读到这里，你能理解上述过程中结论向前提的转化。如果把这个扩展论证写成一篇正常的文章会是什么样子？下面是用非正式的语气组织的一段文字：

鲍勃每天这个时候不是在图书馆就是在酒吧，我知道他现在不在图书馆。他妈妈正试图用手机联系他，但酒吧是一个完全没有信号的地方。所以我想鲍勃很可能无法接到他妈妈的电话。

现在你自己可以试试，下面另一个扩展论证是有关团队合作的典型研究项目。我在下面填写了第一个前提，给论证重构开了个头。请你试着在空白处中完成其余部分：

我们的研究表明，明确了角色分工和目标期望的团队表现优于那些结构不稳定的团队。当一个团队结构不稳定时，内部的讨论和分工很难进行。相比之下，明确角色分工和目标期望有利于讨论和分工。安排团队培训可以明确角色分工和目标期望，培训所需的成本在公司可负担范围之内，而且没有其他明显有效且成本相近的替代方案，所以我们建议该行业的公司在分配预算时将此类团队培训列为优先事项。

前提 1：当一个团队结构不稳定时，讨论和分工很难进行。

前提 2：

结论 1：

前提 3：

前提 4：

结论 2：

你的答案是什么？下面是该论证标准形式的完整版本：

前提 1：当一个团队结构不稳定时，讨论和分工很难进行。

前提 2：明确角色分工和目标期望有利于讨论和分工。

结论 1：在讨论和分工方面，明确了角色分工和目标期望的团队优于那些结构不稳定的团队。

前提 3：明确角色分工和目标期望的团队培训所需的成本在公司可负担范围之内。

前提4：没有其他明显有效且成本相近的替代方案。

结论2：明确角色分工和目标期望的团队培训是为提高讨论和分工效率的负担得起的有效选择。

这个论证使用的语言有些烦琐，但是结构很清晰。结论1，也是中间结论，出现在第一个句子中，除此之外所有前提和结论都是按照顺序排列的。作为比较，让我们看看下面这个例子，虽然论证过程相同，但是语言逻辑性较差，其中还有一些额外的信息：

根据我们的研究结果，公司一般负担得起用来明确角色分工和目标期望的团队培训。我们认为这应该在分配预算时被列为优先事项。当一个团队的结构不稳定时，讨论和分工会十分困难，员工也会感觉交流上有更大的压力和难度。当角色分工和目标期望明确时，讨论和分工会更顺利。我们没有明显有效且成本相近的替代方法来取代上述的团队培训。因此角色分工和目标期望明确的团队比那些结构不稳定的团队表现得更好。鉴于上述情况，这个结果也在我们的预料之中。

这个例子虽然进行了相同的扩展论证，但是表达十分含糊不清。在这种情况下，仔细追溯作者的推理步骤就显得尤为重要，就像你在写作时也要时刻注意论证流程一样。在批判性思维中，你通常会发现仔细阅读和理解的技能可以直接帮助你成为更优秀的写作者和思考者。

想一想2.1

用普通写作和用标准形式来写出论证的主要区别是什么？学习标准形式和论证结构，对你的写作能力有什么帮助？

手把手教学——如何重构论证

我们已经介绍了标准形式和扩展论证，接下来让我们更加近距离地观察一下重构论证的过程。我将其分为5个步骤：

1 遵循善意理解原则；

2 识别最终结论（并且将其写在末尾）；

3 识别明确前提（并且按顺序写在最终结论前面）；

4 识别隐含前提（将其插入相应的位置）；

5 区分关联前提和独立前提。

1 遵循善意理解原则

当对他人的论证进行重构时，要牢记的首要原则是保持开放的心态，不要让自己的感受、信仰或专业知识妨碍自己。特别是，我们应该首先假设他人：

- 目的在于讲述真相，而不是欺骗我们。
- 获取了足够的信息，并且了解自己所说的内容。
- 提出了连贯而合理的陈述。

换句话说，当我们重构别人的论证时，我们的默认态度应该是对别人的观点保持宽容，哲学家们通常称之为**善意理解原则**[5]。

善意理解原则要求我们假设他人是诚实且理性的，并且我们应该以最强有力的形式来重构他们的论证。我们为什么要这么做？

答案并不是我们应该永远友善待人。事实上，情况恰恰相反：如果我们想对别人的观点进行尽可能有力的分析，我们首先需要以最有力的形式抓住他们的观点。只有这样，我们才可能对不同的观点提出有力的论据，或者有足够的理由同意他人的观点。如果某个朋友向我提出这个论证：

我已经看到了你工作的公司的最新账目,看起来并不乐观。销售额下降了,利润是五年来最低的。我想你今年不太可能得到丰厚的奖金。

这里有几种回复的方式。我可以说:

(1)我不相信你,因为你只是想找我麻烦。我们在拉脱维亚旅行时发生的不愉快,你还没有原谅我!

或者我可以说:

(2)你不明白你在说什么。你认为利润可以每次都与每个人的奖金精准挂钩,这实在是太荒谬了。

或者我可以暗自思考:

(3)嗯……你已经看到了账目,而且账目显示销售额下降了,公司利润很低,这确实表明今年的奖金可能不理想。看来我不应该把我的计划建立在大笔奖金上。

回复(1)"我不相信你,你只是想找我麻烦……"属于

偏见。在这句话中，我已经决定了不会认真对待我朋友的观点，也不会去思考朋友所提供的证据。

同时，回复（2）"你认为利润可以每次都与每个人的奖金精准挂钩"，是在篡改朋友的言论。她并没有说利润可以精准预测奖金。我故意对她的观点设置一个过于弱化和简化的版本（这有时被称为"稻草人谬误"），这样我就可以轻松驳回她的立场。当我们不同意某人的观点时，我们很可能忍不住会用这样的方法，但是如果这样做，我们就错过了向朋友学习或者做出最佳反应的宝贵机会。架设**稻草人**的唯一目的是"便于燃烧"，稻草人谬误以错误的方式过度简化他人想法，目的仅仅在于驳倒其观点。

最后，回复（3）"看来我不应该把我的计划建立在大笔奖金上……"是对我朋友观点最具善意的阐释。这个回复假定我的朋友是诚实、理性且消息灵通的。相比于前两个回复，最后一个反应最有可能被证明是有用的，它让我尽可能地利用潜在的重要信息，并去掂量一个可能令人担忧的场景。

在现实世界中，复杂的论证常常既有优点又有弱点。通常情况下，意见相左的人都会攻

稻草人（Straw man）：一种修辞手法，以明显错误的方式将他人观点过分简化，目的在于使其更容易被驳倒。

偏见（Prejudice）：在没有证据的情况下坚持某一观点；在听取论证前就坚信自己的观点是真相。

击对方论证中最薄弱的环节，以寻求轻松获胜。这样做的问题在于，如果只攻击别人论点中最薄弱的环节，是无法改变对方的想法的，也不太可能改变其他同意该观点的人的想法，更不用说帮助你探索或重新思考自己的立场了。

如果我们想要真正地挑战别人的想法，我们需要应对他们论证中最有力的地方，否则，通过架设稻草人的方式或只攻击别人论证中的弱点，很可能只是强化了我们的现有观念，并让自己的论证变得软弱无力且不正当。

学习要点2.2

为什么要对他人的观点保持宽容?

建议你尽可能宽容地对待他人的观点，尤其是当你认为他们可能犯错的时候。虽然这听起来似乎很奇怪，但确实是一项非常重要的技能，其中的原因有三：

（1）从假设他人是诚实、知情且理性的立场出发，确保你不会因为偏见而简单地否定他人的观点。

（2）以最有力的形式表达并理解他人的观点，是尽可能严格地对其进行分析并从中学习的最佳方式，甚至可能因此改变你自己的想法。

（3）如果你想对一个论点提出最强有力的反对意见，或者想改变别人的想法，你需要了解他们论证中最强的地方，而不是简单地攻击他们论证中最薄弱的地方。

2 识别最终结论

在重构一个论证时，我们总是从最终结论入手。为什么呢？首先，确定结论往往是识别是否存在论证的重要方式之一。其次，无论一个论证涉及多少个前提或有多么长的推理链，它都只有一个最终结论。一旦我们确定了最终结论，就一定能找出引导这一结论的推理链。

正确识别结论并不是一门精确的科学，而是需要我们仔细阅读并具备实践经验，思考下面这些一般性的问题可以帮助我们找到最终结论：

- 作者最终想证明什么？
- 作者是否提供了一个最终的决定、裁决或建议？
- 作者是否在重复或强调某个特定的观点？

试着找到以下每个论证的最终结论并将其用下划线画出：

（1）我喜欢吃馅饼，而我的朋友鲍勃组织了一场馅饼大胃王的比赛。因为我喜欢吃馅饼，所以我应该会乐于参加这场比赛。

（2）如果宇宙中存在外星智慧生物，那他们现在应该已经向我们发出了某种明确的信息。既然我们没有收到任何这样的信息，那么宇宙中不可能有任何外星智慧生物。

（3）失眠是极难治疗的。有证据表明，认知行为疗法(CBT)可以改善患者的睡眠质量。我们应该密切关注任何可能有效的治疗方法，所以我们应该密切关注认知行为疗法试验。

在第一个例子中，结论出现在最后：我应该会乐于参加这场比赛。在第二个例子中，结论也在结尾处：宇宙中不可能有任何外星智慧生物。在第三个例子中，最终结论出现在最后一句话的后半部分：我们应该密切关注认知行为疗法试验。这句话的前半部分是支持它的前提。下面是一个稍微复杂的例子，你能找出最终结论吗？

这是一个失败的实验。我曾经做实验来测试兔子对于生菜和胡萝卜的偏好。但是我忘记锁笼子门了，所有的兔子都跑了出来，可连一点生菜和胡萝卜都没有吃。我没有得到任何结果，却还要写下这个尴尬的情况，太糟糕了！

这个例子中的最终结论出现在第一句中：这是一个失败的实验。如果以更为正式的方式表述这段文字，你可能会把最终结论放在最后，并且加上一个指示词：因此，这是一个失败的实验。

3 识别明确的前提

一旦我们确定最终结论，我们就可以开始寻找作者提供的前提了。要将前提从无关信息中分离出来并不简单，因为这取决于论证的表达是否清晰，尤其是因为前提可能是一个非常基本的信息。一般来说，使用以下这些指南可以帮助你找出各个前提：

- 从结论倒推：支持它的关键点是什么？
- 忽略情感和重复：判断其是否是推理过程的一部分，而不是在告诉我们作者的感受。
- 最基本的事实或论断也可以是前提：思考其是否仅仅提供一个背景信息，还是被作者用来构建论证。

我们把作者自己直接提出的前提称为**明确的前提**：这包括写作者为支持其结论而直

接提出的所有内容。正如我们将在下一节看到的那样，这与作者没有说出来而留待假设的那些事情形成鲜明对比。

我把下面的每个论证都用标准形式写出来并填上了最终结论，但在前提旁边留了空白。请你试着在空白处填写所有的明确前提：

政治家的个人生活应该保密。他们在自己家中的隐私行为对他们的工作表现没有影响。只要事情对他们的工作没有影响，我们就没有必要知道。

前提1：
前提2：
结论：政治家的个人生活应该保密。

我的姐姐很厉害。她每分钟可以打一百个字，经常读很多书，还总在考试中得满分。拿到最高分对她来说就是小菜一碟。我的姐姐一定是我们国家最聪明的人之一。

前提1：
前提2：
前提3：
结论：我的姐姐一定是我们国家最聪明的人之一。

在第一个例子中，我们只需要对第二句话和第三句话稍作改写。对于第一个前提，我们可以说"政治家们在自己家中的隐私行为对他们的工作表现没有影响"。第二个前提可以是"只要事情对他们的工作没有影响，我们就没有必要知道"。

在第二个例子中，我们需要重新措辞和理清语言。在这里，如果尽可能清楚地写出来，前三个前提可能是这样的（或许这并不是我们心目中一个令人信服的论证）：

前提1：我姐姐每分钟可以打一百个字。
前提2：我姐姐经常读很多书。
前提3：我姐姐总在考试中得满分。
结论：我的姐姐一定是我们国家最聪明的人之一。

如何重新组织措辞取决于你自己，但在措辞上保持一致性是很重要的，这样便于我们关注到那些反复出现的关键概念，从而更好地理解论证的逻辑。

4 识别隐含的前提

通常情况下，如果我们确定了某人为支持某一结论而提供的明确前提，我们就会发现论证中有一些关键内容是隐含的，这就是**隐含前提**：作者认为其理所当然，因此也没有明确阐述。如果要完全重构一个论证，阐明该论证所依赖的隐含前提和列出作者所提出的明确前提同样重要。请思考下面这个例子：

> 我女儿学校的新老师曾参与学术造假。学校不应该聘用她。

首先，让我们把结论和明确前提用标准形式写出来：

> 前提1：我女儿学校的新老师曾参与学术造假。
> **结论**：学校不应该聘用这样的老师。

你能看出在第一个前提和结论之间缺失了什么隐含的前提吗？

> 前提1：我女儿学校的新老师曾参与学术造假。
> 前提2：(隐含)学术造假者不适合当老师。
> **结论**：学校不应该聘用这样的老师。

为什么一定要把这一点写出来呢？与重构论证的其他步骤一样，这样做是为了尽可能准确地理解论证中所主张的内容，以便我们对其进行批判性分析。

在这个案例中，一旦我们阐明了隐含的前提，我们就会发现一个假设——"学术造假者不适合做教师"被当作该论证的核心。

有时，论证中的假设非常明显，似乎不值一提；但有时候，它可能是非常重要的，可以帮助我们识别一些作者认为理所当然的内容并对此提出质疑。一般来说，如果一个假设为论证的推理提供了一个未说明但必要的元素，我们就应该将其明确地阐述出来。请思考以下四个例子，每一个例子中假设的隐含前提或结论是什么？

（1）你应该慢点，这条路前面有急转弯。

（2）啊！我听说威尔士亲王是这款橘子酱的狂热爱好者。

（3）在公共场合放屁没什么错，这是很自然的事情。

（4）她肯定拿不到学位，我从来没在课堂上看到过她。

在查看我下面给出的答案之前，请你仔细思考。对于每个问题中的假设，我都做出了重要与否的评论。你是否同意我的观点？

（1）如果道路有急转弯，放慢速度是个好建议。如果你不这样做，你可能会冲出路面。（可能这个假设十分明显且不值一提，对在直道上车速太快的人也可以这样提醒。）

（2）**威尔士亲王喜欢的东西就是好的。因此，这款橘子酱是个好东西。**（或许值得一提：一旦我们把这句话说出来，就更容易明白我们为何觉得这个说法不可信了。威尔士亲王对橘子酱的品味难道有什么特别之处？）

（3）**做完全自然的事情没有错。**（绝对值得一提：一旦我们仔细分析这个假设，我们就会发现其中的几个问题。例如，因为小便是"自然的"，所以在公共场合小便也是可以的吗？还有，到底什么才算"自然"，什么又不算呢？那穿衣服、写字、吃药呢？）

（4）**如果我没有在课堂上看到某人，就意味着他没有去上课。如果不去听课，那么就不能获得学位。**（或许值得一提：仔细地观察这些假设之后，可能会让我们改变想法或更细致地进行思考。我们能否完全确定，没见到某人就意味着他没去听课，或者这样做就一定得不到学位吗？）

下面是最后一个例子，已经用一般形式和标准形式表达出来。我已经填好了所有明确前提和最终结论，你来试着添加一下隐含的信息。

一本书上说，高个子的人比矮个子的人更自信。我比你高得多，难怪我觉得约人出来很容易！

前提1：这本书说个子高的人比个子矮的人更自信。

前提2：（隐含）

前提3：（隐含）

结论1：个子高的人比个子矮的人更自信。
前提4：我比你高。
结论2：（隐含）
前提5：（隐含）
结论3：我觉得约人出来很容易。

以下是我的答案版本，其中填入了论证中缺失的步骤：

前提1：这本书说，高个子的人比矮个子的人更自信。
前提2：（隐含）这本书准确地描述了事情的真相。
前提3：（隐含）我准确地描述了书中的内容。
结论1：高个子的人比矮个子的人更有自信。
前提4：我比你高。
结论2：（隐含）我比你更自信。
前提5：（隐含）更自信的人约人出来更容易。
结论3：我觉得约人出来很容易。

在这个案例中，值得阐明的是前提2和前提3：这本书准确地描述了事情的真相，以及我准确地描述了这本书。因为这个论证高度依赖于这两个判断，但这两点的真实性似乎特别值得怀疑。

一本书是否真的这么简单地概括了一件事情，或者我是否完全准确地转述了书中的内容？也许没有。总之，真实情况可能会更复杂一些，而正是通过阐明这样的假设，我们才能进行更细致的解释（或反驳）。

5 区分关联前提和独立前提

在上面的那些例子中，你可能已经注意到，有一些前提只有在关联的时候才能引出结论，而其他一些前提可以单独支撑结论。这里用一般形式给出了一个论证，其中涉及两个**关联前提**，分别用（P1）和（P2）标注出来，同时用（C）标注了结论：

（P1）该化学品需要催化剂才会在此温度下产生反应。（P2）目前没有催化剂，所以（C）它不能在这个温度下产生反应。

与此相反，下面有一个相似主题的论证，其中包含两个**独立前提**：

（P1）当我加热时，该化学品不产生反应。（P2）当我增加压力时，该化学品不产生反应。（C）我可能需要一种催化剂来帮助产生反应。

独立前提（Independent premises）：无须依靠其他前提就可以单独支持结论的前提。

关联前提（Linked premises）：须综合而非单独支持结论的前提。

在第一个例子中,任何一个前提都不能独立支持结论:如果你确定一个前提而忽略另一个,这个论证就无法成立。这说明两个前提之间是有联系的,因为只有当它们结合在一起的时候,才足够支撑结论成立。

在第二个例子中,(P1)和(P2)都独立地为结论提供了一些支持。由于有两个前提,这个论证更加有力,但如果只有一个前提,它仍然可以作为一个论证,只是说服力可能没那么强。

我们可以画一些论证图来显示关联前提和独立前提之间的关系,这也是论证图的最大作用所在——帮助你区分:

哪些前提必须放在一起才能支持一个结论(关联的)。

哪些前提支持一个结论而不依赖任何其他前提(独立的)。

这里有一个较长的例子供你思考,包括关联前提和独立前提。你能将它们对号入座吗?

(P1)所有成功的运动员都将有效的训练与天赋相结合。(P2)我妹妹想成为一名成功的运动员,(P3)她已经成功地坚持了有效的训练计划。(P4)她个子很高,肌肉发达,灵活性和协调性天生就很好。(P5)她的教练说她有很大的潜力。(C1)这表明她真的有天赋。(C2)所以我认为她有很大的机会成为一名成功的运动员。

这里，前提（P4）"我妹妹个子很高，肌肉发达"和（P5）"教练说她有很大的潜力"都独立地支持了结论（C1）"她有天赋"。其余的前提是关联在一起的。如果（P1）所有成功的运动员都结合了有效的训练和天赋，以及（P2）我妹妹想成为一名成功的运动员，那么（P3）（P4）与（C1）结合起来就支持了最终结论（C2）——她有相当大的机会成功，因为她既进行了有效的训练，又有天生的能力。

你会注意到，我没有像前面的例子那样长篇大论地写出重构的过程。实际上，如果一个论证不是非常复杂，那像这样标记出前提和结论更为简便，当然还要确保你写出了隐含的假设，并在必要时对一些前提进行重新措辞和阐述。

学习要点2.3

确保你不会混淆这两种前提的类型

一个论证可以同时使用关联前提和独立前提，但两者的作用非常不同：

关联前提是相互依赖的，如果其中一个前提有问题，相应的论证也会失败。前提之间的关系通常是"如果X和Y，那么Z"。例如，"如果警告灯亮了，而且我们知道这不是测试,那么我们应该从实验室撤离"。

独立的前提可以相互加强,如果一个或多个前提有问题,论证强度就会被削弱,但论证并不会因此而失败。独立前提之间的关系通常是"如果X,那么可能是Z;如果Y,那么可能是Z"。例如,"如果有一股烧焦的味道,那么也许我们应该从实验室撤离;如果从实验室内传出不明原因的噪声,那么也许我们应该从实验室撤离"。

对两者之间的差异要保持警惕,这样在前提有缺陷时,可以让你区别出论证的结论是被否定了还是被削弱了。在进行论证时,你要确保知道自己提出的前提是单独支持结论的独立前提,还是需要综合考虑的关联前提。

关于假设的几个问题

如果没有假设,我们就无法谈论任何事情。只要你认真思考,你可以在任何主张或论证背后列出无尽的假设。假如我们一起站在厨房里的时候,我说:

不要碰那个锅,它很烫!

这似乎很明显，几乎不值得分析。然而，我们能够顺畅沟通所需的共同假设是相当多的。我是这样假设的：

- 如果你碰它，热锅会烫伤你。
- 你不希望被烫伤。
- 你能够听懂我说的语言。
- 你相信我说的是实话。
- 那个锅真的很烫，我没有弄错。

这些假设都值得说出来吗？也许不值得。但是，如果我和我两岁的儿子说话，我会努力解释上面的几个假设，因为他还没有足够的知识来确认所有这些事情是理所当然的。同样，如果你和一个说外语的人交谈，或者来自不同文化的人交谈，你可能会发现，某些你通常认为理所当然的事情需要加以明确阐明，沟通才能顺畅。这里有一个例子，你可能在报纸上看到过关于全球经济的类似文字。你认为这里提出了哪些关键的假设？

美国住房市场的不良贷款和基于这些贷款的金融衍生品加剧了2008年金融危机。当房地产泡沫破裂时，与金融衍生品有关的巨大损失使全球经济数万亿美元凭空蒸发。今天，我们已经从贷款和金融衍生品中吸取了教训，所以我们不会再看到2008年那样的经济危机，也不会再受到类似的大规模危机的影响，尽管较小的全球经济衰退仍然可能发生。

像之前的分析一样，首先我们要找到最终结论以确定作者的主张，作者希望我们得出的结论是：世界不会再受到2008年那样规模的金融危机影响。现在我们可以尝试提问：作者提供了什么理由来支持这个结论？理由是：2008年危机是由不良贷款和基于这些贷款的金融衍生品造成的，由于现在我们已经从贷款和金融衍生品方面吸取了教训，类似的大规模危机不会再出现。有哪些相关的推理是被假设而未被阐明的？这里有两个重要的隐含前提：

1 有关贷款和金融衍生品的经验教训足以确保2008年的情况永远不会重演。

2 只有重蹈覆辙才会发生和2008年一样大规模的金融危机。

我们可以用一般形式来重写这个论证，并且将这两个假设加进去。我用下划线标出了下文中插入的假设：

美国住房市场的不良贷款以及基于这些贷款的金融衍生品助长了2008年金融危机。当房地产泡沫破裂时，与金融衍生品有关的巨大损失使全球经济损失了数万亿美元。

今天，我们已经从贷款和金融衍生品方面吸取了教训，足以确保我们在未来避免所有类似错误。因此，我们不会看到2008年的情况重演，只有重蹈覆辙才会发生那样大规模的金融危机。所以，我们能避免再次遭受类似的大规模危机影响……

我认为，把这两个隐含前提显化出来非常有必要，因为这两个假设都是值得质疑的。2008年的情况真的不会再发生吗？也许吧，但是我们很难确定。大规模金融危机发生的唯一途径就是这样的吗？答案几乎毫无疑问是否定的。

学习要点2.4

假设检验的实用指南

每一个论证都依赖于假设，学会阐明那些假设对于掌握任何领域的观点和研究都极为重要。为有效做到这一点，每当你在为是否应该接受某人的主张而苦恼时，可以试着问这五个问题：

1 这个论证是否过于简单地从特殊情况推理到一般情况，或在没有充分理由的情况下就假设两件事一定一样?

2 是否在假设因果关系的时候出现了事实上的明显错误?

3 是否有任何未阐明的,关于对与错或自然和不自然的特定信念,被用来支持结论?

4 这个论证是否假定未来必须遵循与过去相同的模式,却没有提供证据或考虑环境差异?

5 你所阅读的内容是否一开始就假设了它要证明的东西?

综合运用

前面我们已经详细讲解了重构论证的五个步骤:

1 遵循善意理解原则;

2 识别最终结论;

3 识别明确前提;

4 识别隐含前提(阐明所有相关假设);

5 区分关联前提和独立前提。

这里有一个例子供你练习。首先,阅读下面这段话。我已经在括号里标出了前提和结论:

为了我的研究项目，我构建了一个关于学生工作习惯的初步理论。不幸的是，(P1)我无法获得任何关于学生工作习惯的高质量数据。这意味着(C1)我无法有效地检验我的理论。考虑到(P3)没有经过有效检验的理论是不适合用于研究项目中的，因此很明显，(C3)我必须放弃这个理论。

现在，我们把这个论证用标准形式写出来。在下面的论证框中，我提供了一个标准形式的结构，其中有些部分已经填好了，有些仍留有空白。请你试着完成所有的空白处，从最终结论开始倒推。请注意，你需要阐明的几个步骤是隐含的。

前提1：（隐含）
前提2：我无法获得任何关于学生工作习惯的高质量数据。
结论1：
前提3：（隐含）
结论2：
前提4：
结论3：我必须放弃这个理论。

你做得怎么样呢？这个练习最难的地方可能是如何正

确识别这段话中的相关假设。有两个关键信息是隐含的，并没有被明确说明。第一，有效地检验一个理论需要高质量的数据；第二，不适合的理论需要被放弃。把这两点表达出来，可以使整个扩展论证更流畅：

前提1：(隐含)有效地检验一个理论需要高质量的数据。
前提2：我无法获得任何关于学生工作习惯的高质量数据。
结论1：我无法有效地检验关于学生工作习惯的理论。
前提3：(隐含)不适合的理论需要被放弃。
结论2：我关于学生工作习惯的理论不适用于研究项目。
前提4：不适用于研究项目的理论应该被放弃。
结论3：我必须放弃这个理论。

下面是另一个例子。这篇分析文章可能会让人更迷惑，因为其中充斥着很多无关信息，你需要对其进行改写和大幅简化。我已经将第一个前提总结为"抵御令人厌烦的入侵是保护隐私的一个重要部分"。此外，应该遵循善意理解原则，尽量清楚地以最有力的形式表达观点。

目前，技术领域的一场有关数据和隐私的辩论引起了人们的关注。就在上周，在和一名计算机科学家的大声争论中，我提出不希望算法扫描我的电子邮件，以便向我展示一些"相关"广告，他却无法认同这一点。隐私不仅仅保护我所做的事情不被他人知道，它也关乎我如何保护自己免受烦人的邮件广告、垃圾邮件的入侵，而诸如此类的问题太多了。这种保护也是隐私的重要组成部分。在我看来，技术公司对我们了解得太多了，法律应该明文禁止这些公司侵犯我们的隐私。这是法律应该做的事情：要求所有公司尊重个人隐私等权利，而不是任由他们用烦人的入侵行为来轰炸我们。

前提1：抵御令人厌烦的入侵是保护隐私的一个重要部分。

前提2：

前提3：

结论：

分析这个论证并不容易，你给出的答案很有可能和我的版本不同。但只要你尽可能地把事情说清楚，并尽可能地想出一个宽容且连贯的论证版本，表达方式的不同就无关紧要了。我们把事情阐述得这么清楚明白，是不是对作者太慷慨了？也许吧。但是为了尽可能充分地了解作者的立场并从中获取知识，这是最好的方法。

前提1：抵御令人厌烦的入侵是保护隐私的一个重要部分。
前提2：技术公司过多地侵犯了我们的隐私。
前提3：法律应该让技术公司尊重我们的隐私。
结论：技术公司应该守法，停止侵犯我们的隐私。

你是否开始对运用标准形式来阐述论证的方法更自信一些了呢？这里还有一个不同的练习。我将不会提供特定的案例，相反，我想请你用几句话写出一个你不同意的论证，然后再用标准的形式写出来，确保你在分析的时候遵循善意理解原则，而不是架设一个稻草人对其发起攻击。

我不同意的论证：

这个论证用标准形式重构后是这样的：

节省精力。建立可以帮你专注的习惯和工作环境。这并不是让你关掉身边所有的电子邮箱和社交媒体，而是试着批量处理邮件，不要让其他因素掌控你的时间和注意力。

像这样经过整理的论证，你觉得有什么不同吗？它的缺陷是否变得更明显了？还是它的优点让人印象更深刻了？现在，希望你已经做好准备，可以开始更详细地评估推理了。

实际上，仔细地重构论证往往会使其缺陷显而易见，或者暴露其薄弱之处。然而，不同形式的推理都有自己的特点，以及需要我们学习的具体评估技巧。在接下来的三章中，我们将介绍评估推理的方式，以及与证据和证明相关的主题。

想一想2.2

像这样阐述一个你不同意的立场，让你感觉如何？它对你的想法或观念有什么影响吗？今后在和与你意见相左的人争论时，你会有不同的应对方式吗？

总结

重构论证意味着识别其所有不同的部分，然后以标准形式清楚地列出这些内容，以便我们准确地了解论证是如何进行的。

标准形式就是对论证进行改写：

- 结论清楚地列在底部。
- 将支持结论的前提编号并写在结论的上方。

前提是论证的最基本的组成部分,许多不同的前提可以组成推理链以支持一个结论。

无关信息是指与论证无关的内容,当我们通过改写来仔细阐释每个前提和结论时,应该将其排除在外。

假设是指与论证有关,被提出论证的人认为是理所当然而未被明确阐述的内容。

扩展论证是指最终结论由一个或多个前提支持,而这些前提本身又是由先前的前提支持的结论。

中间结论是指在论证过程中得出的结论,之后又会成为得出最终结论的前提。

最终结论出现在扩展论证的最后,是提出论证的人最终试图说服你的事情。

偏见是指在不考虑支持或反对证据的情况下持有某种观念,或者在思考论证之前就认定了自己所认为的情况。

"架设稻草人"是指对别人立场的荒谬简化,这种做法显然是错误且不明智的,只是为了让自己可以更轻松地驳倒别人的论证。

重构的过程可以分为五个步骤:

1 遵循善意理解原则:这要求我们从他人是诚实且

理性的这一假设出发,并尝试以最有力的形式重构他们的论证。

2 **确定最终结论**（并将其写在底部）：寻找结论指示词,如"由于""那么""因此"和"所以"等,可以帮助我们弄清论证过程,指出最终结论的位置。最终结论也经常出现在一篇文章的开头或结尾。

3 **识别明确的前提**（并按顺序写在最终结论的上面）：这些是某人为支持其结论而提出的所有主张。

4 识别任何隐含的前提或隐含的结论(并把它们插入到合适的地方)：这些内容没有被论证者明确阐述但被假设为推理的一部分，需要纳入重构中。

5 确保你知道哪些前提是关联的(它们需要结合在一起支持某个结论)，**哪些是独立的**(它们独自发挥作用)。

完成重构之后，你就可以开始对他人所展示的推理进行评估，这里你需要仔细留意不同类型的推理之间的差异。

第三章

基于逻辑和确定性的推理

推理为何很重要（以及如何识别论证）？
↓
如何阐明论证背后的推理过程？
↓
如何根据所给前提推出合乎逻辑的结论？
↓
如何根据所给前提推出可能的结论？
↓
如何选择并检验事物的最佳解释？
↓
如何评估证据以及制定阅读策略？

你能从本章中学到的5点

1 如何从前提中得出一个合乎逻辑的结论？
2 当结论不能从其前提中得出时会发生什么？
3 如何确定一个论证的结论一定正确？
4 逻辑是如何建立在必要和充分条件之上的？
5 通过推理得出结论时常见的混淆。

接下来的三个章节涉及三种不同的推理类型：演绎推理、归纳推理和溯因推理。在本书第一部分中，它们大致对应着逻辑、概率和解释。尽管三种不同类型的推理方法分别用不同章节来阐释，但它们并非相互对立或排斥的思维方式。三种推理类型也没有优劣之分，如果你想问哪个"更好"恐怕没有答案。它们只是描述了一系列不同的推理方式，凭借这些推理，我们可以更合理地寻求对世界的思考。

在本章中，我们将首先探讨**演绎推理**，以及**演绎证明**相关的概念。演绎推理法涉及论证的结构，即把你面前的信息正确结合的意义所在。如果你发现了演绎推理中的缺陷，这说明论证的结

演绎推理 (Deductive reasoning)：在所给前提的基础上合乎逻辑地引出一个结论，不参考任何外部信息。

演绎证明 (Deductive proof)：证明一个特定的结论在逻辑上是由某些前提得出的，如果这些前提为真，则该结论就一定为真。

构出现了问题，论证者所给的前提无法支持其结论。就论文或研究项目而言，我们都需要仔细安排推理结构，避免得出不正确或前提无法支撑的结论。

演绎证明一定是合乎逻辑的。如果命题"每个健康的婴儿都有与生俱来的语言能力"为真，如果"你有一个健康的婴儿"为真，那么"你的婴儿有与生俱来的语言能力"也一定是真的。

当涉及论证的逻辑结构时，正确使用演绎推理可以确保前提的真实性在你的结论中得到保留。因此，演绎推理有时也被称为**保真推理**。

关于演绎推理

这里有一个运用演绎推理的例子：

前提1：所有的鱼都生活在水中。
前提2：我是一条鱼。
结论：我生活在水中。

这可能听起来很荒谬，但是我们可以从两个前提中符合逻辑地推理得出结论。如果所有的鱼确实都生活在水中，并且我也真的是一条鱼，那么我不可避免地必然生活在水中。结论已经蕴含在了前提中，只要我们稍加演绎，就能得出结论，所以这种推理方式被称为演绎。

当进行演绎推理时，我们不会添加任何额外的信息，只是得出了一个已经隐含在我们最初假设中的结论。因此，评估某人的演绎推理并不能确保其主张为真，它只能帮助我们确定论证的逻辑结构是否合理，或者在结构层面上是否出现了问题。

演绎听起来有点像侦探工作，事实也的确如此。它要求我们非常仔细地查看面前的信息，然后准确地推导出它所暗示的内容。这里有几个例子，请你运用演绎方法，说出每个例子中的信息所引出的逻辑结论：

1 我受不了任何形式的体育活动。帆船是一种体育活动，所以……

2 塑料都是没有磁性的。我的盘子是塑料的，所以……

3 任何人在打电话的时候无视我，都会让我很生气。你在打电话的时候无视我，所以……

以上三种情况的逻辑结论分别是：（1）我受不了帆船

航行（因为它是一种体育活动）；（2）我的盘子没有磁性（因为塑料都没有磁性）；（3）你惹恼了我（因为你在打电话时无视我）。

你做得怎么样呢？这里有一个更复杂些的例子：

如果老年患者饮食不良又不运动，记忆力就会下降。乔治（化名）不爱运动，饮食也不良。芭芭拉（化名）不运动，但饮食很好。因此，我们预测……

正确的结论是："由于饮食不良和不运动，乔治可能会记忆下降。"请注意，这里没有提到芭芭拉，因为我们没有足够的信息来预测她的情况。所给的前提表明饮食不良和不运动同时发生时会导致老年人记忆力下降，一个不运动但饮食规律的老年人不符合这个条件，所以我们没有对其做进一步的推理。如果你在完成这个例子时提到了芭芭拉，那你就引入了一个实际上并不包含在前提中的假设，这是演绎推理中一个常见的错误。

有效论证与无效论证

逻辑和真相是两种不同的东西。在本章中第一个关于"鱼"的例子中，有一个前提显然是错误的：我不是一条鱼。但这一事实的真假与否，丝毫不会影响该论证是一个逻辑结构完美的演绎推理。如果所有的鱼都生活在水中，而我是一条鱼，那么从逻辑上讲，我一定生活在水中。下面是另一个结构完美的演绎论证例子：

前提1：所有姓吧啦的人都生活在布噜。
前提2：我姓吧啦。
结论：我生活在布噜。

实际上，可能根本不存在所谓的姓吧啦的人或者一个叫布噜的地方，但是这对论证的演绎逻辑没有任何影响。

演绎推理与真相没有直接关系，它与有效性有关，即与由所给前提是否能合乎逻辑地推导出一个特定的结论有关。如果一个论证的结构使得结论一定能从前提中得出，那么这个论证就是有效的。相反，如果论证的结论不能从其前提中引出，那么该论证就是无效的。这里是另一个运用演绎方法的**有效推理**，用一般形式表达：

所有戴眼镜的男人都很有魅力。我是男的且戴眼镜。因此，我很有魅力。

此处的结论"我很有魅力"从逻辑上一定能从前提中得出。如果所有戴眼镜的男人都是有魅力的，而我是男人也戴着眼镜，那么就一定会得出我确实有魅力的结论。我的论证是有效的，即使此处前提的真实性还有待商榷。相比之下，这里有一个基于相同前提的**无效推理**：

所有戴眼镜的男人都有吸引力。我戴眼镜。因此，我是一个男人。

这个结论"我是一个男人"并不能合乎逻辑地从所给前提中推导得出。我是一个男人可能为真，但是与此处的演绎推理毫不相关。我没有正确地推导出所给前提暗示的内容，而是跳到了一个**无端结论**。

很多时候，你可以通过常识和仔细阅读来分辨一个论证是否有效。下面有几个例子，请问这些论证的演绎推理是有效的还是无效的？

无效推理 (Invalid reasoning)：不正确地运用演绎推理，不能合乎逻辑地从前提中得出结论。

无端结论 (Unwarranted conclusion)：没有前提支持的结论。

	有效	无效
（1）所有想参加研讨会的学生必须注册。我想参加这次研讨会。因此，我必须注册。	○	○
（2）世界上没有紫色的猴子。这种生物是紫色的，所以它不可能是一只猴子。	○	○
（3）紫色的猴子是很难发现的。这种生物很难被发现，所以它一定是紫色的猴子。	○	○
（4）如果我们开展实验要符合伦理道德，就必须获得人类志愿者的允许。我们没有获得他们的允许，所以我们不能进行实验。	○	○
（5）如果我们开展实验要符合伦理道德，就必须获得人类志愿者的允许。如果我们没有获得他们的允许，	○	○

我们只有隐瞒实验内容，

才能对他们进行实验。

显然，论证（1）是有效论证。第（2）项也是有效的，尽管需要多考虑一下才能找出原因：如果不存在紫色的猴子，那么从逻辑上说，任何紫色的生物都不可能是猴子。第（3）项是无效论证，因为说紫色的猴子很难被发现，但这并不意味着"任何难以被发现的东西一定是紫色的猴子"。可能还有无数其他的东西也很难发现（变色龙、距离我们非常远的小物体、坐在棕色树上的棕色猴子）。

（4）是一个有效的论证，论证中提供的前提比第一个例子长，但形式直截了当：如果我们总是需要别人的允许才能做某件事，那么如果我们没有得到他们的允许，我们就不能做那件事。

最后，（5）是无效论证，它其实是一种人们为了证明某项活动的可行性而经常使用的狡黠思维，但是这种意义的转移不能构成有效的推理。如果只有经过别人允许才能让我们所做的事情符合伦理道德，那么没有得到允许，我们所做的事情就不符合伦理道德——这才是事实。论证（5）的结论是没有根据的，因为所给前提无法提供有效支撑。

学习要点3.1

如何避免无效论证

考量论证的有效性的一个最实用原因是，它可以让我们察觉某人是否试图从所给前提中得出一个毫无根据的结论，而且这个结论通常是建立在一个他们不愿阐明的隐藏假设之上。

对于上面的最后一个例子，"如果我们开展实验要符合伦理道德，就必须获得人类志愿者的允许。如果我们没有获得他们的允许，我们只有隐瞒实验内容，才能对他们进行实验"，我们严谨地思考其有效性之后，会发现作者隐瞒了一个令人震惊的假设：只要有人不知道我们在做什么，我们就可以对他们采取不道德的行为。

想要仔细评估信息来源的有效性，就不能允许他人在论证中隐藏假设。如果有人提出一个主张作为他们论证的逻辑结果，我们要做的就是确保他们的论证是诚实且明确的。一旦你发现了无效论证，请毫不犹豫地质疑，因为这是诚实思考和研究的关键环节。

必要条件和充分条件

不同概念能在逻辑上得以关联的最基本方式之一是通过**必要条件**和**充分条件**来实现的。下面分别是必要条件和充分条件的例子:

为了让自己成为一个成功的学生,我必须努力学习。

这次考试的及格分数是50分,所以我考52分就足以通过。

事件X的必要条件必须为真,才能使事件X为真,但必要条件为真并不能保证事件X为真。上面给出的第一个例子,就是一个必要条件。如果我想成功,努力学习是必要的;但努力学习本身并不能保证成功。相比之下,一个充分条件可以保证某个事件为真,第二个例子就是充分条件。如果我在一次考试中得到52分,而及格分数是50分,这就确保了我已经通过了考试。下面是一些让我能够在iPhone上播放电影的必要条件(但不是充分条件):

> 必要条件(Necessary condition):如果某事为真,则必须满足必要条件,但必要条件本身并不能保证某事为真。
>
> 充分条件(Sufficient condition):如果充分条件被满足,则足以保证某事为真。

我的iPhone需要有足够快的网速。
我需要能够使用某种流媒体服务。
我的iPhone需要有足够的电量。
我的iPhone需要开机并解锁。

这些条件都是必要的，因为只要其中一个条件没有得到满足，我就不能播放电影。然而，它们并不充分，因为即使这四件事都是真的，也不能保证我可以播放电影。可能上述情况都为真，但我的屏幕被砸坏了，或者我的手机可能被恶意软件攻击而死机，等等。一般来说：

一个必要条件未满足意味着事件X不可能为真。
但是满足任何数量的必要条件都不能保证事件X为真。
但是当任意一个充分条件得到满足时，就可以保证事件X为真。

这里有一个具体的例子：

活着是成为父亲或母亲的必要条件。
但是只是活着并不能保证你会成为父亲或母亲。
但是有一个或多个孩子是你成为父亲或母亲的充分条件。

所以如果你有一个或多个孩子，你就一定是父亲或者母亲。

这里还有一个相同形式的例子。你会在空白处填上什么？

不吃任何奶制品是成为素食者的必要条件。
但是只是不____并不能保证你就是____。
但是不吃任何的动物制品是___的充分条件。
所以如果你____，那么你一定是____。

你的答案是什么呢？下面是我给出的答案：

不吃任何奶制品是成为素食者的必要条件。
但是只是不吃任何奶制品并不能保证你就是素食者。
但是不吃任何的动物制品是成为素食者的充分条件。
所以如果你不吃任何动物制品，那么你一定是素食者。

下一节中我们将会看到，用"如果"和"那么"来连接观点的能力是按照逻辑来组织论证的基础，假如我们容易将必要条件和充分条件混为一谈，那么会导致许多日常逻辑中常见的错误。在逻辑确定性中，必要条件与"如果……则非……"这一逻辑表述关联最为紧密。因为从逻辑上讲，如果事件X的必要条件没有得到满足，那么事件X肯定为假。相比之下，充分条件支撑了"如果……则是……"的逻辑表述，因为从逻辑上讲，如果事件X的充分条件得到满足，那么事件X肯定为真。

我们还会发现，在现实生活中定义充分条件非常棘手。素食协会将素食主义定义为"一种生活方式，尽可能地排除一切以食物、衣服或任何事情为目的的对动物的剥削和虐待"。由于对你所使用的每一件产品的成分和生产过程都进行追踪非常困难，这个定义也因此故意留有一些解释的余地。演绎推理法可能看起来很简洁，但想要确定其逻辑中每个组成部分的真实性其实是一件非常棘手的事情。[6]

想一想3.1

试着思考完成下列日常事务的必要条件：做饭、旅行、购物、与他人交流。你能想到任何完成这些日常事务的充分条件吗？

有效推理和无效推理的两种类型

当你评估论证时,常识和仔细阅读会有很大的帮助,但是学会在更基本的层面上理解事物也很重要,这样才能将对有效论证一般逻辑形式的敏感意识内化于心。

在这一章中,我经常使用"逻辑"这个词,你可能对它的含义已经有了一定的了解。日常生活中,我们也常常用"合乎逻辑"这个词来描述正确的东西,用"不合逻辑"来描述不正确的东西。这些理解都非常接近它的正式定义,即用于区分正确和不正确推理的原则和方法。

我们可以认为**逻辑学**是一门讨论有效性的科学。正确地构建一个演绎论证,就是在阐明所给前提中的逻辑含义,我们没有添加任何额外的信息,只是在已知信息的基础上做出符合逻辑的(也就是正确的)推论。有效论证是合乎逻辑的,而无效论证在逻辑上是有缺陷的。[7]

理解有效论证的逻辑需要我们关注其结构形式而不是论证内容。本书并不是一本逻辑学教科书,所以我在本章中只介绍两种最基本的有效论证形式，以及与之相对的两种无效论证形式。如果你有兴趣，你可以在书末的附录中找到更全面的逻辑论证。[8]

肯定前件 vs 肯定后件

肯定前件是一种有效的论证形式，所有这样的论证都是有效的，一般形式如下：

前提1：如果A，那么B。
前提2：A为真。
结论：所以B为真。

这是什么意思呢？首先，它断言一个事件总是从另一事件开始的（即事件A真足以保证事件B真）。其次，它断言，因为前面的事件A已经发生，所以后面的事件B一定为真。当我们把事件A和事件B具体化来看，这一点就很清楚了：

前提1：如果现在在下雨，那么我一定要打伞。
前提2：现在在下雨。

结论：所以我一定要打伞。

重申一下：任何这种形式的论证都是有效的。如果事件B由事件A得出，那么只要事件A为真，我们就可以肯定地说，事件B也一定为真。

我们需要将肯定前件与一种相似但无效的论证形式区分开来，我们称之为**形式谬误**，因为这种论证形式本身就是错误且不合逻辑的，也就是**肯定后件**的谬误。它一般是这种形式：

前提1：如果A，那么B。
前提2：B为真。
结论：所以A为真。

下面是一个具体的形式谬误的例子：

前提1：如果现在在下雨，那么我一定要打伞。
前提2：现在我正在打伞。
结论：所以现在在下雨。

这是一个无效的论证，因为由其前提出发并

> 形式谬误（Formal fallacy）：一种无效的论证形式，演绎逻辑中的一种错误，意味着这种形式的论证不能得出有效的结论。
> 肯定后件（Affirming the consequent）：一种无效的论证，它错误地假设，当一个事件总是从另一事件出发时，后面的事件为真也保证了前面的事件为真。

不能必然得出相应的结论。如果我在使用我的雨伞，现在在下雨这个事件可能是真的，也可能不是真的，但我所说的前提并不允许我们推断出这一点。如果事件A为真，事件B就必然为真，但事件B为真并不足以保证事件A为真。这里有另一个例子：

如果我与美国总统有婚外情，总统不会公开提到我的名字。总统从来没有公开提到过我的名字。因此，我与总统有婚外情。

显然，对于总统从未提到我的名字这一事实，有许多更合理的解释。这个错误推断的出现是因为我混淆了必要条件和充分条件。在某个论证过程中，我混淆了结论必然会导致的事件与保证该结论成立的事件。如果我和总统有婚外情，我的名字没有被提及必然是真的，但这远远不足以保证这个结论成立。

否定后件vs否定前件

否定后件是一种有效的论证形式，一般形式如下：

前提1：如果A，那么B。

前提2：B为假。

结论：那么A为假。

这里也是同样的道理，一个事件总是依赖于另一事件的发生。接下来，我们肯定后面的事件没有发生，因此前面的事件也不可能发生。事件A真足以保证事件B真，这意味着事件B为假足以保证事件A为假。

前提1：如果现在在下雨，那么我一定要用伞。
前提2：我现在没有用伞。
结论：所以现在没有下雨。

任何以这种形式出现的论证都是有效的，其原因与"肯定前件"形式的论证相同。如果事件B一定依赖于事件A的发生，并且我们知道事件B没有发生，那么事件A也不可能发生。如果我在每次下雨时都使用伞，而我告诉你我没有使用伞，你就可以有效地得出结论说没有下雨。还有一种与**否定后件**相对应的无效论证形式：一种被称为**否认前件**的形式谬误。一般形式如下：

前提1：如果A，那么B。

前提2：A为假。

结论：那么B为假。

下面是具体形式的谬误：

前提1：如果现在在下雨，那么天空中一定有云。

前提2：现在没有下雨。

结论：所以天空中没有云。

这个特殊例子的问题在于，虽然没有云在逻辑上确实意味着不下雨(这是通过否定后件从前提中得出的结论)，因为我们已经说过，如果下雨，就一定会有云，但没有下雨在逻辑上并不能证明没有云。云是下雨的必要条件，而非充分条件。所以这里再一次混淆了必要条件与充分条件，造成了谬误。

学习要点 3.2

当谬论混淆了"当"和"当且仅当"时

我列出的两种谬论都是因为混淆了必要条

否认后件 (Denying the consequent)：一种有效的论证形式，一件事总是在另一件事后发生，如果后面的事没有发生，也保证了前面的事不是真的。

否认前件 (Denying the antecedent)：一种无效的论证形式，它错误地假设，当一件事总是随着另一件事发生时，如果前面的事件没有发生，也保证了后面的事件不是真的。

件和充分条件,可能错误地认为这两句话的意思相同:

> 当我们敲击受试者的反射点时,他的腿会向上移动。
> 当且仅当我们敲击受试者的反射点时,他的腿会向上移动。

这样看起来,这种谬误似乎很荒谬:除了敲击反射点之外,显然还有成千上万的原因导致受试者的腿向上移动。然而,在很多时候我们都会将"当"和"当且仅当"混为一谈。比如说:

> 我们的研究表明,当某人智商高时,他可能拥有高于平均水平的财富。这支持了拥有财富代表智商高的理论。

有些人可能会觉得上述论证很有说服力,但它其实是形式谬误,因为除了高智商之外,还有很多东西与财富有关。

如果我们说,"研究表明,当且仅当一个人智商高时,他就会拥有高于平均水平的财富"。那么财富多就确实可以说明智商高,但这并不是一个令人信服的现实描述。相反,它展示出了一种逻辑谬误:没有意识到描述趋势("高智商的人更有可能成为富人")与发现规则("所有的富人都是聪明人")之间的巨大差异。

想一想 3.2

你认为有效论证在什么情况下最重要?而在什么情况下,提出有效论证可能会错过重点或不符合事实?

如果还有疑问,不妨再等一下。将棘手的问题先放上几天,甚至更久,你或许就会恍然大悟。此时无声胜有声,放一放比盲目干要强。

可靠论证和不可靠论证

我们说过,论证的有效性与真实性是互相分离的:一个论证可以是完全有效的,同时又是谎言或编造的胡言乱语。然而,有效性与真实性也有着重要的联系,因为每个有效的演绎论证都是保真的,它的有效性意味着它确保了其前提的真实性,所以只要我们的前提是真实的,我们就可以得出真实的结论。如果一个有效的演绎论证的

可靠论证(Sound argument):既有效又具有真实前提的演绎论证,意味着其结论也必定是真实的。

不可靠论证(Unsound argument):不符合可靠标准的论证,要么是因为它无效,要么是因为其中一个或多个前提不真实,或两者兼而有之。因此,你不能指望它的结论是真实的。

前提为真，那么它的结论也一定为真。

我们把一个既有效又有真实前提的演绎论证称为可靠论证。相比之下，不可靠论证则不满足这些条件：要么它是无效的（所有无效论证本身都是不可靠的），要么它的形式有效但前提不真实，导致它的结论不可靠。

我们看一个实际的例子，思考下面的两个前提：

如果你想对你的研究进行文献综述，你只能利用完全公正的来源。但所有来源都有这样或那样的偏见。

这两种说法似乎都非常合理。然而，当我们对它们进行演绎推理时，它们会导致我们得出一个毫无意义的结论。下面是以标准形式列出的前提，后面括号里将其简化成了论证的基本形式：

前提1：如果你想对你的研究进行文献综述，你只能利用完全没有偏见的来源。（如果A，那么B。）
前提2：所有的来源在某种意义上都存在偏见。（B为假）
结论：你不可能进行文献综述。（所以A为假）

这个结论在逻辑上是隐含在前提中的。它是一个有效的论证，符合我们讲过的第二种形式，即否定后件。然而，一旦把它写清楚后，我们就需要决定是否认可其合理。此时，我们最好仔细考虑此处前提的真实性，或者至少思考如何更好地表达这些前提背后的假设。毕竟，善意理解原则要求我们深入解读他人主张，思考其正确性。

在这个特定的案例中，问题在于"你只能利用完全没有偏见的来源"这个说法。你可以合理地主张"所有的资料来源在某种意义上都是存在偏见的"，但这并不代表你不能使用它们，只是你需要对它们的潜在偏见保持警惕。我们可以按照这样的思路重写最初的论证，以便更好地把握它所提供的信息：

> 如果你想对你的研究进行文献综述，你必须对资料来源中的任何偏见保持警惕。所有的资料来源在某种意义上都是存在偏见的。因此，在进行文献综述时，你必须考虑每个来源中的潜在偏见。

这个论证看起来更可靠一些，因为它有一个有效的形式，并且前提是真实的。至少，它的前提听起来很有说服力。但是，既然我们已经进入了真实性和逻辑有效性的领域，我们就将面临着判断、概率以及逻辑正确性的问题。你是否完全接受"你所有的信息来源在某种意义上都是存在偏见的"这一说法的真实性？是否有一些信息的偏见是你不需要注意的，或者在某些情况下这个说法并不适用？在一流科学杂志上发表文章是不是也会被视为一种偏见呢？

这些问题指向了我们无法描述的现实中确实存在的不确定性，以及我们无法确切知道的许多事情。这些问题不是简单通过观察论证形式就能解决的，解决这些问题需要批判性思维中的第二类推理，也就是下一章的主题：归纳推理法。

想一想3.3

你能想到一个常见、有效但不可靠的演绎论证吗？什么样的前提我们可以确定是真的？又有哪些类型的演绎论证，由于前提不可能被证明为真，所以永远是不可靠的？

总结

演绎证明是指证明一个特定的结论在逻辑上是由

某些前提得出的，如果这些前提为真，这个结论一定为真。

使用演绎推理，需要观察论证的结构，并找到一个隐含在前提中的逻辑结论。

逻辑学是学习区分推理正确与否的原则的学科，其基础是必要条件和充分条件。

● 需要满足必要条件，才能让某事件为真，但必要条件不能保证某事件为真。然而，一旦有一个必要条件没有得到满足，那么就可以确定某事为假。

● 充分条件确实能保证某事件的真实性。如果某事件的充分条件得到满足，那么就能保证某事件为真。

我们已经详细研究了两种演绎推理的一般有效形式：

● 肯定前件：如果事件A为真，则事件B为真。事件A为真，所以，事件B为真。

如果天气晴朗，我就会觉得热。现在是晴天，所以我很热。

● 否定后件：如果事件A为真，则事件B为真。事件B为假，所以事件A为假。

如果天气晴朗，我就会觉得热。我不热，所以现在不可能是晴天。

我们还看到了两种错误的（逻辑上无效的）论证形式，这两种形式都是混淆了"当"与"当且仅当"（即混淆了必要条件与充分条件）：

● 肯定后件：如果事件A为真，那么B为真。事件B为真，所以，事件A为真。

如果天气晴朗，我就会感到高兴。我感到高兴，所以现在一定是晴天。

● 否定前件：如果事件A为真，那么B为真。事件A为假，所以B为假。

如果天气晴朗，我就会感到高兴。现在不是晴天，所以我不高兴。

总的来说，我们可以确定：

● 有效推理能正确地从其前提中引出逻辑结论。

● 无效推理意味着无法正确地从前提中得出符合逻辑的结论。

● 可靠论证既有效，又有真实的前提，它的结论也一定是真实的。

● 不可靠论证不符合可靠的标准，要么因为它是无效论证，要么因为有一个或多个前提为假，或两者兼而有之。因此，你无法确定其结论为真。

第四章

基于观察和不确定性的推理

为何推理很重要（以及如何识别论证）？
↓
如何阐明论证背后的推理过程？
↓
如何根据前提推出合乎逻辑的结论？
↓
如何根据所给前提推出可能的结论？
↓
如何选择并检验事物的最佳解释？
↓
如何评估证据以及制定阅读策略？

你能从本章中学到的5点

1 如何将归纳推理应用于证据和研究项目?
2 如何评估归纳论证的强度?
3 如何理解概率和理性预期?
4 如何有效地利用样本?
5 黑天鹅事件和证伪的意义。

在上一章中,我们研究了如何通过演绎推理来严格检验论证。我们关注的是前提中所隐含的结论。到目前为止,一切都完全合乎逻辑。如果一个演绎论证既有真实的前提,又有有效的形式,那么它就是可靠的,其结论也一定真实。

然而,一旦我们试图在日常经验和证据中寻找既定模式、原因和结果,就会出现一个问题:在现实生活中,很少有什么东西是我们可以百分之百确定的。演绎推理很有用,但在应用这种推理逻辑之前,我们需要先对事情是否为真做出断言。因此,这时候就需要使用第二种同样重要的推理形式:一种基于观察和延伸的形式,而不是纯粹的逻辑形式。

虽然我们很少承认,当我们假设明天会像今天,一件事会和另一件事遵循同样的规律，或者认为一项观察对不同的人或地方都适用时，我们的思维都会发生小小的跳跃。这就是**归纳推理**：在没有逻辑确定性的情况下，寻求相信某件事情的充分理由。

归纳论证

归纳这个词来自拉丁语动词"inducere"，本意是"引向"。当进行归纳推理时，我们是在思考前提能将我们引向何处。我们在进行一般化概括时，试图从过去的事件中推断出未来的情况，并思考哪种情况最有可能成真，归纳推理处理的并不是那些已经确定的事情。

有些人不喜欢使用"归纳推理"这个短语，他们更喜欢使用"**扩充性推理**"。因为这个短语可以明确地提醒我们，在这种推理形式下，结论是所给前提的"放大"版本。不过，两者的含义完全相同，由于前者更为常用，我在本书中选择使用前者。[9]

下面是归纳论证的一个简单例子：

归纳推理（Inductive reasoning）：一种推理形式，其中的前提基于观察到的模式或趋势可能强烈支持结论，但我们永远无法绝对确定结论是正确的。

扩充性推理（Ampliative reasoning）：另一种描述归纳推理的方法，旨在通过"放大"前提，得出更广泛的结论来表明这种推理是有效的。

美国历史上从来没有出现过女总统。因此，几乎可以肯定，美国的下一任总统也是男性。

你觉得这种说法有说服力吗？第一个前提当然为真，至少2022年的情况还是如此，也就是我在写这本书的时候，美国还没有出现过女总统。你能否被这个论证说服取决于你是否认为结论是基于观察的合理概括。

请注意，这里的关键问题是你对这个观点的同意程度，即在这个特定情景下，你是否认为过去的经验能够指示未来的情况。在我们运用归纳推理时，处理更多的是对某事的"信心指数"，而不是其确定性。归纳论证不像演绎论证那样具有逻辑有效性。当他人进行归纳论证时，当然是想试图说服我们接受某种特定说法，但他们所处理的事物不是并且也不可能是确定无疑的。

学习要点4.1

在实践中运用归纳推理

归纳推理法是一种我们每天都会不知不觉地应用数百次的推理形式。每当我们试图根据过去发生的事情来推测接下来的情况时，都是在进行归纳推理。归纳推理的运用在日常生活中是如此的自然而然，以至于我们大多数时候很难对其进行批判性思考。不过这里有四个要点可以帮助你思考：

- 当我们有充分的理由认为自己观察到的是一个既定模式，并有大量证据支持时，归纳推理的效力最强。
- 当没有证据，没有清晰的模式，或存在高度的不可预测性、复杂性和不确定性时，归纳推理的效力最弱。
- 一种更普遍的情况发生的可能性，比其包含的某一特定情况发生的可能性更大。例如，"随机选择的路人是位女性"必然比"随机选择的路人是位留着长发的女性"的可能性更大。
- 在评估归纳推理时，要确定：你已知的事物能够在多大程度上指导你了解未知的事物？在这种情况下，未来的情况会在多大程度上类似于你对过去的了解？

关于归纳力

一般来说，在讨论归纳论证的说服力强弱时，我们会使用**归纳强度**的概念。

归纳论证的**归纳力**越强，它就越有可能成立。演绎性论证要么有效要么无效，只有这两种绝对的可能性，而归纳论证的有效性则会在一个从弱到强的区间内变化。对归纳论证最好的评价是，它说服力足够强，几乎可以肯定是正确的，以至于我们可以接受其结论。想象一下，我如果这样说：

> 我所见过的每一个人都讨厌我。我将要见到的下一个人也会讨厌我。

我所提出的这个论证就其本身而言似乎是一个强有力的归纳推理。如果我见过的每一个人都真的讨厌我，那么我将要见到的下一个人似乎也很可能讨厌我。然而，几乎可以确定，这里的开篇前提是过于夸张的，至少你可能会认为我遇到的大部分人只是对我不会在意，因此谈不上讨厌与否。

因此，我们可以说，这个论证是**有说服力**的，但**归纳力不强**。它的结构完整，但它的前提真实性较低。一个有说服力的归纳论证类似于一个有效的演绎论证，因为两者都有良好的结构，但不一定能成功说服我们接受其结论。同样地，

有说服力（Cogent）：一个具有良好结构的归纳论证，但我们不一定要接受其结论为真（类似于有效的演绎论证）。

归纳强度或归纳力（Inductive strength or inductive force）：衡量我们有多大可能性去相信一个归纳论证为真。

一个**归纳力强**的归纳论证类似于一个可靠的演绎论证，因为两者都提供了令人信服的结论。

这是否意味着演绎和归纳毫无关系，或者在推理领域中具有某种意义上的对立呢？完全不是这样。让我们再来看看本章前文中关于下届美国总统性别的例子：

美国历史上从来没有出现过女总统。因此，几乎可以肯定，美国的下一任总统也是男性。

这是一个归纳论证。不过，我们也可以通过阐明其中的基本假设，将其转化为演绎论证：

前提1：美国历史上从来没有出现过女总统。
前提2：（隐含）几乎可以确定在美国总统这件事情上，不远的未来会重复与过去相同的情况。
结论：几乎可以肯定，美国的下一任总统也是男性。

我们现在已经把原本的归纳论证转换成了一个完全有效的演绎论证。这是否意味着我们已经

归纳力强（Inductively forceful）：一个归纳论证同时具有良好的结构和真实的前提，因此我们有充分的理由接受其结论为真（类似于可靠的演绎论证，但不具有绝对的确定性）。

奇迹般地将不确定性转换成了逻辑确定性？并不是，我们只是通过阐明了观察和概括之间的跳跃，把归纳推断变成了一个明确的前提。如果我们这个跳跃正确，我们就有可能创造出一个可靠的论证，但前提是我们能够完全确定归纳推理时思维跳跃的真实性（当然我们无法做到这一点）。

换言之，我们可以通过阐明思维跳跃的具体细节来创造一个有效的演绎论证，但是永远无法将其转换为一个确定的可靠论证。我们可以将不确定性显化出来，但无法消除。下面有一个例子可以尝试，你能试着通过阐明归纳论证的前提和结论之间的思维跳跃，把这个归纳论证改写成演绎论证吗？

前提1：即使是目前世界上运算最快的计算机和最先进的软件也远远达不到小孩子的智力水平，更不用说完全长大的成年人。

前提2：（隐含）

结论：计算机几乎永远不会达到人类的智力水平。

你的答案是什么？你认为这个论证是否令人信服？思考一下之后，请你尝试以同样的方法完成下面的第二个例子：

前提1：几十年来，计算机的性能每两年都会翻倍。
前提2：(隐含)
结论：未来二十年内，计算机的能力几乎肯定会超越人类。

正如你所注意到的，这两个论证的开场前提提出了两种不同的模式，提供了归纳放大的准确基础(不过其准确度仍然存疑)。当然，两者都不可能确定是真的。在第一种情况下隐含的假设是：计算机甚至不能达到小孩子的智力，这一事实很可能指出了计算机所能达到的智力水平的最终限制。在第二种情况中隐含的假设是：未来的二十年内，计算机性能的提升速度一定会和过去几十年的发展速度一样。

我们应该相信哪一个论证呢？如果阐述得足够清晰，这两个论证在演绎上都是有效的。但我们无法知道这两个论证哪一个可靠或都不可靠。因此，我们要谨慎地调查每一个归纳论证的归纳强度，并且要学会显化一些归纳论证中暗示的确定性。

归纳推理与日常语言

正如前几节末尾的案例所示，当我们使用归纳推理时，用词是极其重要的。请看下面这个例子：

> 小孩子总是打破易碎的东西。我家里有很多易碎的东西，所以如果你带着你的小孩来，他们会把我的东西弄坏。除非你把你的孩子交给保姆，否则恐怕你不能来访。

这个例子读起来像是一段有效的演绎推理，依据所给的每一个前提都推导出了相应的结论。然而，一旦深入思考，第一个前提"小孩子总是打破易碎的东西"的缺陷就很明显了。如果这个论证的推理要建立在准确的归纳推理之上，就需要插入几个**隐含限定词**。

更准确的说法可能是"有些小孩子总是打破易碎的东西"，或者"小孩子有时会打破易碎的东西"。这是因为从字面上来看，"所有的小孩子都在不断地打破易碎的东西"这一说法显然并不准确。我认为可以换种说法：

> 小孩子有时会打破易碎的东西。我家里有很多易碎的东西，如果你带着你的小孩来，我担心

他们可能会把我的东西弄坏。那么，我们怎样才能避免这种情况呢？

在日常语言中，这种情况时有发生。思考下面这些字面含义非常绝对的陈述，这些陈述似乎都是在描述绝对的事实：

1 你永远也帮不上忙！
2 没有受过教育并有犯罪前科的年轻男性最终都会重回监狱。
3 胰腺癌病人不可能活下来。
4 计算机的性能将继续以每两年翻一番的速度发展。

对于以上的例子，我们的分析应该首先摆脱这些陈述中的绝对性，为它们添加一些限定词。

在看下面的答案之前，你可以先尝试重新阅读上面四句话，并为每一句加上限定词，说明所涉及的程度或频率。以下是我的版本：

1 你几乎永远帮不上忙！
2 很多没有受过教育并有犯罪前科的年轻男性会重回到监狱。
3 很少有胰腺癌病人能活下来。
4 计算机的性能在未来的一段时间内可能继续以每两

年翻一番的速度发展。

一旦我们开始更精确地阐述归纳论证中的要素,就会发生一些有趣的变化:通过填补日常语言和思维中的空白,可以发现引人深入研究的不确定性。

"没有受过教育并有犯罪前科的年轻男性最终都会重回监狱"这一绝对的说法几乎封锁了所有讨论和探索的空间。但是,一旦表明这适用于"很多",而不是这个群体中的所有人,我们就有机会进一步探讨这个问题的不确定性。

同样地,阐明"计算机的性能将继续每两年翻一番"这个陈述的内在不确定性和局限性,使围绕证据、趋势和局限性的辩论成为可能。我们最初认为的那种既定模式的确存在吗?或许有其他事情正在悄然发生?这个世界复杂且充满了不确定性,而我们对于世界的了解恰恰可以在上述思考中得到检验和发展。

学习要点4.2

选择并使用限定词

在你的论证中使用正确的限定词是表明你对归纳推理及其不确定性有正确认识的最重要方式之一。这

里有三个准则:

1 注意在归纳论证的结论中永远不要表达绝对的确定性。

2 始终牢记一系列确定程度不同的限定词,范围从最不确定到绝对确定,以便你在写作中能准确表达归纳推理的结论。

3 时刻清楚他人的归纳论证中隐含的限定条件,不要错误地根据字面理解就接受其为绝对确定的。

想一想4.1

思考一下,你过去坚信的那些事物中是否也含有你实际不认可或并未检验的隐含条件?你认为有哪些是确定的事情,但也许只是极有可能?或者你认为哪些事情是不可能的,但实际上只是不太可能?

通过概率解决不确定性问题

我们说过,一个有力的归纳论证类似于一个可靠的演绎论证,是真实且合理的。但是,归纳论证的结论"合理"是什么意思?我们如何划定认为某个事物真实与否的概率（Probability）：某件事情发生或为真的可能性。

标准？为了解决这个问题，我们需要转向**概率**这一概念。

概率研究我们认为某事为真或发生的可能性大小。它非常有用，使我们能够应对现实世界的不确定性，而不至于举手投降，放弃合理的分析。

概率通过给不同的可能性分配一个数值来对它们进行比较或对比。绝对确定的事件概率为1，绝对不可能发生的事件概率为0，而其他事件的概率都处于1到0的范围之内，0.5代表着确切的中间值。简单的概率尺度如图所示，里面有我们在上一节中看到的那些限定词：

如果某件事情的概率大于0.5，它就更有可能是真的，这意味着它在大多数情况下会发生。概率小于0.5的事情在大多数情况下不会发生，那它不真实的可能性就大于真实的可能性。

不可能 (0)	50-50(0.5)	确定 (1)
	可能	很可能

我们可以用这些数字来讨论并相信什么是合理的，什么是不合理的。想象一下，在买彩票中赢得头奖的机会是百万分之一，也就是说，

每售出100万张彩票，只有一个人中头奖。如果你买了一张彩票，你的**理性预期**应该是，100万次中有999999次你不会中头奖，这个概率是0.999999。或者说，唯一合理的预期应该是几乎肯定不会中头奖。

然而事实却是，我们自己认为某件事的可能性，可能与它实际的可能性完全不同。想象一下，如果一个朋友告诉你，他做了一个梦，梦中有一只会说话的企鹅告诉他，他将一定会中奖。所以他根据梦中的指引，在一个特定的时间去了一家特定的商店，买了一张彩票。他的个人期望是会买到一张中奖彩票。不管谁处于这个情况中，对于中奖的理性预期应该都是一样的，但这个梦却可能会对人们的态度和行为产生很大的影响。

概率并不为人们的主观看法所左右，它的存在是为了描述某一情况下最合理的预期。它还提醒我们，作为这个世界特征之一的不确定性至少有时是可量化的，而且不同事件的不确定性的程度也不相同，不确定某事和对某事一无所知是两个完全不同的概念。

那在归纳推理法中如何应用概率呢？如果

一个论证为假的概率高于0.5,那么它的归纳力很弱,此时我们的理性预期应该是,它更可能为假。如果它为真的概率大于0.5,那么这个论证归纳力较强,它更可能为真。有时我们可以精确地计算出这些概率,有时则需要根据过去的经验或通过比较类似案例来估计或调查。试试看,在以下两个场景中,找出哪个是归纳力更强的论证。

	是	否
(1) 30年来,我母亲每年冬天都会去一个温暖的地方度假。我猜她今年也会如此。	○	○
(2) 过去3年,我生日那天都是当月气温最高的日子。我猜,今年也会如此。	○	○

相比之下,第一个论证的归纳力更强。除非存在一些我们未知的其他信息,通常来说,我母亲更有可能重复她三十年来一直坚持的习惯。因此,该论证假设她会这样做是合理的。第二个论证归纳力很弱。连续三年在同一天出现当月最高温度并不意味着在第四年的同一天也有很大可能出现当月最高温度。此类特殊结果的性质注定了它们出现的概率很低,这一假设的既定"模式"很可能只是一个巧合。

我们可以依靠对概率的理解来对一些不同形式的归纳论证进行**排序**，特别是当其中涉及预测时，因为这还需要评估不同场景的特殊和复杂程度。思考以下的归纳论证，你能将它们按照说服力由弱到强进行排序吗？

(1) 美国历史上没有出现过女总统——这表明美国永远不会有女总统。　◯

(2) 美国历史上没有出现过女总统——这表明下一任美国总统也不会是女性。　◯

(3) 美国历史上没有出现过女总统——但所有事情都在变化，在某个时刻，最终会出现一位美国女总统。　◯

(4) 美国历史上没有出现过女总统——但变革的时机已经成熟，在未来十年内会出现一位美国女总统。　◯

很明显，这些论点中最有说服力的是（3），它认为在某个时候会出现一位女总统。这个预测一定比（4）更有可能发生，因为（4）以更具体的条件描述了同一个事件：不仅会有一位女总统，而且她将在未来十年内出现。

评估不同事件的相对概率时，要记住一条确切的规则：对于同一个话题而言，当一个场景实际上是另一个场景的更复杂版本时，更复杂的那个场景出现的概率往往会相对更低。"十年内有一位女总统"是"在未来某个时刻有一位女总统"的更复杂版本，所以从本质上来说，毫无疑问，这个论证可信度就低一些。

在这里，我们可以把所涉及的概率看作未来可能性的一个范围。未来在很多情况下，会有女性在某个时间点当选总统——但不一定会发生在未来十年内。但是只要未来十年内有女总统当选，"未来有女总统当选"的可能性也就一定成立。

这个原则也适用于其他两种情况。论点（1）"永远不会有女总统"的可能性远远低于论点（2）"下一任总统不会是女性"。为什么？因为说未来的总统永远不会是女性，就需要对未来的所有总统进行预测（也就是说，你预测的是一个更不可能实现的未来），而说下任总统不是女性，意味着只需要预测下一任总统就足够了。

我们还可以从这四种情况中发现一个更微妙的事实。假设每十年都有三任总统（每任总统任期为四年，现任总统仍需与竞争对手争夺连任），那么要想下一个十年不会出现女总统，就意味着这十年必须连续出现三位非女性总统。这在本质上比"下一任总统不是女性"的概率更低，所以反过来，"十年内会有一位女总统"比"下一任总统会是女性"的预测发生的可能性更大。

就这样，我们完成了对四种情况的概率排序。我在下面列出来了排序情况，以及每个预测成为现实所需的条件，实际上，这就是我们用来比较相对概率的一种技巧：

最没有说服力的是：美国永远不会有女总统（要想让这一点成为现实，就需要无限期并不间断地预测未来总统为男性）。

稍有说服力的是：下一任总统不是女性（要使这一点成为事实，下一任总统必须是男性）。

更有说服力的是：十年内会出现一位女总统（要想让这一点成为现实，未来三任总统至少有一位不是男性，也就是说，未来三任总统不能全是男性）。

最有说服力的是：在未来某一时刻会出现一位美国女总统（要想让这一点成为现实，只需要在不确定的未来总统中有一位是女性）。

学习要点4.3

确保你不会被概率欺骗

学习概率非常重要，不仅因为它提供了一种量化不确定性的方法，也因为大多数人都不是天生就掌握这个方法的。在进一步学习之前，请你花一些时间来思考这些关键点：

- 如果两个不同的事件之间没有联系，那么它们各自的概率就不会对彼此产生影响。抛硬币时，出现正面或反面的机会是相同的，下一次抛硬币也是如此，下下一次也是。在预测下一个结果时，可以完全忽略前一个结果。

- 如果你考虑的几件事情都有以一种特定的方式发生的概率，上一条规律就不适用了。在这种情况下，最终结果的概率来自于每个单独事件的概率相乘。抛掷一次硬币，出现正面或反面的概率相同。抛两次硬币出现两次正面的概率是四分之一，抛三次出现三次正面的概率是八分之一，以此类推。

- 你所寻找的结果越严苛，它发生的可能性就越小。例如，"每个参加考试者都得到满分"的可能性要小于"一半的人得到满分"的可能性，后者又比"有一个人得到满分"的可能性要小。

● 同样地,一个更特定的场景发生的可能性总是比包含该特定场景的一般场景发生的可能性要小。例如,从人群中随机选出的一个人拥有一辆蓝色汽车的可能性必然小于随机一人拥有一辆任何颜色汽车的可能性。

● 一件事情更能引起观察者的注意,并不是就会有更大的概率。和掷出六个其他数字的骰子一样有可能出现,尽管掷出六个"6"更引人注意,但在概率上并没有特别意义。

● 大多数巧合之所以看起来令人吃惊,是因为我们不可避免地忽略了无数日常事件,只因这些事件并没有让我们感到吃惊。其实,看似罕见和不太可能的事情一直都在发生。

处理样本

归纳是一个从特殊到一般化的概括过程,在此过程中抽样非常重要。**样本**由一些你正在研究的特殊案例组成,以便归纳得出一个更宽泛的共同特征、趋势或规律。

如果我正在研究猫类的行为,我可能会用我的宠物猫巴兹尔来代表一般的猫,并按照以下思路进行归纳论证。下面这个归纳论证是强还是弱？

	强	弱
我的宠物猫巴兹尔非常害羞，只愿意让熟悉的人抚摸自己。因此，猫是害羞的动物，只会让自己认识的人抚摸。	○	○

这并不是一个非常有力的归纳论证，因为我的样本中只有一只猫。在研究中，字母n经常被用来表示样本大小，**n=1**表示包含样本数量为1，n=100表示包含样本数量为100，以此类推。因为1是最小的样本量，所以n=1已经成为一种符号，说明如果一个归纳论证中仅仅涉及单一实例的特殊事件时，它的归纳力一定是弱的。

如果有人告诉你，"我叔叔每天都在吸烟，但他活到了90岁，所以吸烟怎么可能对健康有害呢"，那么正确（但可能不太礼貌）的答案是，只基于一个样本就得出这个关于健康的结论是极其糟糕的归纳论证。

就猫而言，如果我的论证是建立在更大的样

样本（Sample）：用来代表整个类别的特殊案例，你希望在其基础上进行归纳概括。

n=1：样本量为1表明该事件是特殊事件，没有基于严谨的调查。任何基于单一实例的归纳论证都可能是非常弱的。

本基础上，那么归纳论证就会更有力。一般来说：

- 样本越大，它作为整体代表的可靠性就越强。基于小样本的归纳论证很可能比基于大样本的论证弱得多。

然而，这也不意味着，只要样本量够大，论证就一定正确。想象一下，假设我经营着一个咖啡主题的网站。我想知道有多少人喜欢咖啡而不是茶，所以我在网站上做了一个在线调查，标题是"汤姆关于咖啡的大调查"，邀请人们参与并回答一些关于他们饮料偏好的问题。下面是我的结果总结：

> 在最近对2000多人的调查中，令人惊讶的是80%的人将咖啡列为他们最喜欢的热饮之一，该比例是喜欢茶的人数的4倍还多。超过一半的人将咖啡列为所有饮料中的最爱，甚至超过了酒精饮料。咖啡正式成为全国消费量最大的饮料！

你能看出我的说法可能存在的问题吗？这其中的问题是，我经营的网站是关于咖啡主题的。虽然这个问卷有超过2000人作答，但这些受调查者都属于主动浏览了咖啡网站并且乐于参加咖啡问卷调查的群体。

这个特定的群体能代表全国所有人的观点吗？我声称

咖啡"正式"成为全国消费量最大饮料的观点其实非常荒谬。实际上我所能提出的合理主张是：在我的咖啡网站上那些参加咖啡调查的读者中，咖啡似乎是最主流的饮料。这是因为我使用了一个不具代表性的样本，这个样本虽然相当大，却不能代表我所声称的整体人群。

一个好的样本应该尽可能有代表性，也就是说，它应尽可能类似于与我们期望得出一般性结论的那个更大的群体。这就带来了一个最重要的问题：如何确保我们使用的是**代表性样本**？

这个问题的答案很复杂，部分原因是，没有任何一个样本具有完美的代表性。一般来说，最好的样本既要是数量尽可能大，又要是从整个研究范围中随机抽取的，也就是说，样本是从我们所关注的群体中抽取的**随机样本**，并且所使用的随机抽样方法不能对结果造成偏差。

由于没有任何一个样本具有完美的代表性，这就要求我们对调查中源自样本选取的潜在误差和误差程度保持警觉，减少**采样偏差**。在所有的样本和测量中，误差是不可避免的，和错误不是一回事，我们也不能将误差等同于错误。

代表性样本（Representative sample）：尽可能类似于我们期望得出一般性结论的大群体。

随机样本（Randomized sample）：从整个研究领域中随机选择的样本，没有任何特定的元素被过度代表而导致可能的误解。

采样偏差（Sampling bias）：因样本选择的方法不完善引起的偏差。

观测误差与测量系统准确性方面的问题有关，通常以"±X"的形式表示，其中X是测量值和实际值之间的潜在差异。例如，如果你使用一套精确到10g以内的天平，你的结果应该报告为"±10g"，而且报告结果不应该出现小数，否则会让人对结果的精确度有误解。

误差幅度是更为复杂的概念，表示你从样本中得到的结果与你在测试总体（整个群体）时可能得到的结果之间的最大预期差异。通常，它的形式是"±X，置信度为Y%"，意思是"如果我们继续重复这个测试，那么在Y%的范围里，我们的样本结果与总体结果的误差幅度在整个样本结果的±X之内"。例如，如果你报告说你的研究中的一项调查的误差幅度是"±5%，置信度为80%"，这意味着你相信你的结果与总体结果的误差幅度在80%的情况下会在5%以内。

带来偏差的抽样来源可能很多，需要我们在他人的调查中积极辨析，同时自己开展调查时也要注意避免：

- 自我选择：设置的抽样方法自动地筛选了特定的人群。例如，会详细地填写问卷的人可能

观测误差(Observational error)：由于测量系统准确性方面的问题所造成的误差，通常报告为±X，其中X是测量值和实际值之间的潜在差异。

误差幅度(Margin of error)：基于样本的结果可能与总体结果之间差异程度的表达。

与整体人群有很大不同。

● 特定区域选择：你选择的样本中某一特定区域的代表性过高。例如，根据伦敦和纽约的统计数据对全球人口趋势进行研究。

● 排除：选择样本的方式不成比例地排除了某些元素。例如，只在白天进行野生动物调查可能会将夜间活动的动物排除在外。

● 预先筛选：通过初步筛选的方法进行样本选择，可能只关注了某种类型的参与者。例如，专门在医院的候诊室里刊登广告，招募参与健康试验的志愿者。

● 幸存者：只分析成功的样本可能会有很大偏差，因为在一些研究中也需要考虑失败的结果。例如，对商业债务的调查中只调查有10年以上账目的公司，就会忽略所有那些在较短时期内就倒闭了的公司。

以下每个例子在抽样方法上都至少有一个主要的问题。试着找出每个例子中的问题：

1 为了检测一个湖泊的受污染程度，我在一天中的不同时间从实验室附近的水域采集了20份水样。

2 为了检测一个湖泊的受污染程度，我从整个湖的3个不同地点采集了3份水样。

3 为了了解识字率是否在下降，我在一本政治月刊中加入了有关阅读习惯的调查。

4 我的第一个主要实验关注了普通人的积极性水平，共招募哈佛商学院的50名学生志愿者。

在第一个例子中，尽管一天中不同的时间采集20份样本是个好主意，但是从同一个地方采集的样本使得它们很难代表整个湖泊。

在第二个例子中，从3个不同的地方取样很好，但是3份样本太少了，无法代表整个湖泊。

在第三个例子中，在政治月刊中加入关于识字率的调查问卷，可能得到的结果并不能代表整个群体，因为样本中的受调查者是不仅阅读政治月刊，还愿意花时间参与识字率调查的人。

最后一个例子也无法准确代表一般人群，因为既在哈佛商学院学习又自愿参加实验的人可能比一般人群更有动力，他们还可能带有更多特定的特征，如年龄、财富和教育水平等。

下面是针对三个研究的抽样提出的改进方法（第一和第二个例子取自同一个研究）：

1、2 为了检测一个湖泊的污染情况，我们在一年的时间里，每天从整个湖泊50个不同位置和深度的随机地点取样。

3 为了调查识字率是否在下降,我在100所学校的代表性样本中收集了过去50年的可比数据。

4 我的第一个主要实验关注了普通人的积极性水平,对500个成年人的代表性样本进行了电话调查。

上述的抽样方法并不完美,但它们都在代表性方面有所改进,更有可能使归纳论证有意义地适用于整体。

学习要点4.4

挑选代表性样本的四个步骤

使样本具有全面代表性意味着尽可能全面地考虑你研究的对象或者所调查的环境范围中存在的差异,因此,包括社会学家在内,所有人都非常需要了解有效同时有序的基本抽样原则。一般来说,好的样本设计会:

● 尽可能彻底和准确地确定目标人群的具体情况,否则就无法了解全面代表性需要的差异。

● 确定适当的样本量。一般来说,样本量越大越好,但确切的数量大小取决于你对结果的准确度要求、所研究的人群中的差异水平、测量的误差幅度以及展现的在不同属性上的人群比例,有很多好用的在线工具可以帮助你计算样本数量。

● 确定适当的抽样方法：抽样方法取决于你所研究的内容和掌握的资源。所有的方法都有其局限性，一般方法包括基于志愿者或案例研究的相对简单的"便利"样本，还有更为复杂的"多阶段"样本，需要首先划分人群类别，然后随机选择群组进行仔细调查。

● 考虑结果是否需要加权：给你的样本中某些结果赋予更多的权重，以便更好地反映整体情况。例如，在一项探讨交通费用的研究中，成年人的数据所占的权重应该是儿童的两倍，因为成年人的票价是儿童的两倍。[10]

归纳存在的问题

归纳论证所能实现的最好结果就是能够暗示某件事情是极其有可能的。这可能会令人困惑，因为大多数时候我们的研究都将极其可能的事情默认为是绝对确定的。考虑一下这个著名的归纳论证：

数百万年来，太阳每天都在升起。因此，明天早上太阳将会升起。

正如18世纪的哲学家大卫·休谟(David Hume)所指出的[11]，

我们所有人都相信太阳明天会升起，似乎这个事件的概率是1。然而，我们无法证明这个客观事件是绝对确定的，就像我们也无法绝对确定地说：

> 在过去的一万天里，我每天都在活着；因此，我将永远活着。

总有一天，我将会死去。或者，更严谨地说，我在某一时刻死亡的可能性要比我永远活着的可能性大得多。同样地，几乎可以肯定的是，总有一天太阳将不再存在。希望这将发生在几百万年后。然而，从理论上讲，这也可能是明天。

我们可以用另一种方式来说明这一点，尽管说"几百万年来，太阳一直在升起；未来的每一天都将如此；所以太阳将一直升起"永远是一个完全有效的演绎论证，但在某一时刻，这将不再是一个可靠的演绎论证。最终，"太阳的未来将永远与它的过去一样"这一前提将不再为真。

过去的事情无论发生了多少次，都不能保证它将来一定会发生，这个事实有时被称为**归纳问题**。从理论上讲，太阳可能永远存在，只是根据我们目前对宇宙的理解，但这件事发生的可能性非常非常小。

对此，你完全可以说，这只是哲学家谈论的一个虚构的问题。没有人，即使是哲学家也不会这样谈论世界！我们不会说："明天太阳很可能会升起，但也有极其小的可能是，世界末日将会到来。"我也不会说："我几乎肯定明天下午2点会在星巴克和你见面，除非我死亡或发生了什么让我丧失行为能力的小概率事件。"

了解你自己的局限。不要假装知道你自己不知道的事情。试着学会说：我不知道，我没看过这个，我需要去了解更多，需要借鉴他人专长。但是，请记住：每一个人的专长常常也只适用于特定领域。

即使在科学研究中，情况也是如此。我们说"火能加热水"，而不会说"根据过去的经验，火焰很可能会加热水"。我们根据经验和共识将无数的事情视为客观事实，而不会不断地援引概率。那为什么"归纳推理总是关注概率而不是确定性"这一点很重要？因为记住这一点可以使我们成为更好的思考者、研究者和写作者，其中有两点重要的原因：

● 它帮助我们认识到，许多我们认为理所当然的事情不一定是全部的事实，而且日常的思考往往忽视或低估了世界的不确定性。

● 它使我们能够避免使用带有误导性的研究方法，即简单地寻求对一个想法的确认，相反，它让我们严格地思考某件事情发生的可能性，以及如何通过**证伪**来彻底地检验它。

归纳与证伪

这里有一个著名的例子，说明归纳推理可能把我们带入一个误区，让我们常常过度自信地使用过去的经验作为一般结论的基础：

> 我们发现的天鹅都是白色的。因此，所有的天鹅都是白色的。

在数个世纪里，欧洲人一直认为这是真的，直到他们踏上了澳大利亚大陆。欧洲人在那里第一次看见了黑色的天鹅（1697年，在荷兰人沿着澳大利亚西海岸的航行中）。事实证明，欧洲人获得的天鹅样本并不能准确地代表全球的天鹅种群。全球的天鹅种群多样性比以往想象的要大。[12]

只要有这样一个强有力的**反例**，就可以对归纳推理思路进行证伪。在这里，一只黑天鹅的发现让整个欧洲关于天鹅的观念都发生了变化。1697年后，出现了以下的说法来取代先前的概括：

> 有史以来观察到的每一只欧洲天鹅都是白色的。因此，可以认为所有的欧洲天鹅都是白色的。但是我们现在知道，在澳大利亚也有黑天鹅。因此，白色似乎不是所有天鹅的决定性特征，只是欧洲天鹅的决定性特征。

在这个例子中，归纳推理的优势和劣势都很明显。"**黑天鹅**"这个词就概括了归纳推理的弱点，现在也被用来描述任何远远超出以往经验和假设的事情，说明了以前被认为是真实的概括可能是错误的。2008年的金融危机被一些金融业人士称为"黑天鹅"，因为它完全超出了他们以往经验所带来的预期。

严谨的归纳推理方法的优势在于，我们也可以

反例（Counter-example）：一个迫使人们重新思考某个特定立场的例子，因为它的发现直接与曾经被认为正确的结论相矛盾。

黑天鹅事件（Black swan event）：违背以往经验和超出经验预期的事件，其出现几乎无法预测。

从黑天鹅事件中吸取教训，就像欧洲人在1697年之后重新思考他们对天鹅的定义一样，我们可以利用新的证据对事物的发展方式做出更好的描述。

事实上，我们可以更进一步，既然归纳法永远不会让我们处于绝对确定的地位，那么我们相信，最有价值的归纳推理积极寻求的是证伪而非确认。

为什么寻求证伪比寻求确认更好？因为无论论证对错与否，我们都可以找到支撑其结论的证据。如果我决心证明所有的天鹅都是白色的，我可以指出100万只白色的天鹅，而忽略任何与我的观念相矛盾的证据。如果一个荷兰探险家从澳大利亚回来，讲述了类似黑天鹅的鸟的故事，我可以笑着简单地否定他，说大家都知道天鹅是白色的。毕竟，我本人已经看到了100万只白天鹅。

然而，如果我真的想对天鹅提出最好的定义，那么可能发现一只黑天鹅就代表了一个修改天鹅定义的绝佳机会，因为这个例子驳倒了对事物状况的现有描述，为我创造了一个新的解释，并使之更接近现实世界。

想一想4.2

你从历史上或自己的经历中还能想到哪些其他黑天鹅

事件的例子？在哪些事件中，新的信息完全推翻了人们曾经理所当然认为是真实的东西？

你能收集到的最重要的证据是那些有可能驳倒一个理论的证据，下面有一个著名的谜题供你尝试。想象一下，在你面前有四张扑克牌，排成一排。每张牌一面是颜色，另一面有一个数字，但你只能看到翻开的一面。你可以随机翻开这些牌，以确定下面这个特定的规律是否适用于所有牌：

如果一张牌的一面是偶数，那么它的另一面一定是黄色的。

四张牌面分别显示了一个8，一个3，一个黄色和一个灰色，如下图所示。如果要用最少的步骤检验这一规律，你需要翻转哪一张或哪几张卡片？

| 8 | 3 | 黄色 | 灰色 |

值得一提的是，当这个谜题在1966年首次出现时，

大约有90%的人做错了。它被称为华生选择任务，是以认知心理学家彼得·华生（Peter Cathcart Wason）的名字命名的，他设计这个任务是为了探索人们在逻辑推理方面的困难。[13]

如果这是你第一次尝试这个谜题，而且你还没有看过答案，这里有一个提示：你需要正好翻转两张牌来测试这个规则，一张颜色牌，一张数字牌。这与你的答案相符吗？如果不是，就请你在看答案之前再思考一下。

准备好了吗？答案是：你需要翻开数字牌8，以及灰色的牌。为什么？因为只有这两张牌能够对规律进行证伪。

我们说过，偶数卡片的背面是黄色的。3不是偶数，所以印有3的牌不能检验规律，因为规律没有关于奇数背面颜色的内容。

同样地，无论黄牌的另一面是什么数字，都不能对规律进行证伪。如果这个数字是偶数，那么规律就成立；但如果这个数字是奇数，只是说明有一张奇数牌的另一面也是黄色。

然而，另外两张牌可以对这个规律进行证伪，所以我们需要同时测试它们。如果8的背面是除了黄色以外的颜色，规律就被证伪了。如果灰色卡片的背面是偶数，规律也会被证伪，因为偶数的背面只允许是黄色。

华生选择任务既是一个棘手的逻辑问题，也是一个收集证据以检验理论的练习。在这一点上，它是一个起点，既可以用来思考归纳法，也可以超越归纳推理本身，用来思考科学理论和证明——这是我们下一章的主题。

总结

在应用归纳推理时，你要处理的是确定性的程度，而不是绝对确定的事件，你正在寻找证明结论可能为真的理由。归纳推理有时也被称为扩充性推理，以说明其结论是前提的"扩大"：

● 一般来说，好的归纳推理是基于既定模式和一致支持其结论的证据，而较弱的归纳推理则是由于证据不足、没有明确的模式或高度的不可预测性和复杂性。

● 在探讨一个归纳论证的说服力时，我们使用归纳强度的概念，也被称为归纳力。

● 一个有说服力的归纳论证具有良好的结构，但我们不一定接受其结论为真，因为我们不确定其前提的真实性（类似于有效的演绎论证）。

● 一个有归纳力的归纳论证既有良好的结构，又有我们接受为真实的前提，这意味着我们也有充分的理由接受其结论为真（类似于一个可靠的演绎论证，但不具有绝对确定性）。归纳推理要求我们在前提中阐明隐含的限定条件：当某个一般性陈述从字面上看并不真实时，我们需要指出它是否在少数、大多数或某些情况下发生，或者经常、有时或不常发生。

概率学研究某件事情发生或属实的可能性有多大。

- 概率通常用0和1之间的数字表示，0是指完全不可能，而1是指一定发生或一定为真。0.5的概率是发生或不发生的可能性相同，概率高于0.5是发生比不发生的可能性大，低于0.5是发生比不发生的可能性小。

- 评估理性预期是归纳论证的一个关键问题。理性预期问的是：假设前提是真实的，你是否有足够的理由相信归纳论证的结论为真或为假？

- 通过考虑未来不同种可能的相对合理性，我们可以根据其概率对各种归纳情景进行排序。一个情景的复杂版本包含更精确或特定的预测，它本质上比同一情景的简单或模糊的版本发生的可能性要小。

使用样本是归纳推理的一个重要部分。样本由你正在研究的特殊案例组成，以便做出更为一般性的概括。

- 一般而言，样本越大越好。在研究中，样本量往往用字母n来表示，其中n=1表示样本量为1，研究是基于一个特殊的实例开展的。

- 一个具有代表性的样本与其所取自的大群体非常相似，否则就是一个没有代表性的样本。基于不具代表性的样本所做的归纳可能与实际不符。

- 成功的随机抽样是避免抽样偏见的最好方法之一，它意味着从整个研究领域中随机选择样本，没有任何特定的元素被错误地过度凸显。

- 因为没有样本是完全具有代表性的，所以要注意误差幅度（调查的结果与总体结果的差异程度）和观测误差（测量系统的准确性）。

归纳问题描述了这样一个事实，即无论我们认为某件事情的可能性有多大，任何归纳论证都无法真正将其证实，而只能寻求反驳和反例：

- 证伪是归纳推理的一个重要调查过程，因为一个反例就可以证明一个归纳推理是错误的，而无论多少个正例都不能确保一个归纳推理为真。
- 黑天鹅事件是指违背以往经验和超出经验预期的事件，其出现几乎无法预测。

第五章

发展解释和理论

为何推理很重要（以及如何识别论证）？
↓
如何阐明论证背后的推理过程？
↓
如何根据前提推出合乎逻辑的结论？
↓
如何根据所给前提推出可能的结论？
↓
如何选择并检验事物的最佳解释？
↓
如何评估证据以及制定阅读策略？

你能从本章中学到的5点

1 如何区分解释、理论和假说？
2 如何应用证明标准和意义标准？
3 如何区分相关性和因果？
4 如何分析和应用科学方法？
5 如何选择一个研究问题并形成自己的想法？

1620年，英国通才型学者和哲学家弗兰西斯·培根出版了一本拉丁文名为"*Novum Organum Scientiarum*"的书，意思是"科学的新工具"，他在书中认为，在既有思想和文本的基础上进行推理，不足以理解世界，因此他提出了实验科学（又名**经验科学**）的有关思想。[14]

实验科学是指将知识建立在直接实验之上，这就需要我们有原则地应用归纳推理，在仔细观察和推断的基础上为结论寻求强有力的依据。但无论是对于现代科学方法还是我们思考世界的方式来说，我们都需要更深层次地思考和推理，不断发展关于事物背后的趋势、原因和规律的理论，并通过进一步的观察来检验这些理论。

经验主义（Empiricism）：以自己感官的观察结果认识世界，并通过自身的经验和观察来检验事物。

17世纪是欧洲科学发现的黄金时代：伽利略发现了木星卫星，牛顿提出运动和万有引力定律，威廉·哈维开启了心脏和血液循环研究，罗伯特·波义耳奠定了现代化学基础，罗伯特·胡克对细胞和微小生物进行了微观观察，伦敦皇家学会也在此时期成立。崭新的观察和思维方式激发了科学家关于宇宙本质的全新想法，并推动了著名的科学革命。

伴随人类思想的飞跃而来的这种理论化趋势有时被称为**溯因推理**，其本意是"引申"。溯因推理是一种推理形式，旨在为事物找到最好的解释，从具体的证据发展出有关事物本质的理论。[15]

关于溯因推理

一旦我们断言某些事物为真，溯因推理就会提出这样的问题："这些事情最可能的原因是什么？"有些人将溯因推理法归为论证的一种形式，并称其为"溯因论证"，而一些人则简单地将溯因推理法归为推理的一种形式。为了符合本书的主旨，我将溯因推理法作为推理解释的一种形式来具体展开介绍。

像归纳法一样,溯因推理法处理的是不确定性和推理的跳跃,而非纯粹的逻辑。归纳论证从其前提中引出所谓的合理概括,溯因推理则为对假定为真的初始观察寻求合理解释。你可以说溯因推理法是一种理性的猜测,是基于现有最佳证据的直觉跳跃,创建了一个解释模型,然后进行演绎分析和归纳预测。这里有一个历史上最著名的溯因推理的例子:

1666年的一个温暖的夜晚,艾萨克·牛顿和一个朋友来到花园里,坐在苹果树下喝茶。他很好奇,为什么从树上掉下来的苹果会稳定地朝地面方向加速?为什么它们不向侧边或向上运动?为什么它们看起来如此坚定地朝向地球中心下落?

这个故事的原型来自那天和牛顿同行的朋友的叙述,描述了牛顿是在观察苹果如何从树上掉下时得到启发,提出万有引力理论的。[16]对于天体的研究是当时最受关注的一个科学领域,牛顿问自己,地球上物体的运动如何与太阳、月亮、行星及其卫星的运动轨迹联系起来?自从1608年望远镜发明以来,人们对太阳系的经验性观察不断累积,并实现了突破,例如伽利略对木星卫星的观察,以及开普勒发现的行星运动规律。但是,并没有人发现行星在太空中的运动和果实从树上掉下来这样两种截然不同的现象之间的联系,是否存在一种解释能够同时适用于这两种现象。

要想提出这样的问题就已经需要基于对苹果或行星的观察进行推测,而要想回答这些问题更是如此。人们过去认为只在地球上存在的引力,在理论上可能延伸到太空,同时适用于月亮的运动轨迹和日常物体的运动。牛顿花了20年的时间进行研究,并和同时代伟大的科学家互相交流思想,才发现了天体运动的三大定律。牛顿提出正确的问题,然后又以严谨而又从容的方式回答这些问题,从而发展出了更强大、更准确的理论,他的理论在被迭代之前持续了数个世纪而屹立不倒。

以牛顿的苹果为例,考虑一下我们在前面几章中研究的三种不同类型的推理能如何应用于这种情况:

演绎推理: 所有比空气密度大的物体都会直接下坠落向地面。所有苹果的密度都比空气大。所以这棵树上的苹果会直接向下坠落,落向地面。

归纳推理: 我所见过的所有从树上掉下来的苹果都是直接下坠落向地面的。所以,这些苹果也几乎肯定会直接落到地上。

溯因推理： 这棵树上的苹果，就像我见过的所有其他坠落物体一样，都是直接向下坠落到地面。这是为什么呢？也许是因为所有物体（包括苹果和地球）相互产生了一种吸引力。

这里是三种推理形式的一般性概念：

演绎推理： 结论是前提的直接和逻辑性的结果。如果论证有效，并且前提是真实的，那么论证就是可靠的，结论也一定是真实的。

归纳推理： 结论得到前提的支持，但不能确定证明其为真。如果论证的结构良好，而且前提是真实的，那么它就是有归纳力的，说明接受该论证为真是合理的。

溯因推理： 我们正在寻求对前提的最佳解释。如果这符合所有已知事实并且是目前最简单的可用解释，那么接受它（或开始检验它）就是合理的。

请注意，合理的演绎论证、有力的归纳论证和成功的溯因推理有相同之处：它们必须符合我们所知道的真实情况，而且试图在其基础上进一步挖掘真相。

在许多科学调查中，我们的三种推理模式非但没有分歧或对立，反而密切相关。首先，一个理论或假设是通过溯因性的思维跳跃发展起来的。第二，演绎推理仔细分析这一理论的逻辑含义。第三，进行归纳预测，使这个理论及其结果得到检验。最后,这些检验结果被反馈到建立的模型中,来决定是否调整、舍弃或采用。

学习要点5.1

应用溯因推理的八个简单步骤

每当你问"对这个问题的最佳解释是什么"时,都是在应用溯因推理。要想在论文和研究中有效地回答这个问题,可能需要采取以下部分或者所有步骤,这些步骤描绘了基本研究方法的结构。你可以利用下面的框架,逐段构建一篇论文:

1 开篇尽可能准确地描述需要解释的事情。

2 提出解释这个问题的意义和趣味性。

3 以理论或假设的形式提出一个可能的解释。

4 提出一种实验方法或非实验方法,利用不同的证据来源,测试你的理论或假设。

5 调查你的解释是否能够适用于(或成功预测)你所收集的证据。

6 确认是否有其他解释可以更有说服力地适用于你的证据或结果。

7 承认所做研究的局限性。

8 概述未来可能的调查，以进一步检验和完善你的理论。当然，如果未能成功证明，则需寻求不同的解释。

解释、理论和假说

"溯因"（Abduction）本身是一个听起来奇怪又不常见的词，其本意是诱拐和劫持。比起溯因，更常见的术语是**解释**、**理论**和**假说**。这几个词看起来既正式又权威，但是实际上它们与溯因就是基于相同基本概念的不同说法：表示的都是尝试以不同程度的精确度来展示事物的发展原因。

解释是其中最常使用的术语，描述的是我们解释事物的所有尝试行为，无论正式与否，也无论好坏与否。理论是比解释更为广泛和抽象的概念，试图说明的是特定现象的基本性质。最后，假说是对理论进行精确和可检验的表述，旨在让你以严谨和准确的方式来检验这个理论。

重要的是，经过检验和完善的科学理论不再是"单纯"的理论：它以一种被人们广泛接受的方式解释自然现象，并得到详细证据和调查的支

解释（Explanation）：对某一事物形成原因的看法。

理论（Theory）：对某一现象的基本性质的一般解释。

假说（Hypothesis）：一个精确的、可测试的预测，旨在对一个理论进行严谨的研究。

持，进而帮助我们预测和理解未来调查的结果。下面是每个类型的例子：

解释： 行星绕着太阳运行是因为引力。

理论： 所有物质都受到其他物质的吸引，吸引力的大小与所涉及的物质质量成比例。

假说： 运用牛顿的引力理论就可以解释太阳系中某颗行星的轨道上出现的意外扰动。

虽然并非所有的研究都依赖于假说，但在许多领域，如医学、心理学、人类学和经济学等，提出可检验的假说是一项重要技能，甚至哲学家偶尔也会提出可检验的假说。

在最理想的测试中，我们做出预测，为证伪创造机会，并且足够清晰和透明地阐述我们的方法，以便他人在独立且重复的检验后仍能得出我们的结果。以下三个想法是**科学方法**的核心：

1 预测：在这个理论的基础上，我们可以做出哪些预测？

2 证伪：什么证据能够证伪这个理论？

3 重复：我们的理论所依据的结果能够被复制吗？

通常，我们利用零假设明确地把证伪放在调

查的核心位置。零假设是某个特定假设的反面，指的是我们要接受某个假设为真时需要反驳的观点。在我们的引力例子中，一个**零假设**可能是这样的：

太阳系中的已知行星轨道的意外扰动不能用牛顿的引力理论来解释。

1846年，数学家于尔班·勒威耶 (Urbain-Jean-Joseph Le Verrier) 基于对天王星轻微扰动的轨道的观察结果，预测了一个先前未知的行星的大小和位置，从而推翻了这个零假设。在做出预测后，他给柏林天文台写信，详细阐述了其中的细节。天文学家约翰·格特弗里德·加勒 (Johann Gottfried Galle) 几乎立即就发现了一颗新行星，并将其命名为海王星，而它恰好就处在勒威耶所预测的位置，这是一个属于数学预测的惊人胜利。

牛顿的引力理论就以这样出人意料的方式被证明为理解宇宙运动规律的最佳理论。换句话说，尽管永远无法证明牛顿定律绝对正确，但海王星的发现再次证实了牛顿定律是迄今为止对宇宙运动最有力的描述——它经受住了科学家无数次的严格测试,并以其他理论无可比拟的方式成功地预测了观测结果。

牛顿所提出的万有引力理论带来了许多同样令人信服的预测。随着天文学家对太阳系的观察不断深入,人们发现水星的轨道也存在轻微的异常。这无疑表明,在水星和太阳之间存在着另一颗未知的行星。按照牛顿定律的预测,数学家和天文学家几十年来一直在寻找这个被称为伏尔甘(罗马神话中的火神)的天体。

然而,最终胜出的却是零假说。1915年,一位名叫阿尔伯特·爱因斯坦的科学家在普鲁士学院发表了关于新的引力理论的演讲,该理论能够在不依赖(假设)隐藏有其他行星的情况下,解释所有关于水星轨道的已知数据。

爱因斯坦的理论被称为广义相对论,他对量子力学的建立和其他有关相对论的发现,摧毁了科学界几个世纪以来由牛顿物理学定律奠定的理论基础,并开创了一个新的理论时代,不过新理论本身在几十年内也需要不断更新迭代。[17]

这就是建立理论和证伪的意义。寻找那些目前不能为现有知识所解释的事物是发现新知识的动力,并且确保我们自认为已知的事物可以经受得住最严谨的检验。

优化解释

溯因推理有时被定义为"寻找最佳解释的推理"。[18]但是，如何确定一种解释比另一种解释更好？正如我们在第二章中简要探讨过的，好的解释通常能做到这两点：
- 成功地解释我们已经知道的所有事情。
- 能解释一切的同时，还要尽可能的简单。

这反过来又确定了质疑和转换溯因推理路线的两个关键标准：
- 试图找到现有溯因法无法解释的新证据。
- 试图想出能解释一切且更简单的溯因推理路线。

比较一下对两名在校大学生研究实验过程中发现的意外结果的两种解释。根据上述标准，哪种解释可能更好？

在我们的研究中，认为自己"缺乏平板电脑和应用程序使用经验"的用户在第一轮平板电脑应用程序的测试中更容易犯低级错误。这可能是因为在平板电脑应用程序的测试中，能否持续地正确使用软件取决于用户的经验水平。

在我们的研究中，认为自己"没有平板电脑和应用程序使用经验"的用户在第一轮平板电脑应用程序的测试中更容易犯低级错误。这可能是因为这类用户的智力水平低于那些更有经验的人,所以相比于智力水平更高的有经验用户,没有经验的人更容易犯低级错误。

两种解释都试图说明我们所关注的"低级错误"为什么会发生,但第一种解释更好,因为第二种解释比第一种解释涉及更多的步骤。

第一种解释只涉及一个步骤:能否在平板电脑应用程序的测试中有稳定表现一定程度上取决于使用类似软件和硬件的经验多少。相比之下,第二种解释涉及两个相关联的步骤:自认为对平板电脑和应用程序没有使用经验的用户比有经验的用户智力低下(证据本身并没有告诉我们这一点,但这是在假设中确定的前提),这种较低的智力水平使这些用户更有可能犯低级错误。

应用这一简单性原则将我们带回到前文我们已经讨论过的概率问题部分。第二种解释所假设的内容比第一种解释要多,在没有其他信息的情况下,我们可以假设两件事情同时发生的可能性比一件事情发生的可能性要小。

该原则有时被称为"**奥卡姆剃刀定律**"。由来自奥卡姆的14世纪方济会修士威廉命名这一

"简单有效原理",是为了纪念他在逻辑学方面的著名观点:最合理的解释永远都是尽可能简单的。

那么,这是否意味着我们现在应该停止思考并接受第一种解释为最终解释?不,尽管我们已经解释了开篇所给的所有信息,但对整体情况知之甚少。对某些证据的好解释不一定是对所有证据的好解释。因此,在我们接受一个解释之前,需要确保有足够的信心去认为:

既没有一个更简单的解释,也没有一些尚未知晓的证据可能与我们的解释相矛盾。

如何收集支持或反驳我们首选解释的证据呢?这里有一个建议:

我们目前最好的理论认为,没有经验的平板电脑和应用程序用户在我们的第一轮测试中犯了低级错误,是因为他们缺乏相关经验,才会表现较差。为深入调查这一点,我们与这些用户进行了交谈,了解他们对测试的体验,确认调整软件界面和形式是否有助于防止低级错误。

而下面可能是你对成功的后续测试所完成的报告:

在我们第一次的实验调查过程中,没有经验的用户更容易出错。然而，在对软件起始操作的指令重新组织语言，并简化屏幕界面后，后续测试结果中这些用户没有再发生低级错误。这有力地支持了这样一个理论：平板电脑和应用程序使用经验的缺乏导致一些用户在最初的实验中犯了低级错误。

你有不同的看法吗？如果有的话，你认为是什么导致了低级错误的发生？你是否也能严谨地检验这一理论？

想一想5.1

你无意识地应用溯因推理的情况有哪些呢？即先观察事件，然后提出假设解释。是否曾有过这样的情况：你所假设的最佳解释最后经证明有误。如果是这样，你为什么会一开始认为它是正确的？

从证据到证明

像归纳论证一样，理论和解释总是涉及概率大小的问题，并不是百分之百确定的。有些时候，比如在法庭上，"排除合理怀疑"这样的说法可能足以成为一个经验法则。然而，一旦涉及严谨的科学解释时，我们往往需要设定一个更精确的**证明标准**,作为对一个理论接受还是拒绝的分界线。

在实验中,统计学意义这一概念很重要。**"统计学意义"**这个词听起来可能很抽象和数学化,但事实上顾名思义,它是指一个特定的结果完全偶然发生的可能性。

某件事情偶然发生的可能性越小,它就越值得注意。相比之下,一个偶然发生概率很大的结果证明不了什么。例如,有人告诉你,他的魔法粉末可以保护你不被外星人绑架,即使他们声称观察到有百分之百的成功率,这个说法也没有什么说服力。请思考以下情况:

> 我开发了一个神奇的智能手机应用程序,可以在硬币还在空中的时候就预测出抛硬币的结果。请允许我演示一下,从你的钱包里拿出一枚硬币并抛出。当硬币抛向空中时,我就会说出结果,我可以保证我是正确的!给我1000万英镑我就把这个秘密程序卖给你。

如果你按照我说的做,抛出一枚硬币,而我

证明标准 (Standard of proof):超过某个阈值,你就决定接受对某件事情的证明为真,也就是说,如果没有达到这个标准,你就不会接受其真实性。

统计学意义 (Statistical significance):某一特定的结果完全偶然发生的概率,导致这一结果发生的原因中没有值得注意的。设定一个显著性阈值是在实验中建立证明标准的常见方式。

在硬币离开手的那一刻就正确预测了结果，你会印象深刻吗？我想，你应该不会有多深刻的印象。毕竟，我有一半的概率说出正确的结果，这完全是靠运气。

为了检验这个神奇的智能手机应用程序，我需要连续进行大量正确的预测。这是最简单的方法，由此可以证明我所做的不仅仅是猜测，因为随着每次抛硬币，我越来越不可能仅仅靠运气来一直保持正确。

我们可以用一个假设和一个零假设来阐明这一点。你要探索的假设是"汤姆的应用程序每次都能成功预测抛硬币的结果"，因此你需要推翻的零假设是"汤姆每次都只是在随机猜测抛硬币的结果"。

我需要连续多少次正确预测抛硬币的结果，你才会认同这个神奇程序真的有效？5次？20次？1000次？我们可以通过以下方式探讨这个问题：随着抛硬币的次数越来越多，我继续纯粹靠运气获得正确结果的可能性有多大。

在第一次抛出硬币后，我靠运气得到正确结果的机会是二分之一，即0.5。第二次后，我通过运气猜对第一次和第二次结果的机会是0.5乘以0.5，也就是0.25。第三次掷硬币后，我猜对所有三个结果的机会是0.125（掷硬币每多一次，结果就继续乘以0.5）。

下面的表格显示了我在1～10次抛硬币时纯粹靠运气

猜对的概率，同时用分数和小数表示如下：

抛掷次数	完全靠运气全部猜对的概率	依靠运气猜对的概率 (用概率表示，其中1=肯定，0=不可能)
1	1/2	0.5
2	1/4	0.25
3	1/8	0.125
4	1/16	0.0625
5	1/32	0.03125
6	1/64	0.015625
7	1/128	0.0078125
8	1/256	0.00390625
9	1/512	0.001953125
10	1/1024	0.0009765625

我完全靠运气连续正确预测10次的抛掷结果的概率低于1/1000。你可能会在这个时候终于相信，我的神奇程序已经达到了令人印象深刻的"显著性阈值"，你可能会不惜一切代价以拥有这个程序。

如果你观察到，该结果纯粹偶然产生的概率低于事先设定的信任阈值水平，那么这件事就具有统计学意义。这个水平在统计学中被称为**p值**（概率值的缩写）。在抛硬币的图表中，右边一栏给出了每个结果的p值，也就是某结果完全偶然产生的概率，是处在从绝对确定的1到完全不可能的0这

p值（p-value）：实验的结果完全偶然产生的概率，以1和0之间的小数形式表示；p值越小，结果产生的可能性就越小。

个区间之内的。

科学家们通常以p=0.05作为研究的阈值，这意味着对于任何p值低于0.05的结果，有大于95%的概率表明该结果不是通过偶然产生的。

有95%的信心认为你的结果是有研究意义的，这听起来确实很有信心，但值得记住的是，这意味着每20个实验中就有一个实验，也就是所有实验的5%，在统计学上被认为可能只是偶然。如果在一个特定的领域进行了数百个实验，这个数量就会迅速增加。这就是为什么我们需要不断复制进行那些有影响力的实验并得出结果，即为什么你应该对那些没有被广泛复制却引人注目的结果保持警惕。

如果你把p=0.05作为这个测试的阈值，我需要掷多少次硬币才能达到这个阈值？检查一下表格。抛4次硬币还不够，其概率是0.0625，但是当我们抛到5次时，我已经通过了0.05的门槛。假设你事先决定采用要求更高的门槛，比如0.001，那么现在需要掷多少次？看一下表格就知道了，需要连续抛出10次正确的硬币才能达到这个显著性阈值。在这一点上，我们可以说：

结果在$p \leq 0.001$时是显著的。

这意味着结果偶然发生的可能性小于千分之一。太神奇了！你最好开始筹集资金。当然，你四处打听之后可能就会发现，我和我的朋友们在找到你之前已经向超过1000人推销，并且每次都用同样的说辞来介绍这个抛硬币的程序。

实际上，有些弊端就是这样产生的（正如某些形式的研究偏见一样）。你最终可能会尝试某种东西1000次，但只关注一组"幸运"的结果。换句话说，有时即使是显著性水平优于1/10000可能也不足以证明一件事情值得我们关注和研究。

相关与因果

假设下面的说法是准确的，并且是基于正确的数据，你如何看待这个说法呢？你是否同意，或者有理由对这种推理保持谨慎态度？

我分析了经济生产力和街头消费模式，得到了明确的结果。在过去的十年里，我以高于$p=0.05$的显著性证明了消费和生产力之间存在直接关联，这表明人们在街头的消费受到生产力的重要影响，这可能是因为在生产力较低的经济中，消费者信心和家庭财务状况都比较糟糕。

你可能已经猜到了，上面的分析是有缺陷的。街头消费和生产力可能存在密切**相关性**，即这两个趋势彼此紧密关联，但这并不能证明其中的**因果关系**，即一个事件实际上由另一个事件引起。上面这段话所展示的，只是当有人注意到事物之间的相似性时，经常会产生的一些一厢情愿的想法，在断言事物之间有直接因果关系前我们应该保持十分的谨慎。

例如，在美国，自闭症的新增确诊和有机食品的销售之间存在着密切的统计关系。请看下面的图表。你可以看到，这两条线清晰地展示了两个密切相关的变量。这是否意味着一个事件导致另一个事件的发生？并不是如此，它更有可能描述了这样一个事实：由于人们对自闭症的认识大大提高，自闭症的诊断率比过去高得多，而在同一时期，食用有机食品作为一种生活方式越来越受欢迎。

我无法证明自闭症诊断和有机食品销售之间没有因果关系，我也无法证明过去40年来电子游戏销售的增长导致了印度的人口增长。但我认为，对这两件事都有更好的解释，并且还存在大量无

> 相关性（Correlation）：两个趋势彼此紧密关联，两组信息之间的确切相关程度可以通过各种统计方法计算出来。
>
> 因果关系（Causation）：一个事件是另一事件的直接原因。

自闭症诊断率上升的真实原因？

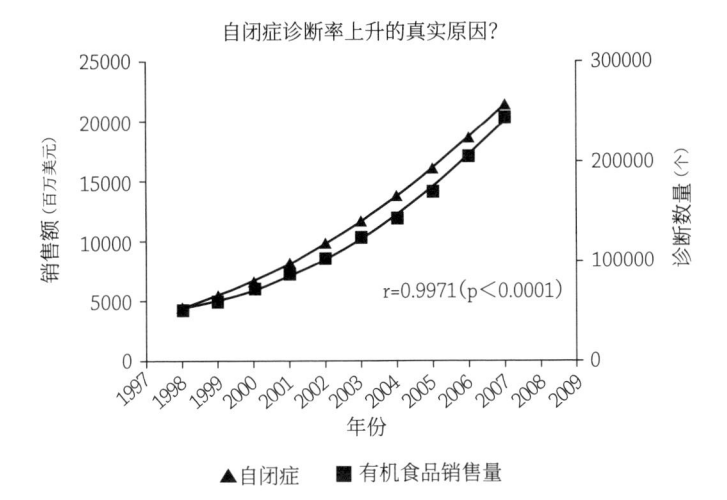

图中数据：r=0.9971（p＜0.0001）

横轴：年份（1997—2009）
左纵轴：销售额（百万美元），0—25000
右纵轴：诊断数量（个），0—300000

▲ 自闭症　　■ 有机食品销售量

来源：有机贸易协会，2011年有机产业调查，美国教育部，特殊教育项目办公室，数据分析系统（DANS），OMB#1820-0043："根据《残疾人教育法》B部分所确定的接受特殊教育的残疾儿童"。

法用因果关系理论来解释的证据。

我也相信，当今计算机搜索大量数据和绘制图表的能力会让我们很容易找到数百万个没有因果关系却高度相关的事物，这其实是很危险的。下面是另一个我经常用于举例的图表：某些年里尼古拉斯·凯奇（Nicolas Cage）出演的电影数量和因掉入游泳池而溺亡的美国人数量。

尼古拉斯·凯奇与游泳池的例子可能听起来太过荒谬，令人一时难以置信。但值得注意的是，我们确实很容易找到类似的图表，如果不认真看细节，单凭图表中的曲线，就可能得出两个变量一定有关系的结论。图像产生的

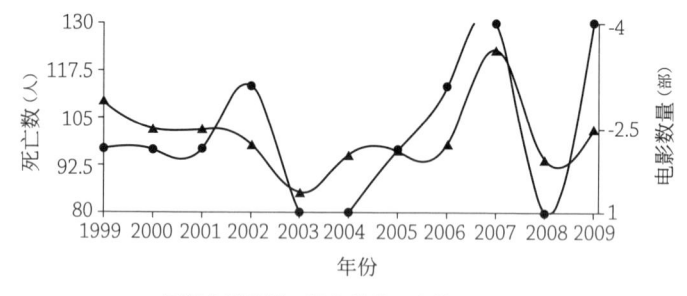

```
130 ┤                                    ● -4
117.5
105
92.5
80
   1999 2000 2001 2002 2003 2004 2005 2006 2007 2008 2009
```

死亡数（人） / 电影数数量（部）

年份

▲ 因掉入游泳池而溺亡的美国人数量
● 尼古拉斯·凯奇出演的电影数量

来源：Spurious Correlations, tylervigen.com

影响是即时的，并且也是具有说服力的。不过你只是看到了他人想让你看到的东西，而不是他们在发现这种相关性之前忽略的成千上万个其他因素。

如果上面的例子仍然难以引起你的重视，那么你只要随便看看时事新闻和热点事件就会意识到，如果一件引人注意的事情发生在另一件事情之后，它们之中更早发生的事情往往会被自动视为更晚发生事情的原因。想象一下，在英国首相发表演讲一小时后，你读到了这篇新闻报道：

在首相结束演讲后，市场对其在制造业方面的软弱立场感到失望，价格急剧下跌。

可能是首相的讲话确实直接导致了市场的下跌。然而，也可能是很多非常复杂的因素控制着市场的涨跌，但讨论这些并不能增加故事的吸引力。现在想象一下，新闻发表3小时之后，市场出现反弹并大幅上涨，同一新闻来源现在可能会这样说：

在首相的讲话之后，市场经历最初的下跌后发生反弹并大幅上涨，这得益于他在制造业政策方面的冷静和一致性。

这个说法会比第一个分析更有可能是真的吗？并不是如此，这只是一种讲故事的方式，建立在对复杂情况的过度简化和高度选择性的解读之上，但这样的叙述方式比小心翼翼地试图说出真实情况要有说服力得多。

学习要点 5.2

相关性不等同于因果关系

我们很容易落入将因果关系等同于相关性的陷阱：看到两个变量彼此紧密关联，或者一件事紧跟着另一件事，就确定其中一个一定是另一个的原因。但在做出任何因果关系的假设之前，你应该确保已经排除了所有其他的可能性：

1 第三个因素：这是在相关性中造成混淆的最常见的一种因素，当两个看似密切相关的事物的根本原因是第三个因素时，就会出现这种情况。例如，你的汽车价格和你的房子大小可能密切相关，但这并不意味着一个导致了另一个。两者本身可能都是由第三个潜在因素造成的：你的财富数量。

2 有利因素但非原因：一件事确实对另一件事有实质性影响，但不是因果关系。例如，很多个子很高的人打职业篮球，这并不只是一个巧合。身材高大使你更有可能成为一名职业篮球运动员，而如果你身材矮小，则很难成功。然而，身高既不是必要条件，也不是充分条件：大多数高个子都不擅长打篮球，少数矮个子也可能凭借足够的天赋和努力在篮球上取得成功。说到底，任何关于职业体育成功的解释都需要考虑多种因素。

3 互相影响的因果关系：两件事情之间的关系可能是真实的，但可能其关联是不断地相互影响。例如，通货膨胀和失业之间存在着密切的相关性，但它们同时又是互为因果关系，也就是说，两者都不断地影响对方。

4 纯粹的偶然性：大量的事物仅仅因为偶然性而

相互关联，它们之间不存在任何有意义的关系。例如，在过去十年中，不同种类的美国啤酒的数量增加了，而美国国债也是如此。但这两者之间不太可能建立任何有意义的联系。

5 统计学操纵：表面上令人印象深刻的相关性可能是选择性地运用统计学而产生的结果，即只讨论支持预期结果的数据。例如，在一家减肥公司的宣传资料中，可能会广泛讨论一小部分减掉大量体重的减肥者样本，而其他几项针对没有减掉体重的减肥者的研究结果却从未发布。

6 混淆因果关系：两件事情可能相互关联，但你却混淆了哪个是因，哪个是果。例如，你由于失去工作而情绪低落，但有可能误认为情绪低落是失去工作的原因，而不是其结果（"你可能因为坐立不安、充满消极的想法而失去工作"）。

阅读下面四个例子，你能确定此处的相关性符合上面的哪种类型吗？

上大学与收入有很强的关联性已经得到了证明。显然，学位值得你投入时间和金钱，它可能会帮助你在余生中赚取更多的钱。

身上长虱子对你的健康有好处。在我们村子里，健康的人往往全身都是虱子，而生病的人根本就没有。

我们问了十位顾客对我们的新客户服务政策的看法，他们都回答说，这大大提升了他们对汤姆豪华健身水疗馆的满意度。我们的新政策效果非常好！

社会贫困已经被证明与整个教育系统的一系列负面结果密切相关：从高缺勤率、被排挤到考试成绩不佳。事实上，社会贫困是导致教育成绩不佳的主要原因。

第一个例子是政治家们经常提出的一个论点：接受大学教育可以带来更高的收入。然而，这种相关性事实上可能并不意味着因果关系，而是其他因素在起作用。有可能选择上大学的人也是想要赚更多钱的人，他们好奇心强、头脑聪明、雄心勃勃、精力充沛，即使没有上大学也容易取得成功。或者说，赚更多的钱和上大学都可能是由出生在一个相对优越的富裕背景造成的。我们需要对其进一步调查，才能相信任何特定的解释。

第二个例子是一个来自新赫布里底群岛的著名故事，那里的传统认为虱子会带来健康。也许你觉得这听起来很荒唐，但其实这里对于两件事情之间相关性的观察完全正确。事实是，每个人身上都有虱子，只有当他们病得很重的时候，虱子才会离开他们的病躯，这导致当地人错误地得出结论，认为虱子有助于保持人们的健康。[19]

第三个例子可能涉及统计学方面的操纵。或许这十名顾客确实都是这样认为的，但十名顾客基数太小，不能作为这种明确说法的基础，我们应该对这种自以为是的调查保持谨慎。

最后一个例子更加复杂，而且很可能出现在论文或研究项目的结论中。社会贫困会导致考试成绩不佳，来自贫困家庭的学生确实更有可能缺乏各种支持和安全保障，但同时，这是一个非常广泛的趋势，其中有许多复杂的因素相互作用。换句话说，"社会贫困"并不是一个直接影响教育成果的具体原因，而是一个衡量标准，其本身可能与特定的因素相关，而这些因素与教育成果有因果关系。同样，我们很容易谈论例如贫困等抽象概念会"导致"某些结果，事实上，这其中的因果关系并不直接，无论它们之间有多么明确的相关性。

想一想 5.2

你能想到在最近的新闻或你的日常生活中，有人对因果关系做了没有根据的假设吗？你能想出有两件事情是因为有第三个潜在因素而相互关联吗？

开展有意义的研究

随着科学和研究方法不断发展，如今已经涌现了一系列令人印象深刻的技术，既可以调查因果关系存在的可能性，也可以仔细准确地描述正在发生的事情，避免落入错误假设因果关系的陷阱。根据你自己研究的情况，你需要熟练应用以下两种技巧：

- 认识到在哪些条件下可以切实指出因果关系的存在或不存在。
- 认识到在哪些情况下不适合提出因果关系，以及在哪些情况下，对实际情况的详细和启发性的描述是最有价值的研究形式。

通常情况下，社会科学等领域的研究与真实生活情境密不可分，涉及复杂的变量和因果关系，不容易进行研究，而医学和生物学等领域可以在严格控制的试验条件下和实验室中进行独立研究。然而，不管是哪个领域，有意义的调查和知识进步都来源于研究者细致的信息收集、测试、记录和调查。

相比之下，低质量或误导性的研究往往会得出孤立且无法重复出现的结论，很难被验证，这种研究可能会选择性地使用数据，在调查过程中没有充分记录和全面测试，或者只是希望为某种解释辩护而不是严格地测试其正确性。下面列出了高质量研究和低质量研究之间的一些区别：

高质量的研究都会：

● 致力于构建新知识或严谨地检验现有知识。

● 在一个实践共同体内公开、透明地进行。

● 邀请其他人进行重复研究，并检查其所有的原始结果和分析。

● 对某一领域进行深入详细的彻底调查。

● 努力追求公平和平衡的解释。

低质量的研究都会：

● 热衷于确认某一特定的、受欢迎的解释。

● 秘密或孤立地进行。

● 难以被他人复制，或难以对其进行全面检查和分析。

● 依赖于肤浅的、选择性的或不够详细的调查。

● 明显受到个人偏见或其他歪曲压力的影响。

许多医学和实验研究的"黄金标准"是随机对照试验(randomized controlled trial，通常缩写为RCT)，意思是在试验中，受试者被随机分配到一个对照组(接受没有医疗效果的安慰剂)和一个治疗组(接受实际治疗)。理想情况下，这种试验也是双盲的。受试者和实验者直到最后才知道谁在接受安慰剂。这使得研究人员可以排除可能因参与者或研究人员的期望而产生的影响。

对照组：一个从整体样本中随机选择的小组，他们不接受任何形式的实验干预，因此可以与治疗组进行比较，以显示出积极干预的效果。

双盲：一项研究试验中受试者和研究人员都不知道谁在对照组，谁在治疗组。

安慰剂：故意提供给对照组的无效治疗，如糖丸，以使他们认为自己正在接受治疗而获得潜在的心理益处，从而使研究人员能够排除期望因素对健康状况产生的潜在影响。

RCT："随机对照试验"的简称，在该试验中，受试者被随机分配到一个对照组和一个治疗组(或多个)。

单盲：一项研究试验中受试者不知道他们是在对照组(接受安慰剂)还是在治疗组(接受实际治疗)。

治疗组：一组正在接受积极治疗的受试者，此组的结果与对照组的结果之间的差异(如果有的话)应表明治疗产生的影响。

这些细节表明，类似的实验设置给予了我们确认因果关系的证据支撑，但这在许多领域都是很难实现的。一般来说，医学和"硬"科学研究倾向于直接关注实验评估是否存在因果关系，而社会科学的项目和研究则不得不以更间接的方式证明：通过严谨、详细地描述复杂的人类现象，然后探索这些解释、原因和现象之间的关系。

值得注意的是，这些研究主旨之间的相似之处多于差异，都植根于相同的科学原则：因果关系永远无法被绝对确定地证明，但当我们为一系列严格、实质性和可靠的证据找到一个简洁的解释时，因果关系可能会令人信服。

学习要点5.3

研究问题的两种类型

一般来说，研究问题有两种类型，分别涉及溯因推理的不同方面。确保你清楚自己在问什么，为什么问，并确定你拥有必要的技巧和资源，从而能够对问题给出有意义的答案。

描述性问题对某一特定的现象、趋势或领域的本质进行详细的调查。例如，在校学生对联合国抱有什么样的态度？

对这类问题既可以进行**定性研究**（如对调查问题的回答或研究者的主观评价），也可以获得**定量数据**（对不同因素的统计测量），但最重要的问题是所收集的信息能否支撑你所调查领域的那些有力、可靠和有意义的探索。

解释性问题是为调查某一现象的潜在原因而设置的研究问题。例如，什么因素最能影响在校生对联合国的态度？与描述性问题相比，对这类问题的解决往往需要更多的资源、经验和时间，但也因此能对复杂过程、事件和环境进行持久和具有社会意义的洞察。

也许可以通过一个可检验的假设来进行社会科学研究，例如，"在校生思想比社会整体思想更自由开放"，或者"在校生在政治态度上可能受其家庭背景的影响最大"。但同时，社会科学的实验方法常会受到指责，例如在心理学和经济决策等领域，因为这些实验都是在控制了其他变量的情况下而不是在日常的社会环境中进行的，所以有人认为这些实验结果不能真实地代表日常行为。

定性研究（Qualitative research）：探索性研究；基于评估某物的品质或性质，而不是通过测量。

定量数据（Quantitative data）：基于精确量化的一个或多个特定变量的研究，以便产生可用的统计数据。

这些矛盾没有简单的解决办法，但可以肯定的是，在大多数研究项目的开始阶段，**可行性**问题都尤为重要。也就是说，需要明确一个项目是否可以合理地进行，并产生可信的结果。特别在开展任何研究项目之前，你应该确保：

1 你的研究问题可以得到清楚、有意义的回答。

2 在时间和资源允许的情况下，提出足够有针对性的问题。

3 你能够产生或获得信息，可以对问题给出有意义的答案。

是否满足这些标准往往是一个程度问题，而不是单纯的"是"或"否"。例如，就可行性而言，你将如何对这三个研究领域的初步方案进行排序？

可行性

（1）这个研究项目将调查消费者对主流电商品牌的态度。 ○

（2）这个研究项目将分析与当地小学 ○

生的出勤和退学有关的一系列因素。

（3）该研究项目将考察当地人对关闭本镇轻伤救治部门的态度。

这些项目中最不可行的，也是唯一一个直接涉及因果关系问题的研究项目是"分析与当地小学生的出勤率和退学率有关的一系列因素"。为什么说这是最不可行的？因为它涉及因素数量多又十分复杂，很难可靠地探究因果关系。此外，在涉及小学调查时，存在一些潜在的道德敏感问题，需要有关部门批准。

接下来，我认为调查消费者对主流电商品牌的态度的研究项目是合理可行的。这是一个描述性而非解释性的研究调查，而且可能有大量的相关数据可用。关键的困难在于如何缩小范围，还有如何在这样一个广泛又模糊的领域中建立合适的研究框架和严谨的方法。

最后一个项目"研究当地人对关闭本镇轻伤救治部门的态度"似乎是最可行的。这个初始提案是具体的、明确的，并且可以通过访谈和文献研究等多种方法进行调查。这也是一项描述性而非解释性的研究，尽管它也可能为后续的解释性调查提供基础。

在你自己的研究中，特别要注意不要过于自信地宣称因果关系成立，也不要在一个过于宽泛、定义过于模糊或缺乏可靠信息来源的研究领域进行研究。所有类型的科学研究都要谨慎地在严格的观察基础上进行。虽然溯因推理可能会促成巨大的思维飞跃，但这些飞跃只有在经受住研究者群体的检验，并与实际发生的事情相匹配时才会有用处。

警惕沉没成本。一旦你在某件事情上投入了时间、努力和金钱，你很可能会执着于完成它。千万不要这样，因为你永远没法回本。痛快一点，不要被过往束缚。

总结

溯因推理也被称为"寻找最佳解释的推理"，它旨在给予假定为真的事物最佳解释。最好的解释应该：
- 成功地解释所有我们已经知道的事情。
- 并且在解释证据的同时尽可能简单。

"简约有效原理"有时被称为奥卡姆剃刀定律：当在不同的解释之间进行选择时，能够解释所有事情的最简单的版本可能是最好的，增加假设则会使事情的真实性降低。

检验溯因性解释有两种调查手段：

● 寻找与现有解释不相吻合的新证据。

● 寻求新的、更简单的但仍能说明一切的解释。

讨论溯因推理涉及解释、理论和假设：

● 解释是对某件事情为什么是这样的说明。

● 科学理论以一种有力、严谨和基于证据的方式来解释一种现象的基本性质，并被该领域的研究者广泛接受。

● 假说提供了一个基于理论的具体的、可测试的预测。

● 零假设是与你要检验的假设完全相反的假设。尝试对零假设进行证伪，确保研究的严谨性。

从证据到证明需要严格的证明标准，这是决定接受某事被成功证明为真的阈值，可以明确指定的标准有：

● 统计学意义描述了某一特定结果完全是偶然发生的可能性（其背后没有值得注意的原因）。

● p值是统计学意义的数字表达，显示了在0（不可能）和1（一定）之间的标准概率范围内，是一个结果偶然产生的概率。

变量之间的相关性（一个变量紧跟另一个变量发生）并不能证明因果关系（意味着一个变量导致另一个变量）。尝试成功地证明因果关系是科学方法的核心问题，和辨别虚假信息或误导性的相关来源一样重要。

一般来说，当你无法严格检验一个理论的预测能力，也不能找到测试其因果关系是否存在的方法时，你应该持谨慎态度，而不是直接接受该理论为最佳解释。

在"硬"科学和社会科学中，好的研究都专注于创造新的知识或检验现有的知识，而不是为一个有偏见的偏好理论寻求确认。它应该是公开、透明地在一个实践共同体内进行，其目的是：

- 认识到在哪些条件下可以有意义地提出是否存在因果关系。

- 认识到在哪些情况下不适合提出因果关系，以及在哪些情况下对实际发生的事情的详细和指示性的描述是最有价值的研究形式。

第六章

评估证据并制定阅读策略

为何推理归因很重要(以及如何识别论证)?

如何阐明论证背后的推理过程?

如何根据前提推出合乎逻辑的结论?

如何根据所给前提推出可能的结论?

如何选择并检验事物的最佳解释?

如何评估证据以及制定阅读策略?

你能从本章中学到的5点

1 原始资料和次级资料之间的区别。
2 如何评估资料来源的可靠性和相关性?
3 如何制定你的阅读长清单和短清单?
4 如何利用不同的阅读技巧?
5 清晰又全面的笔记方法。

在本书的前半部分,我们一直在研究有关推理的问题,探讨如何为支持结论提供良好的理由,以及如何严格地利用观察和理论来寻找合理的解释。

好推理的意义并不局限于自身。能够说服我们的推理,不仅必须是连贯的,而且还必须有准确且相关的信息作为可靠证据来与世界关联起来,尽可能证明其主张的真实性。

除了评估他人的推理,你还需要仔细检查他们所提供的证据,整合各种资源充满信心地开展研究工作,从而建立自己的理解。本章探讨了这一过程的两个部分:

- 批判性地收集不同来源的证据。
- 有策略地阅读并建立自己的理解。

我在这里强调的是批判性阅读的过程,并不包括其他媒介的有关内容，但这当中所涉及的技能可运用的范围实际上超出了内容本身。如果你提出了正确的问题并拥有一定的背景知识，那就可以对任何事情进行批判性分析，从视频和音乐，到事件、演出、辩论、图片和软件等。

学习要点6.1

面对所有资料来源你需要考虑的七个问题

当你开始使用各种来源的资料开展研究时，就要批判性地处理不同类型的资料来源，这就需要具有针对每种媒介和形式的一系列技能。但也有一些一般性的问题非常有用，将有助于你批判性地看待他人作品或研究(以及成为更有信心的文献综述的写作者)：

1 背后的目的或计划是什么？

2 创作或策划的人知道什么，不知道什么？

3 这里的主张在多大程度上得到了验证或在其他地方得到了重现？

4 我还需要知道什么才能检查这个问题或对其更深入地了解？

5 这里展示出的过程是否是推理呢？

6 如果正在进行推理，是什么类型的推理，有什么优点吗？

7 如果不是推理，那到底是什么？为什么呢？

批判性地看待原始资料和次级资料

研究资料按其来源通常被分为**原始资料**和**次级资料**两类，反映了它们与被调查的事物之间的距离。

原始资料直接来自被调查的地点、时间或现象。根据不同的背景，它们可能包括原始实验数据、历史文件、目击者证词、视频或音频片段、照片、考古文物、人造物品、人类或动物遗骸、化学物质痕迹。

次级资料是别人对某一调查领域或围绕该领域所做研究的产物。当你使用次级资料时，你不是在直接调查一个现象，而是在看别人制作的与之相关的产物：也许是一篇文章或一本书、一部电影或播客、一个网站、研究数据的摘要。

根据背景的不同，资料按照其来源被分为原始资料和次级资料。如果我在调查德皇威廉一世

原始资料（Primary sources）：直接来自所调查的主题、时期或现象。

次级资料（Secondary sources）：是他人对某一特定主题、时期或现象的研究成果。

的生平，维基百科上关于他的生平的条目可以算是次级资料。然而，如果我在调查维基百科的历史，同样的条目就是原始资料。请思考以下四个例子中有关的资料来源属于原始资料还是次级资料？

	原始的	次级的
(1) 我正在通过分析医院的记录来调查可能用于预测老年患者急性呼吸衰竭的因素。	○	○
(2) 她的观点是，大型哺乳动物比小型哺乳动物更容易受到气候变化的影响，她借鉴了欧洲各地的生物科学出版物。	○	○
(3) 她的观点是，大型哺乳动物比小型哺乳动物更容易受到气候变化的影响，她正在亚利桑那州进行挖掘工作，探索古生物证据。	○	○
(4) 我正在研究美国人对投票的态度，使用的是上一次	○	○

总统选举后由民意调查机构撰写的报告选集。

这里的第一和第三个例子是原始资料：医院记录和古生物学证据（古代生命的证据，如化石）都是直接来自被研究的对象。而第二和第四个例子则是次级资料：由其他研究同一领域的人撰写的各种文章和报告。

这是否意味着涉及原始资料的研究就比其他涉及次级资料的研究更好，或更具原创性呢？不，这只表明不同的来源适用于不同的研究问题，也会带来不同的机会和潜在的问题。当涉及原始资料时，我们面临这样的问题：

- 你怎么确定这个证据是真实的？
- 这个证据是如何产生的，这个过程可能有什么影响？
- 这个特定证据的代表性和准确性如何？
- 这个证据与你所关注的主张或论点的相关性如何？

次级资料也有一些问题，但能否有效地利用它，还取决于你对某一领域的二级研究背景的了解程度，以及对其创造者的专业知识和局限性的判断。关键问题包括：

- 这份次级资料的可靠程度和声誉如何？
- 其来源可能有怎样的偏见和局限？
- 它的背景是什么？其来源与其他次级资料是否存在矛盾之处？

- 它是否是最新的资料?
- 它的发现成果是否曾被他人成功复制过?
- 在这个领域有哪些被认为是权威性或开创性的作品?

我们将逐一研究这些因素。

想一想 6.1

你对哪类资料的分析最为得心应手或最不拿手?你认为自己有对原始资料进行批判性思考的能力吗?你觉得自己能够对次级资料提出不同的意见吗?你曾经使用过的最好的次级资料是什么?最差和最没用的次级资料是什么?为什么?

真实性

真实性一词最开始被运用于艺术界,同时也含有鉴定某物的概念,即鉴定专家确定某物是否与它所声称的完全一样。

从资料来源和学术研究的角度来看,称一个资料来源为真实的,或多或少与艺术品鉴真有着相似的含义。如果一个信息来源为真,那么它就是它所声称的那样:一份新闻报纸、一份手稿、一份记录、一件工艺品、在特定情况下收集的数据，等等。总之，它是真实的。

相比之下，如果对一个来源的真实性有疑问，你就不能认为它完全是其所声称的那样，因此你需要密切关注其表述和现实之间的潜在差距。

对资料的真实性不确定是什么意思呢？一般来说，当信息来源从源头到你手中的过程中出现以下情况时，我们就会对其真实性持怀疑态度：

- 不清楚；
- 未知；
- 迷惑性；
- 缺失；
- 欺骗。

例如，你认为以下两份资料中哪一种更有可能是真实的，如其呈现的那样没有被增减过？

- 一份存放在当地图书馆的1912年版的地区报纸的原件。
- 一个上传到社交网站上的20世纪50年代电视节目的黑白录像。

这份报纸很可能是真实的。如果你处理的是一份存放在图书馆的原版报纸，而且你可以亲自验证它的状况、日期和内容，那么你几乎可以肯定它的真实性。

然而，对于上传到社交网站的录像，我们应该谨慎对待。可能你所处理的不是原件，或保存于正式的电视节目档案中的副本，而是由他人上传在几乎没有质量保证的网站上的视频，尽管他可能宣称其为原始录像的副本。

我们应该如何检查上传到社交网站的电视录像的真实性？不妨思考一下，下面有一些你可以提出的问题：

● 我怎样才能证实这些内容确实是在这个时间段的电视节目中播出？是否有官方档案或记录可供比较？

● 从长度上看，它是否完整（而不是部分）？在数字化和上传的过程中，是否有任何内容被删除或改变，变成乱码或受到了损坏？

● 是否有其他部分或完整的录像，可以与之进行比较？是否有其他媒体的文字记录或视频可供参考？

● 是否有任何了解这个时期的专家，可以供我咨询，或者推荐介绍这个节目或类似节目的次级资料？

● 是否有还在世的这一时期的证人记得这个节目，或者能够对该录像进行评论？

总体而言，就是需要看还有哪些其他资料（包括原始和次级资料）可以为比较、背景分析和验证提供最佳的机会。

请注意，真实性本身并不能保证其代表性或相关性。次级资料可能比原始资料更可靠、更详细或更有用，因为它可能把许多有关原始资料的发现汇集在一起,还可能包含有用的分析。最重要的是,首先要尽可能地确定一个来源到底是原始资料还是次级资料。

代表性

在归纳推理一节中,我们已经用了一定篇幅介绍了抽样。当涉及研究和分析时,其中的一个主要挑战是将你的调查建立在**代表性样本**上,也就是说尽可能准确地代表你要研究的领域。

在统计学领域,在考虑样本的代表性时,有几点是需要我们注意的:

- 一般来说,样本量越大越好:小样本的代表性可能低于大样本,要对样本量小的研究保持警惕。

- 一个样本只有在反映了整体比例的情况下才具有代表性。例如,在一个国家,一个具有代表性的人口样本应该从人口稠密的地区抽取更多的人,而从人口稀少的地区抽取相对更少的人。同样,如果你研究的人口中男女比例为4∶6,那么有代表性的样本应该保持4∶6的男女比例。

- 样本更容易代表那些呈正态分布的事物,

比如人的身高或体重；而代表非常不平衡或不规律分布的东西要难得多，比如财富。

◉ 被调查者自愿参与的抽样方式有一个潜在问题：如果你要求志愿者参加调查，那么你的样本最终就只是那些自愿参加调查的人。

◉ 不存在具有完全代表性的样本：在选择一个部分来代表整体的过程中，总是会有所遗漏或歪曲的。

特别要提防明显不具代表性的证据，例如使用个别特殊事件或样本量极小的论证。我们还要始终警惕任何抽样方法的局限性，特别要注意那些认为基于样本的观察可以不加批判地代表整体的假设。

尽管代表性似乎是一个枯燥的统计学概念，但其背后的原则并不抽象，并且与所有类型的研究都相关。一个比较笼统地考虑代表性的方式是，思考你正在研究的证据在多大程度上涵盖了或未涵盖你所研究领域的复杂性。例如，在历史研究中，几个世纪前的书面证据可能是由受过相对更多教育和享有特权的人记录的，这意味着他们特有的经历在整个社会中是很特殊的。大多数依赖文献证据的领域也是如此，更不用说各种形式的权力失衡、偏见和不平等，可能已经由于记录者和记录方式的不同而深刻地影响了内容的选择。事实上，很多情况下看似客观的数据最终体现和延续了历史偏见、排斥、成见和错误陈述，这种影响有可能才是最有害的。

因此，我们应该牢记以下关键问题：这个证据代表了什么？其中什么已经被考虑到而什么还没有被考虑到？是谁考虑的？以及任何不同的过程或未被记录的内容可能是什么样的？

相关性

相关来源是有力支持某一论证的来源，而**无关来源**是经过仔细检查后对主要论证没有帮助的来源。这可能显而易见，但你会惊讶地发现，无关的证据经常被用来支持论点，或者干扰批判性分析。

以下是三个利用证据支持结论的案例。你认为每个案例中证据的相关性如何，为什么？

（1）根据可追溯到20世纪60年代的政府数据，现在英国的青少年怀孕率接近历史最低点，这表明对青少年性态度过于随意的担忧可能并没有根据。

（2）根据英国几家主流报纸的报道，青少年

相关来源（Relevant sources）：那些有力地支持某一论证的证据来源。

无关来源（Irrelevant sources）：经过仔细检查，这些来源的证据对主要论点没有帮助。

对约会和交友软件的使用率已上升到历史最高水平，这表明青少年的性态度越来越随意。

（3）根据酒店业的报告，在英国，酒吧里饮酒过量的年轻人数量接近历史最低点，这表明媒体担忧青少年性态度过于随意可能是没有根据的。

第一个例子中提出的证据可能是最相关的，因为有关记录可以追溯到大约50年前，而且将青少年怀孕率视为衡量青少年性态度的指标似乎是合理的。

第二个例子中提出的证据"青少年对约会和交友软件的使用率处于历史最高水平"与青少年的性态度有一定关联。然而，我们可能会想，这个证据是否足够相关来支持其本身的论点，因为约会和交友应用程序的广泛使用只有几年时间，青少年的使用率随着时间的推移而增加并不令人惊讶。我们也可以质疑其中暗含的假设——使用这类软件就代表了"随意"的性态度。

最后，越来越少的年轻人在酒吧里过量饮酒的事实与青少年对性的态度基本无关：这些证据对支持这一结论的作用很小，而且与这一主题本身关系不大。要支持这一结论，还需要大量的有关饮酒和性态度之间关联的进一步证据。

在使用原始资料和次级资料时，相关性是我们需要考虑的一个关键因素。一个无关来源，无论多么好、多么有趣，都会分散对核心问题的注意力，或者掩盖薄弱或有缺陷的论证。永远不要忽视关键的核心要点，始终记得要将证据与论证明确联系起来。

偏见和权威

一个信息来源有**偏见**，是指它没有道理或十分片面地偏向于某一种立场，从而造成误导。但这并不意味着信息来源有所偏颇就会降低其作用，换言之，没有偏见的信息来源几乎不可能存在。

相反，有效地使用信息来源意味着要对其中蕴含的潜在偏见保持警惕，无论其中的偏见是出于创造者的意图和假设，还是由创作环境导致的，抑或是受到形式和关注点的限制。

例如，一份历史文件之所以有用，可能恰恰在于它展示了明显的偏见，例如一个贵族为他们的国王辩护，或者一个政治家发表了自我辩护的演讲。同样，虽然一项实验或研究的原始数据可能本身形成了有关研究结果的权威性报告，但其研究方法却可能涉及各种限制和假设，这是我们在分析这些报告时需要时刻牢记的。

有时，当你检查别人使用的原始资料时，你可能会得出与他们不同的结论，或者发现他们遗漏、误解或歪曲了一些事实。这就是为什么你应该尽可能地亲自查看原始资料(以及原始数据和研究论文)，并且只有这样，你才能了解别人在二级研究中做了什么，他们可能带有哪些偏见和假设，以及你希望采取哪些不同的做法。

在实践中，一个信息来源的权威性往往显示了它的相对可靠性(或缺乏可靠性)。所谓**权威来源**，往往是：

● 来源于值得信赖的作者、出版物或其他来源，具有较高的质量**声誉**，或可直接接触到事件或信息；

● 如果是次级资料，那它所借鉴的信息、分析和背景应该是最新的；

● 没有明显的偏见扭曲事实，使这一来源毫无用处。

在这里，你可能还会问，既然不存在没有偏见的信息来源，也不能对每个陈述都不加批判地接受，那么上述因素到底意义何在呢？在某种程

权威来源 (Authoritative sources)：是指那些通常被认为是某一领域中最严谨、最值得信赖的信息来源。

声誉 (Reputation)：信息来源的专业立场，以及衡量信息来源可靠性的重要准则。

度上，答案其实非常实际。要深入了解一个领域，需要很长时间和大量努力。有声誉的期刊、出版商和机构可以维持知情、公正的调查标准，而判断哪些信息来源的权威性更受到普遍认同是规划研究时实际面对的一个重要方面。

同样，不加批判地依赖研究不充分或不可靠的信息来源，肯定会导致任务失败，或者掉进阴谋论的陷阱。这两种情况类似，所以我们尽可能不要理所当然地接受任何明显的（或自封的）权威说法；同时，即使是看起来最权威的解释，我们也要自己探索其背后的证据和推理。这当然不是说那些为了彰显自己而反对权威的人会比那些深入研究某一领域的专家更可能做出正确判断。

在最理想的情况下，权威性需要争取和证明，而不是通过假设获得；它积极欢迎批判性评论来稳步地测试、迭代和改进一个共享的知识体系，而不是对此闭耳塞听，敬而远之。相比之下，一些引人注目的所谓"反权威"的立场却在批判性检验中被证明是教条、偏执、无知或狭隘的，而且对于复杂问题的推理也不关注。

你可以（也应该）围绕你所研究的或感兴趣的主题，积极地阅读、观看、聆听和接收各种次级资料。但是，你也需要非常谨慎地考虑，选择接受谁的观点来指导自己的观点，以及你会向谁寻求指导。

时效、背景和开创性作品

在每一个领域，都有一些**开创性作品**（著作、论文和论点），解决了围绕某个特定概念或主题的争论。例如，科学界之外的很多人也都听说过阿尔伯特·爱因斯坦，因为他在20世纪上半叶的研究成果，尤其是他关于空间、时间、能量和质量方面的著作，定义了许多沿用至今的理论，支撑了不计其数的科学探索。

自从爱因斯坦在1905年发表了四篇探索这些相关主题的开创性论文以来，物理学已经有了很大的进步。但如果一个学生想要了解该领域中受到持续关注的众多热点问题，学习和了解爱因斯坦的著作和理论仍然非常重要。同样地，在大多数领域都会有思想家建立关键的概念和术语。

一般而言，围绕某个主题的优质一级和二级研究将涵盖一些过去的开创性作品、**最新来源**作品以及提供背景的权威性综述。

对任何信息来源都要问的最后一个重要问题是，在其他的研究中是否得出过相同的观点或结果在其他地方**可复制**，或者有没有类似的研究（或者是否有其他人对这个领域进行的研究和分析产生了大相径庭的结果）。

开创性作品（Seminal works）：那些奠定某一领域基础的成果。

最新来源（Current sources）：那些最新的思想和证据。

可复制（Replication）：要求结果在多个实验或调查中能够被重复；能够被广泛重复的结果比没有被重复的结果要可信得多。

绘制证据图谱

将思考证据看作一个渐进的绘图过程，在此过程中逐步建立对某一特定领域的知识。每一个来源都有助于填补更多的信息，并帮助你更好地识别认知中的对立、分歧和差距。由于你不可能读完所有资料，也不可能开展无数的实验，所以如何分配你有限的时间和注意力才是关键问题。以下是对关键概念的总结：

真实性：真实性意味着一个信息来源是无可置疑的。事实就是它所宣称的那样，并且可以追踪到信息的源头，排除了伪造、错误归因或篡改的可能性。

权威性：权威来源是指你可以安全地接受某信息，认为它对某一主题提供了高质量、专业和准确的观点。它通常来自于一位知名专家或一个声誉卓著的出版商或媒体；或者该信息提供了关于其准确性毋庸置疑的权威性描述。

偏见/偏颇：信息来源越是偏颇就越能表明其作者并不想准确地获得知识，只是为了确认一下自己对世界某个特定看法的真实性。而信息来源越是公正，就越不会以否定其他信息为代价来证明某个特定的观点，它将其论点建立在对事实的公平和合理评估之上。只要你意识到这一点，偏见本身也可以提供有用的证据。

时效性：一个信息来源在其领域是最新的吗？如果

是，那么它没有被更新的观点所取代，并且真实地反映了现在的情况。有些领域的研究发展比其他领域快得多。

相关性： 如果某个信息来源提供的信息在前提或结论方面与论证过程密切联系，那么这个信息来源与论证就是相关的。如果一个来源对论证没有任何贡献，那么它就是不相关的，甚至它还可能会分散对核心问题的注意力。

可复制： 可复制是指在其他研究中重复出现相同的结果，或者一个声称的事实被其他人独立观察到。一般来说，一个结果能被复制得越多，就越值得信任。如果只有个别人在论证某事，或者该结果从未在其他地方被复制过，那么我们就要谨慎对待。

代表性： 你所研究的证据有多大的典型性，以及它的典型特征是什么？一个样本越是能更好地反映它所代表的整体的复杂性时，它就越具有代表性；反之，如果它不能反映整体复杂性，就不具有代表性。同时也要思考非统计来源（如历史文件或媒体）信息能否代表不同类型的观点或经验，如果能，其代表性有多强？

开创性作品： 开创性作品是指对某一特定领域或主题具有绝对核心意义，或者有助于确定学科方向的写作和研究成果。我们要积极关注开创性作品，可以的话，最好直接研究它们，这对于理解大多数领域的争论和进展的本质非常重要。

想一想6.2

上述哪些因素适用于或不适用于你目前的工作和关注重点?你认为在你的领域中,哪些可用资源最好,哪些最差?为什么会这样?

制定批判性阅读的策略

有些学生可能认为,阅读需要翻阅和吸收数不胜数的信息。在任何学科的阅读中,当然都有艰苦的工作要做。但是,好的阅读是一种定性而非定量的工作,它并不是简单地要求我们尽可能多地阅读材料,相反,有效的阅读需要策略性地投入时间和精力。

本章的剩余部分将通过探讨以下内容,为本书的前半部分画上句号:

- 有策略地规划你的阅读。
- 批判性地评估你阅读的内容。
- 在信息和想法之间建立有意义的联系。
- 积极地形成你自己的理解。

我们将在第十二章中看到,批判性阅读和写作是密切相关的。几乎所有优秀的写作归根到底都始于优质的阅读。如果你能在研究的早期就开始阅读,并在阅读时保持高度的批判性思考,那么接下来的一切就会变得更容易也更令人满意。

当第一次坐下来探索一个主题或文本时,请牢记一点:如果没有背景和理解,信息可能看起来很随意零散,你就不能进行批判性的思考。然而,一旦你开始发现并探索阅读中的整体性,你会发现进一步的深度阅读变得更容易。由此你也能够记住更多内容,更自信地探索材料,并开始形成自己的观点。

一个成功的**阅读策略**需要计划、准备和有效地分配注意力。你需要决定阅读哪些内容,以什么样的顺序去阅读。做到这一点就需要:

● 制定一份相关的、有用的书籍和资料的长清单。

● 将你的长清单变成一份适度和务实的短清单。

● 利用不同的学习技巧,使你的短清单发挥最大作用。

阅读策略(Reading strategy):采取系统的阅读证据和材料的方法,以建立信心和理解,并充分利用你的时间。

制定阅读长清单

大多数课程和模块都配有一份完整的阅读清单，它可能已经为你初步建立了长清单，也可能指出了关键文本、论文、资源和其他材料方面的阅读顺序。如果你的课程没有阅读清单，许多课程也都在网上公布了阅读清单，从那些著名的机构网站上找到一份相关的清单应该不是一件难事。一般来说：

● 你应该始终尝试将自己的初步阅读建立在两份清单的基础上。一份是你所在的机构或你的教授给出的官方阅读清单版本，另外一份（或多份）是通过网络找到的其他机构或专家提供的清单，两份清单可供对比检查。

● 如果你没有阅读清单，又出于兴趣或是课外阅读需要了解某个主题，那你可以使用下面的指南为自己建立一份阅读长清单，关注权威的介绍性资料将帮助你在了解该主题时做出更好的阅读决定。

重要的是，制定长清单之前尽可能广泛地考虑阅读清单可选择的范围，然后在此基础上进行取舍。基于你的研究领域，可以使用下面的方法，根据需要来扩展和补充你的长清单，其中应包括：

● 一本入门介绍手册：专门为初学者提供一个简短的、有吸引力的（但权威的）介绍性文本。

- 一本核心教科书：该领域的核心教科书，要么在你的阅读清单中被这样定义，要么在多个机构的线上阅读清单中被提及。
- 一本主流书籍：合适的主流书籍可以为你感兴趣的领域提供相关并有吸引力的观点。
- 一份核心期刊：最新一期与你所在领域相关的核心期刊或学术出版物。
- 一本主流杂志：最新一期与你所在领域相关的知名主流出版物。
- 开创性研究：在你感兴趣的领域有影响力的历史论文或出版物。
- 不同媒体上的各种引人入胜的专业资源：这个领域的内容更为丰富，从高质量的播客和在线讲座，到博客、论坛和个人网站等。

下面给出一个具体的例子，对象是一个正在攻读经济学学位的一年级本科生（或正在学习经济学入门模块的学生）。以下是与上述指南的类别相对应的示例资源，同时请思考最终的长清单应该在每个类别中都有几个条目：

- 一本入门介绍手册：《经济学导论》(The Rough Guide to Economics)为该领域提供了一个易于理解的概述。
- 一本核心教科书：本·伯南克(Ben Bernanke)的《经济学

原理》(Principles of Economics)的最新版本就是一本成熟的教科书。

● 一本主流书籍：蒂姆·哈福德(Tim Harford)的《卧底经济学》(The Undercover Economist)对实践中的许多关键概念进行了有趣和翔实的介绍。

● 一份核心期刊：《经济学季刊》(The Quarterly Journal of Economics)是该领域最成熟的期刊之一。

● 一本主流杂志：顾名思义，这位一年级经济学专业的学生可能想把《经济学人》(The Economist)杂志列入他的名单。

● 开创性研究：《知识在社会中的使用》(The Use of Knowledge in Society)是弗里德里希·哈耶克(Friedrich Hayek)在1945年发表的一篇具有开创性（且可读性相对较强）的论文。

● 不同媒体上的各种引人入胜的专业资源：经济学家泰勒·考恩(Tyler Cowen)以博客的形式与当今杰出的思想家们进行深入交流；麻省理工学院是世界上数十家提供大量经济学主题的免费在线课程的顶尖机构之一。

你的研究或兴趣领域可能与上述经济学毫不相关，当然这也很正常。看看你能否写下与下面每个类别相对应的同时又与你目前研究领域有关的内容：

● 入门介绍手册：

● 核心教科书：

● 主流书籍：

- 核心期刊：
- 主流杂志：
- 开创性研究：
- 不同媒体上的各种引人入胜的专业资源：

此外，你还可以通过以下方法查找资源来扩大长清单的范围：

- 到图书馆里浏览查找相关区域，查看哪些书与你所了解的关键文本摆放在一起，这些书可能会是它们的补充或可以提供背景材料。
- 注意图书馆里你可能感兴趣的书的收藏数量，因为重要文本往往会有很多册。
- 查看与自己情况类似的学生的在线评论和讨论，看看他们认为哪些内容最有用或最相关，并与已经完成课程的学生交流，了解哪些内容对他们帮助最大。
- 关注所在领域中被"优质"新媒体报道的发展和趋势（以及其背后的研究）。
- 搜索目录和数据库中的关键词，并寻找那些排名靠前、引用次数最多、有影响力的作者、论文和主题。

你还能想到什么方法可以帮助你寻找更多的潜在资源吗？只要你能在质量、相关性和可靠性方面保持思考，就能发现很多利用各种网络媒体获取在线资源的机会。

总的来说，在列出资源清单时，最好记住各种资源的所属范围和种类，不要认为任何一种资源都能为你提供全面的信息，也不要认为在线资源（如讲座）的存在代表你不用阅读任何电子的或是纸质的文本。

尽管视频、音频和互动平台越来越重要，但大多数学科仍然需要持续的阅读和写作，尤其是在巩固核心概念和信息的知识方面。随着数字媒体渗透到我们生活和工作的方方面面，要想创造时间和空间来进行持续的批判性阅读，比以往任何时候都难。然而，正是这种困难又使密切的文本接触在数字时代成了一种更有价值的技能。

今天，每个人都能轻而易举地接触相同的信息。正是理解、关联和以有意义的方式重新组合这些信息的能力，使人们彼此间拉开距离，并日益区别于机器本身可以实现的目标。

制定阅读短清单

如果说长清单的意义在于它的多样性和全面性，那么短清单的意义在于它的实用性。短清单作为一个实用工具，能够切实地帮助你达成当前的学习目标。创建并充分利用你的阅读短清单意味着：

- 明确当前的宗旨和目标。

- 按照合理的优先顺序安排你的阅读。
- 客观地评估你的时间和能力。
- 在每个资源中确定优先次序，并以适当的学习技巧来处理这些内容。

让我们回到前面经济学一年级学生的例子，请思考如何把长清单精简成短清单。为了便于讨论，我们假设他们的长清单上总共有30个项目，而且：

- 这是他们学习经济学的最初阶段，所以他们对这一主题几乎没有了解。
- 在课程开始前，他们只有两个星期的时间进行一些阅读，而这两个星期内可用的阅读时间相当有限。
- 他们在现阶段阅读的宗旨和目标是尽可能快地掌握该领域的一些基本知识。

以下是前两周可能的阅读短清单，已经按照优先顺序排列好了：

1 快速地阅读《经济学导论》的全部内容，记录关键概念的有关笔记，同时注意阅读中遇到的困难或疑问。

2 仔细阅读教科书《经济学原理》的导言和第一章，同时记下关键概念和疑问。

3 尝试查找资源，如维基百科中围绕笔记中关键概念的文章，并以批判性的眼光略读这些文章，看看它们是如何总结的，以及引用了谁的文章。也许可以收听几个与这些主题有关的、高评分的经济学播客，以更好地构建自己的背景知识。

4 略读最近几期的《经济学人》，挑出特别感兴趣的文章，并将关键概念与上述书籍交叉引用。

5 如果有时间，从长清单中选择另一本易懂的经济学入门指南阅读，如《大众经济学》。

就目前而言，这可能已经足够了，尽管还没有包括任何学术期刊或开创性研究。学术期刊和论文最好留到你对某一主题有更深入的研究时再去阅读。在后期课程中不同的短清单里，首要的阅读内容可能是那些概述某个概念或实验的原始研究论文。

你同意上面的清单吗？它是否符合你自己的经验？看起来太有挑战性还是不够有挑战性？每个人的阅读风格都略有不同，偏好也各自不同。然而，仍然有一些不同的阅读技巧应该构成每个人学习方法中的一部分。

运用不同的阅读技巧

总的来说，要争取成为**主动阅读**的读者，而不只是简单地接受信息，还应该有意识地根据需要运用各种技巧，以便最大限度地利用时间和资源。

你可以把主动阅读想象成与文本进行对话。为了使结果有意义，你必须梳理清楚文本要义，提出问题，并探索自己的假设。许多学生犯的最大错误之一是在阅读中过于被动：接受信息而不反思，在阅读别人的文章的时候，未能形成自己的理解和兴趣。

阅读和理解并非完全不同。如果你在阅读时没能理解，就应该先停下来。回去再读一遍你不理解的内容，在其他地方寻找一些背景知识，或者寻求帮助。不要只是坐在那里，面对困惑却不做努力。

好的写作和思考最有可能始于对阅读的积极回应，比如形成笔记、草图、问题、材料、疑虑、引语，做查询、摘录、释义等，这将有助于记忆和理解的持久与连贯。

学习要点 6.2

需要掌握的四种阅读技巧

这里列出了四种建议掌握的阅读技巧，可以让你在不同的阅读目的和重点之间转换：

- **略读**可以使你快速浏览信息。当你的阅读目的不是深刻理解，而是要概述信息和主题之间的关系时，这是最有效的方法，同时标记一些关键概念也可供以后查找阅读。一般来说，当你不知道自己要找的具体内容时，或者当你想弄清楚一篇文章是否相关时，略读一篇文章是很有用的。

● 当你准备寻找与某个特定词或主题有关的材料时，你可以**扫读**。一般来说，当你知道自己在寻找什么，但还不知道在哪里能找到最好的信息，或者它与什么有关时，扫读的作用很大。它与搜索文本的区别很显著，主要在于它可以使你有更多机会来观察文本本身的结构。

● **搜索文本**也是一种有效的阅读方式，特别是当你在寻找一个特定问题的特定答案，或寻找一些自成一体的东西时，使用电子资源或索引对文本进行关键词搜索最为有效。如果你想知道行文的一些结构，可以在你找到了一个关键术语之后，扫读它周围的段落，了解其背景和相关的内容。

● **精读**是指认真仔细地阅读一篇文章，给自己足够的时间和空间来理解和体会其中的含义，并根据需要重新阅读一些内容，以便完全掌握它们。在略读、扫读或搜索一篇文章后，你可能想精读其中的某一部分。不要在这个阶段懈怠：正是这种缓慢的、仔细的思考，帮助我们更好地理解和记忆核心观点。

想一想6.3

你觉得自己最好和最坏的阅读习惯分别是什么？什么样的书和环境能激发你最好的阅读状态？你觉得什么书最难读？有什么办法可以改变这一点吗？

我们很快就会练习如何将所有这些技巧付诸行动。不过在此之前，我们需要看看阅读策略里最后也是最重要的部分——做笔记和进行批判性思考。

做笔记与进行批判性思考

为什么做笔记很重要？一般来说，成功的笔记会对你有两点帮助：

● 理清你对文本的理解，帮助你批判性地评估文章；
● 提供一个清晰的记录，你可以回顾并将其与其他资源关联起来。

这就需要你以系统的方式做笔记，并将它们整理在一起，笔记可以是电子版的，也可以是纸质的（或两者兼而有之），但你最好在一个能够保持专注和仔细阅读的环境里完成。

对一些人来说，在纸上写笔记可以巩固理解，同时杜绝干扰；对另一些人来说，在电脑上打开一个文件进行记录可以达到同样的专注；还有一些人喜欢专门的应用程序来管理摘抄、信息、效率和协作。就算你使用完全电子化的笔记，也不要低估你所需要的专注力。

每个笔记最首要的事情就是从记录你所阅读的材料的信息入手，这不仅让你能更容易地检索，还为你在需要**引文**的时候提供便利。不要忽视这些细节，如果某些内容值得记入笔记，你首先要确保仔细记录一切需要在自己研究中引用的内容。这对于你有序地整理笔记、快捷地查找和引用资源至关重要，即以一种公认的学术风格记录资料来源。

各个学科和不同的大学要求的引文格式会有所不同，对你需要采用什么样的引文体例都有清晰的要求，这些要求很容易在网上查到。举例来说，在社会科学领域普遍使用美国心理学会（APA）提供的格式体例。[20]

以下列出的是期刊文章的基本APA参考文献格式体例，结尾处的网址（URL）是唯一的数字对象标识符（doi），用于识别在线文章和文件：

作者, A. A., 作者, B. B., & 作者, C. C. (年份). 文章标题. 期刊标题, 卷号(期号), 页数. http://dx.doi.org/xx.xxx/yyyyy.

Chatfield, T. (1996). How to make up article titles. *The Journal of Unconvincing Fictions*, 12 (3–4), 132–47. http://dx/doi.org/12.123/12345.

这里是出版书籍的APA参考文献格式体例：

作者, A. A. (出版年份). 主书名:副书名. 地点: 出版社.

Chatfield, T. (1981). *Lies Lies Lies: An Entirely Fabricated Book*. London: Random House.

以下是在线检索到的报纸文章的APA基本格式：

作者, A. A. (年, 月, 日). 文章标题. 报社名称. 检索自 www.someaddress.com/full/url

Chatfield, T. (2015, October 21). My made-up online piece. *The Guardian*. Retrieved from www.guardian.co.uk/tomchatfield

引用文献是一项需要准确遵循正规格式的工作，你要特别注意采用适当方式引用数字和在线资源，在引用时可能需要注明访问资源的日期，如果它可能改变或失效，则应存档一份该日期的网页快照。

相比之下，做笔记是一门与个人喜好更密切相关的技艺，你可以根据自己的喜好和需要自由调整我的建议。但一般来说，你的笔记应该涵盖以下几个方面，注意不要仅仅为了做笔记而做笔记：

- 对所讨论的主题及其关联度进行简要概述；
- 对信息来源的结论或总体观点的总结；
- 对支持这一结论的推理的摘要；
- 对支持该推理的关键证据的摘要；
- 分析推理和证据的说服力如何，以及任何值得注意的差距或问题；
- 需要调查的后续问题；使用这一来源的不同方式，以及为进一步探索相关领域的深入阅读和思考；
- 在自己的文章中可能使用的直接引文。

下面是一个文章例子，对一篇文章的部分内容进行笔记整理。在这个例子中，假设我正在对一篇探讨人类人口增长和城市扩张对动物物种影响的文章进行初步研究。下面是文章原文，请你仔细阅读。在参考我后文的回答之前，想一想你做笔记时该如何涵盖上面的问题：

整体大于局部之和

有些人可能不愿承认，但狼在潜在的性伴侣稀少时并不吝于降低自己的标准。生物学家认为,正是这种绝望的处境,导致加拿大安大略省南部不断减少的狼群在一两个世纪前开始与狗和郊狼广泛繁殖。人们为了耕种而开垦森林,再加上对狼的蓄意迫害,使狼的生活变得艰难。然而,这样的森林开垦同时也让郊狼的活动范围从它们的草原家园扩散到曾经只有狼生活的地区,农民驯养的狗也加入了其种群之中。

不同动物物种之间的杂交后代就算能存活下来,其生命力也通常会比父母双方更弱。但是,狼、郊狼和狗出于繁殖生存需要而产生的DNA组合是一个例外。一种异常健壮的新动物在北美东部地区蔓延,数量激增。有些人称这种动物为东部郊狼,也有人把它称为"土狼"(coywolf)。不管它的名字是什么,北卡罗来纳州立大学的罗兰·凯斯(Roland Kays)估计它现在的数量已有数百万之多。

土狼这种基因混合体比许多人曾经认为的发展得更迅速、蔓延得更普遍,变化性也更强。哈维尔·蒙松(Javier Monzón)在纽约州的石溪大学工作(他现在在加利福尼亚州的佩珀丁大学工作)时,研究了美国东北部10个州和加拿大安大略省的437种动物的基因构成。他发现,尽管郊狼的DNA占主导地位,但一般土狼的遗传物质中有十分之一是狗,四分之一是狼。

凯斯博士说,来自狼和狗(后者主要是大型犬种,如杜宾犬和德国牧羊犬)的DNA带来了很大的优势。许多杂交土狼的体重在25公斤或以上,是纯种土狼的2倍。凭借更大的下颌、更多的肌肉和更敏捷的四肢,一只土狼可以单独击倒一头小鹿,一群狼甚至可以杀死一只驼鹿。

郊狼不喜欢在森林中捕猎,但狼喜欢。凯斯博士说,杂交带来的新物种既能在开阔地带又能在树木茂密的地区捕捉猎物,甚至它们的叫声也是其祖先的叫声的混合体。它们嚎叫时开始的发音类似于狼的嚎叫(音调低沉),但随后就变成了音调较高的、类似郊狼的叫声。

惊人的是,这种动物的活动范围已经覆盖了美国的整个东北部,包括城市地区,时间至少有10年之久了,而且自从半个世纪前郊狼来到东南部之后,它们的规模还在继续扩大。纯种的郊狼从未在大草原以东的地区站稳脚跟,而狼也很早就在东部森林中被杀光了。

但是通过结合郊狼和狼的DNA,产生了一种能够扩散到原本不适合它们居住的广阔地区的动物。事实上,土狼现在甚至生活在大城市中,如波士顿、华盛顿和纽约。据在纽约研究土狼的哥谭郊狼项目的克里斯·纳吉(Chris Nagy)说,纽约已经有大约20只土狼,而且数量还在增加。

资料来源:经《经济学人》报业集团授权转载,摘自《经济学人》2015年10月31日《整体大于局部之和》;许可通过版权结算中心公司传达。

下面是我给出的笔记样本:

文章详情	《经济学人》(2015)《整体大于局部之和》,《经济学人》.经济学人集团,10月31日. www.economist.com/news/science-and-technology/21677188-it-rare-new-animal-species-emerge-front-scientists-eyes(2017年1月21日访问)。
简介	安大略省南部不断减少的狼群广泛地与狗和郊狼杂交繁殖,由此产生的"土狼"非常健壮,正在美国东部地区蔓延开来。这是一个惊人的相关事例,说明了生物是如何应对人类所创造的环境和人口压力的。
结论	偶尔,不同动物物种的杂交可以创造一种意外成功的新物种;这种情况就发生在土狼身上。
推理	(1)人类行为导致的栖息地和人口变化使狼、郊狼和狗产生接触的机会;并且(2)一个多世纪以来,由于性伴侣的稀缺,狼与其他两种动物进行了繁殖。由此产生的狗、郊狼和狼的DNA的混合结果是(3)提高了郊狼的体型、速度和力量,以及(4)创造了能够同时在开阔地和林地狩猎的动物。所有这些都带来了(5)非常成功的新物种。
证据	北卡罗来纳州立大学的罗兰·凯斯(Roland Kays)认为,现在有数以百万计的土狼。
	哈维尔·蒙松(Javier Monzón)在石溪大学时对美国东北部10个州和加拿大安大略省的437只动物进行了研究,结果显示土狼的遗传物质有十分之一是狗,四分之一是狼。 波士顿、华盛顿和纽约都有常驻的土狼。
分析	这构成了一个具有强有力证据的令人信服的案例研究,尽管人们认为围绕土狼的起源的争论存在一些不确定性和猜测。令人惊讶的是,它们的活动范围远远超过了纯种狼和郊狼的活动范围,而且土狼强大的适应能力为自己开辟了大片新的栖息地。
跟进研究	寻找其他同样具有强大适应性的物种例子,并研究为什么杂交通常会产生活力较差的后代?能否与其他一般物种灭绝的案例形成对比?持续对有关土狼的阅读材料保持兴趣。查阅Monzón、Kays和Gotham Coyote项目的原始研究,还可以查看教科书中关于进化适应和杂交的背景知识。

引用	第二段中的总结纲要很好:"不同动物物种之间的杂交后代就算能存活下来,其生命力也通常会比父母双方更弱。但是,狼、郊狼和狗出于繁殖生存需要而产生的DNA组合是一个例外。其结果是,一种异常健壮的新动物在北美东部地区蔓延,数量激增。"第七段中的一句话很好:"一种能够扩散到原本不适合居住的广阔地区的动物。"

你认为这个笔记如何?如果你准备好了,可以自己试试下面的例子。在这个练习中,想象你正在学习关于急诊医学的本科学位模块课程,课程要求写一篇关于急诊医学中社交媒体的影响和潜在用途的论文。下面是从《新英格兰医学杂志》(*New England Journal of Medicine*)一篇2011年的论文中编辑摘录的内容:

将社交媒体纳入应急准备工作中

我们的公共卫生应急系统的有效性依赖于对准备工作的日常关注,对日常压力和灾难的敏捷反应,以及促进快速恢复的能力。社交媒体可以发挥重要作用。

由于新媒体在交流中十分普遍,所以明确考虑在灾前、灾中和灾后利用这些交流渠道的最佳应用方式是很有意义的。诸如社交网站可以帮助个人、社区和机构分享应急计划,并建立应急网络。例如,在1995年芝加哥热浪期间,有数百人在短时间内死于高温引起的疾病。如果借助网络的"伙伴"系统，可能使更多的高危人群得到医疗照顾和社会服务。将这些社交网络纳入社区对公共卫生紧急情况的准备工作序列中，可以帮助建立社会资本和社区恢复能力，使专业应对人员和普通公民更容易在危机中使用熟悉的社交媒体网络和工具。

这些工具也可以用于改善准备工作，让公众获取社区卫生保健系统运作的实时信息。例如，在美国的一些地区，急诊室和诊所的等待时间已经可以通过移动设备应用程序、广告牌上的RSS信息或医院的推送获得。定期收集和快速传播这些衡量卫生保健系统压力的信息，可以为病人和卫生保健服务提供者及管理者的决策提供参考。在灾难真正发生时，通过社会渠道监测这些重要信息，可以帮助应急者核实某些设施是否超负荷，并确定哪些设施可以提供所需的医疗服务。

在许多情况下，通过分享图片、发短信和社交媒体的传播，公众不再只是旁观者或伤亡者，而是成为大型应急网络的一部分。在2007年弗吉尼亚理工大学枪击案发生的头一个半小时里，学生们在社交媒体上发布了现场的最新情况。在最近的紧急事件中，美国红十字会的在线留言板也被用作分享和接收疑似灾民信息的论坛。

社交媒体对于危机后的恢复工作的作用也变得愈发重要，因为在重建基础设施过程中，压力管理是重中之重。社交媒体的广泛传播使人们能够在灾难恢复中迅速获得所需的资源。包含时间线、照片和互动地图的社交媒体向人们展示了一个正在恢复的社区的能力和脆弱性所在。Ushahidi等组织在海地(2010年地震后)通过将志愿医疗服务提供者与受困地区相匹配,帮助其迅速开展灾后重建。社交媒体正在以新的方式连接起应急者和受灾难直接影响的人员,并在多起紧急事件中提供医疗和心理健康服务,如深水地平线漏油事件、澳大利亚的山洪和新西兰的地震。

与所有新技术一样,想要最大化利用社交媒体的优势仍然存在许多障碍。虽然这些媒体的使用群体覆盖男女老少,而且年龄范围不断扩大,但仍要认识到该技术在高危、弱势人群的应用局限性。

此外,我们并不能够确认社交媒体用户是否是他们声称的本人,或者他们分享的信息是否准确。虽然广泛传播的虚假信息往往会被其他用户迅速纠正,但通常我们也很难从纷乱的网络背景和机会主义骗局中分离出卫生危机或物质需求的真正信号,同时还必须仔细考虑隐私问题和对社交媒体的数据的监测(及其原因)。

现在我们应该开始部署这些创新技术,同时针对它们的有效性以及提供信息的准确性和有用性制定有意义的衡量标准。社交媒体可以很好地增强我们的通信系统,从而大幅提高我们对威胁公众卫生的事件的准备、应对和恢复的能力。

资料来源：R.M.Merchant,S.Elmer and N.Lurie (2011)《将社交媒体纳入应急准备工作》,《新英格兰医学杂志》,365(4),289-91。版权所有©2011年马萨诸塞州医学会。经马萨诸塞州医学会许可转载。

这张表是用来记笔记的。我已经提供了完整的文章详情。

文章详情	Merchant, R.M., Elmer, S.和Lurie, N. (2011)《将社交媒体纳入应急准备工作》,《新英格兰医学杂志》, 365:289-91.
简介	
结论	
推理	
证据	
分析	
跟进研究	
引用	

你觉得这个练习如何？以下是我的一些想法，可以与你自己的笔记进行比较。

这篇文章认为，社交媒体可以在三个主要方面潜在地增强公共卫生应急系统：准备工作、应急响应和复原能力。最后，文章建议在利用社交媒体的同时，对其有效性和准确性制定有意义的衡量标准。这有一些支持理由：（1）社交网络有助于在紧急情况下分享计划和建立求助网络；（2）关于医疗保健系统的实时信息可以迅速传播，并作为负荷的指标进行监测；（3）公众本身可以通过社交媒体成为应急响应网络的积极参与者；（4）从灾难中恢复的人们可以利用社交媒体迅速匹配需求和资源。

这些潜在的优势是巨大的，尽管有以下潜在的问题：（1）特别是高危人群可能缺乏对社交媒体的接触；（2）社交媒体信息的不可靠；（3）隐私问题；以及（4）谁应该监督，监督什么，如何监督？

文章用1995年芝加哥热浪等事件作为证据，说明当时数百人的死亡本是可以预防的；2007年弗吉尼亚理工大学枪击案，当时学生在社交媒体上发布了现场最新信息；2010年海地地震后，Ushahidi等组织利用社交媒体将志愿者与受困地区匹配起来。

这些证据大多是传闻，正如文章本身所承认的，需要对其有效性进行有意义的衡量。最重要的是，这篇文章写于2011年——这意味着在技术和社交媒体方面，它已经根本不符合现在的形势了。不过在当时，这篇文章的分析非常有趣，因为它提出了关于社交媒体可能增强准备工作、应急响应和复原能力的总体观点，但现在人们在这一领域的观念已经发生了很大的变化，加上技术和用户的改变，使得这篇文章更像是一份历史文件而不是对当前情况的分析。

在后续研究方面，我们可以将其与最新的分析进行比较，思考发生了哪些变化，哪些情况没有改变？作者是否继续跟进研究，或者最近是否有其他人对其进行了回应？社交媒体公司在应急手段准备方面做出了哪些方面的努力？此后是否出现了2011年未曾预见到的问题和复杂情况？

学习要点6.3

将你的阅读与其他活动关联起来

对不同类型的资料进行批判性思考，需要具备相应的针对每种类型的一系列技能。阅读必须落到实处，你或许认为这一点听起来太显而易见，不值一提，但总有人在学习过程中从未分享或讨论过他们所学的东西，也没有跳出固定的阅读清单和教科书。如果你想从阅读中获得尽可能多的东西，请确保你自己：

- 找到其他可以和你讨论阅读内容的人：可以和相同学科的学习者组成正式的讨论小组，和比你更有经验的人交谈，或者尝试指导经验不足的人，也可以在网上浏览是否有人在积极研究你所阅读的领域。

- 寻找可供辩论和讨论的平台：博客、论坛、期刊、主流新闻和媒体。试着把你自己的思考与别人关心的问题联系起来，重视他人关心此类问题的原因，特别是当你不同意他们的观点时，这样做尤为重要。
- 找到适合你的工作方式，客观地评估你自己的生活和习惯：你觉得在什么地方和什么时候最能集中精力；什么样的书籍和资源能帮助你入门一个新主题；哪些书籍和资源最能引起你的兴趣。
- 保持热情和相信机缘巧合：让自己保持好奇心，并且接受好奇心的驱动。

总结

能够使我们接受的推理不仅必须是连贯的，而且要通过确凿的证据与世界相联系。所有的研究资源通常依据与被调查事物的距离分为两类：原始资料和次级资料。

- 原始资料直接来自被调查的地点、时间或现象。
- 次级资料是其他人对调查领域或围绕该领域所做工作的结果。

在利用资料来源时，我们必须调查它们是否是：

- 真实的：真实性意味着信息的源头是无可置疑的，

即它正如其所声称的，可以有把握地从现在追踪到它的起源。排除伪造、错误归因或篡改的可能性。

● 具有代表性的：当一个样本或案例研究能更好地反映出它所代表的整体复杂性时，它就更具有代表性；反之，它的代表性就越弱。

● 相关的：当资料来源提供的证据与某一主张或论证过程密切联系时，它们就是相关的；反之，如果没有提供任何证据或支持，它们就是不相关的。

● 偏见的：信息来源越是有偏见，其作者就越是只对确认某个特定观点感兴趣；信息来源越是不偏不倚，其中的评估就越是客观合理。

● 权威的：一个权威的来源是你可以没有顾虑地接受的来源，因为它提供了高质量的、专业的和准确的观点。

● 开创性的：开创性的作品是指那些已经被证明对某一特定领域或主题至关重要的作品，有助于确定其发展方向。

● 最新的：最新的资料是指没有被更新的思想或信息所取代的资料，并能客观公正地反映当前的情况。

● 可复制的：一般来说，越是能够在其他地方被复制或被其他人独立观察到的东西，我们就越能相信它。

制定一个成功的阅读和研究策略需要计划、准备和有效分配注意力：

- 在可能的情况下，根据与你的领域相关的一份或多份阅读清单，列出一份涵盖尽可能广泛的潜在资源的长清单。
- 把你的长清单变成一份与你当前学习目标相关的短清单，在这份短清单中，要排列阅读资源的优先次序。

运用不同的阅读技巧，以便最大限度地利用你的时间和资源。这种主动的阅读意味着思考、质疑和调整，并着手了解文本如何对你帮助最大。阅读技巧包括略读、扫读、搜索文本和精读。

你的笔记应该始终包含使用来源的完整信息，以便在需要时，你能够回溯原始资料并将其作为学术引文使用。在做笔记时，进行以下分类可能很有帮助：

- 文章或来源的详细信息：笔记的开始。
- 简介：这是对背景和总体内容的简要概述。
- 结论：文章的主要结论或意图是什么？
- 推理：用来支持结论的推理是什么？
- 证据：作者使用了哪些关键证据？
- 分析：你阅读的东西有多大的说服力，有多大的作用？
- 跟进：这一资料来源提示了哪些问题和调查？了解或调查哪些内容会对自己更有帮助？
- 引用：在你未来的工作中，你是否想准确地引用这一资料的某一特定部分？

第二部分

在不合理的世界中保持理性

第七章

掌握修辞技巧

如何对情绪性和诱导性的语言进行批判性思考?
↓
如何对谬误和错误推理进行批判性思考?
↓
如何对认知偏见和行为偏差进行批判性思考?
↓
如何更好地克服对自己和他人的偏见?
↓
如何才能更具批判性地应用技术?
↓
如何成为拥有批判性思维的作者和思考者?

你能从本章中学到的5点

1 使用语言的三种方式。
2 说服性文本如何发挥作用？
3 为什么应该尽量做到避免偏见？
4 如何辨别各种修辞工具？
5 如何评估明确的感情诉求？

本书的前半部分阐述了理性的含义：为是否接受他人的结论寻找恰当理由，为事物存在方式寻求合理解释。此外，理性推理不会自然而然地发生，并不会支配我们大多数的感受和行为。

这一点值得反复强调。如果我们天生理性，就没有必要去学习推理。如果我们能像电脑一样自动准确地计算可能性，那就没有必要研究概率。

然而，事实并非如此。我们对世界的体验，无论是最强烈的还是最基本的，都无法用完全理性的语言来描述。我们稍加观察就会发现，植根于人类进化与社会历史中的不同现象深刻影响着人类的动机、互动和兴趣。我们首先是生物，其次是思考者，最后才是理性的自我批判的思考者。

有些人认为这带来了无药可救的**非理性**：我们的行为在大多数时候都不理性，其背后动机也常常难以理解。但在我看来，这种观点可能过分强调了严格意义上的理性与非理性的分界线，并毫无根据地假设，情绪和感觉对行为的引导在本质上是不可取的。

毫无疑问，人类是高度**情绪化**的动物，受强烈的情感喜好和关于对错以及公正与否的**道德**感驱使。但这并不是拖累我们的劣势，恰恰相反，这是人类的天性，正是这些情感与思考一起支撑起我们强大的智慧、敏锐的观察力和丰富的同理心。

只有当我们能够丰富且细致地描述对世界的**主观体验**，我们才能将批判性思维付诸行动，至少做到避免仅靠**直觉**判断损害自身利益的情况。自我认知绝不意味着为了追求"更好的"思维方式而压抑我们的天性。

语言和修辞的力量

语言是一种神奇而灵活的工具，用途也十

分广泛，而批判性推理只是其中之一。大多数时候，使用语言主要是为了：

● 交流信息：描述并传递**客观**现实及对其关系看法的真命题或假命题。

● 表达情感：同上述信息一样并无对错可言，传达的是主观感受。

● 寻求改变他人行为或想法：向他人发出命令、表达诉求，或者改变他人态度、情感或观点。

对于寻求改变他人这一目的，我们需要运用可靠的论证和解释来检验其正确性，这也是批判性思维的特点所在。如果我们感兴趣，则要对此进行特别研究。这是因为其中可能使用各种修辞手法，即通过推理以外的手段来说服别人。

在六百年前的欧洲，教育主要由三门学科主导：语法、逻辑和修辞。这三者在拉丁语中被统称为"*trivium*"，意为三条道路的交汇之处。语法关注的是准确描述世界的能力；逻辑教会人从知识中得出合理的结论；修辞则是这三者中最为重要的一门学科——说服他人相信你的结论，并成功地传递更加丰富的想法。

既然修辞是推理的反面，这是否意味着它一

客观性（Objectivity）：独立于任何个人观点存在的事实，其正确性不受个人观点影响。

直觉（Intuition）：人类基于本能、情感和经验而非通过有意识的推理在不知不觉中理解事物并做出决定的方式。

主观性（Subjectivity）：某个人自身独有的经验和判断，与之相对的是证实那些不依赖于某个人的信息。

定很糟糕呢？它是否只是通过利用他人情感以达到控制他们的目的的一种操控方式？并不是。我们不能单纯认为修辞是任何明眼人都该看穿的笨拙操纵，也不能认为它是一种恶劣手段而应该弃之不用，或者只把它当作一件可做可不做的额外事情。如果想要对修辞的益处有所认识，我们需要正确看待**修辞**的复杂性和普遍性，以及修辞与所有交流行为之间的紧密联系。

学习要点 7.1

消除关于说服修辞的四个常见误解

错误：说服行为常常简单粗暴。

正确：看上去简单的说服行为往往有着复杂的目的和影响。

错误：说服是令人误解的负面行为，我们应该始终保持完全理性和符合逻辑。

正确：说服本身是中性的，区别只是在于说服的内容和方式。

错误：说服力是信息与交流行为中一种可有可无的附加能力。

> 正确：说服行为是理解我们是谁以及我们如何沟通的不可或缺的基础，不能轻易地舍弃。
>
> 错误：聪明人一定能看穿别人说服的企图，并最终得出自己的结论。
>
> 正确：在面对说服性信息时积极使用批判性思维，可以帮助我们重新思考回应方式。但所有人都容易被言语操控，甚至聪明人有时也难以幸免，因为他们常常在非专业领域过度自信。

早在古希腊和罗马时期人们就发展出了一种高效而系统的方法体系，用来描述有效的说服性信息中所包含的不同要素。这些要素最早由哲学家亚里士多德提出，至今仍在指导着我们理解复杂的说服行为。

- **人品诉求**：这是首要因素，目的在于建立作者或信息来源的可靠性。在人品诉求上取得成功的信息会让受众产生适宜、可靠和受尊重的感受。

- **理性诉求**：在展示出可信度之后，理性诉求向受众描述信息性内容所包括的事实或推理证

人品诉求（Ethos）：在说服过程中建立信息来源可信度。
理性诉求（Logos）：说服过程所包含的思辨过程。

明。这并不等同于强有力的论证,相反,它展现了你希望受众遵循的一系列想法,以实现你想要的诉求。

● **情感诉求:** 指的是"动之以情",即通过调动受众情感以产生说服的效力,这些情感往往包括了恐惧、愤怒、爱国和尊敬等,通常是说服行为最重要的部分。情绪感召力不一定是欺骗性或不公正的,有时也存在于看起来最中立的信息中。

下面有一个练习。请你从以上三方面分析下面这篇文章,注意文章的语气及其受众:

作为一名拥有数十年医院经验的资深临床医生,我对近期的医保削减政策深表遗憾。我认为,这不仅代表着公众所享受的医疗服务质量大幅降低,同时也是一种意识形态上的误导——试图通过市场提升效率,但其实这根本无法实现。医疗系统并不是传统意义上的市场,它对最脆弱的人群倾注大量关怀,是一种存在于市场力量之外的社会公益。在最近几个月里,我不得不反复告诉那些已然生活在极度痛苦中的家庭,他们孩子的所有非紧急护理必须推迟到下一个纳税年度。人们的信心已掉到谷底,这无疑是一场危机。

你感受到这个段落中的说服力了吗?从哪些方面有说服力呢?这段文字给你带来了哪些感受,或者说你觉得它希望给你带来什么感受呢?

从人品诉求方面来看,作者在一开头就提供了令人印象深刻的证明:非常值得信赖的资深临床医生,出于关怀和同情而非单单愤怒发声。从理性诉求上来看,用一组并列的观点相互关联,展示出岌岌可危的卫生系统。而这个段落的情感诉求则比较克制,但仍然包含了"遗憾、误导、最脆弱的、极度痛苦、危机"等强有力的词汇,并且还提及了家庭和孩子们所承受的痛苦,其目的在于激发读者的同情心。[22]

在结尾处,"这无疑是一场危机"加强了这则信息的紧迫性。有一个希腊语单词可以用来专门描述其目的:kairos,意为"**机会时刻**"。对于说服力而言,为言语或行动选择正确的时机至关重要。当然,一些从事这类工作的专业人士认为及时性和准备工作最为重要,如果可以为说服某人预先创造环境,那么真正的说服工作就会事半功倍。

将说服力融入语境中

回顾前文中关于成功说服力的四个元素，你会发现它们全部取决于对语境的成功把握：针对受众建立可信度；突出受众所关注的相关内容；打出合适的感情牌；寻找传递信息的最佳时机。

这并不令人惊讶。了解受众是任何成功说服行为的前提，而正确把握信息上下文关系更是批判性思考其说服力并做出最佳回应的基础。

下面的三段文字都基于同样的论据和观点。你认为哪一段最有说服力？哪一段最有效地传递了信息？

1 遗传科学的进步开始让父母有机会为他们的后代选择某些属性，目前的主要手段是胚胎筛选和选择性植入，但也有越来越多的研究开始关注基因改造和基因治疗。在遗传层面上对人类生命的任何修改都会产生重大的社会、伦理以及科学影响，需要严格地审查和广泛地探讨。

2 如今，基因工程催生了越来越多功能强大又精确的技术，使得父母可以选择孩子的特质。这种科学可能对人类的未来产生很大影响，需要进行尽可能广泛的讨论。

3 科学家仿佛是人类基因的上帝，让父母可以对自己孩子的特质随意挑选组合。这对人类来说意义重大，或者我们未来根本就不再是人类了。这关乎每一个人，需要我们马上探讨，否则就来不及了。

①②③　最有说服力　――――――――　最有效　①②③

第一段的行文最为正式和科学范。相比起来，第二段则没那么正式，可能是一篇相对严肃的杂志文章，而最后一段则最为随意，属于通俗新闻报道所具备的那种耸人听闻的风格。不同的语域会带来不同的影响。比如说，你可能觉得第一段比最后一段更有说服力，正是因为第一段避免了激烈的修辞表达，而采取了更加谨慎理性的语气。或者你会认为，第一段细节过多可能掩盖了重要信息，不如第二段文字清晰。当然，你也可能会认为，第三段带有强烈的情感才最为合适，而前两段中全方位地缺乏情感反而会令人误解。

第三段话无疑运用了最明显的修辞。诸如"让父母可以对自己孩子的特质随意挑选组合"这样的表达让事情变得更加生动和惊人。这类修辞的目的就在于使受众感到震惊，它把写作当作一种表演，更接近于慷慨激昂的演讲，而不是字斟句酌的学术文章。此外，这种写法更关注情绪感召力而非信息准确度。在这种情况下，"让父母可以对自己孩子的特质随意挑选组合"的表达是在主动引发受众对事情可能性走向的担忧并产生误导性。

然而，我们也要注意，即使完全避免运用情绪感召力，使用权威语气可能与强烈的情感运用在修辞上有着同样的效果和欺骗性。比如，行文风格学术且严谨的文章可能传递的是有严重缺陷或值得怀疑的观点。请阅读以下段落。你觉得它有说服力吗？它到底在论证什么？

> 遗传工程的发展让父母可以为他们的后代选择某些属性。我们干预人类生命的能力不断加强，同时也象征着我们正在远离传统的进化秩序及其限制，与传统意义上的道德渐行渐远。这迫切地要求我们在人类身上进行更彻底的实验，摆脱此类过时担忧的影响，早日使人类进入到适者生存的物种新层次。

这段文字可能乍一看十分权威并且思维严谨，但如果你仔细阅读就会发现，作者实际上支持激进的基因实验而无视所有的伦理问题。如果作者将其仅仅表达为"我们应该在未出生的孩子身上开展基因实验，不用顾忌任何伦理问题"，效果可能就会截然不同了。

这里实际上提出了另一个重要问题：不要被一篇文章的语域所迷惑，应独立思考他人提出的观点以及其论证过程，同时对本身具有说服力的语域表达保持警惕。

> ## 学习要点7.2
>
> **关于说服力的三个基本问题**
>
> 在回应任何证据、信息或论点时，先问自己：
>
> 1 我在阅读哪类文本？
> 2 作者为何使用这种语域，针对的读者又是谁？
> 3 应该根据何种标准和价值来评判和阅读这类文本？
>
> 这些问题可以帮助你警惕不同语域的不同影响，确保你不会不经思考就接受或反驳文本内容。不管你阅读的是旗帜鲜明的声讨还是学术期刊，你都需要了解目标读者是哪类群体，作者意图何在，以及是否与你自身的利益和需求相匹配。

想一想7.1

你在生活中使用过哪些方法说服不同的对象？面对朋友、家人或同事时，你所运用的说服技巧有什么不同？在明确读者受众后，你在文章中是如何运用说服技巧来说服他们的？

详细分析信息：情感与故事

阅读下面的标题，你会点击这个标题去看报道中的详细内容吗？

	是	否
这个孩子刚刚去世，却留给世界无数震撼。[23]	○	○

你可能已经猜到，这是2013年Upworthy网站上的一篇头条。总体而言，新闻标题的目的就是吸引读者阅读文章。比起在印刷时代，标题在网络时代的作用更为重要，仅以其简短描述来吸引读者访问某一页面，当然有时也会失效。最极端的例子则是标题党，标题中的描述几乎和内容无关，只是为了不择手段地获取点击量。

上面的标题当然还没有达到标题党的程度，但不可否认的是，它也使用了修辞技巧——通过情绪感召力来激发人们在社交媒体上探究故事的欲望。请再仔细阅读上述标题，分析一下其中有哪些情感要素吸引了你。

你想到了哪些？以下是我的一些想法。

简短有力： 大多数标题和链接都希望能以最简短的语句达到最大效果，这里仅仅十几个字就展现了一个戏剧性事件——一个孩子去世及其留下的无数震撼。

设置悬念： 标题暗示内容有趣精彩，但没有披露任何细节。

直接有力： 短短四个词描述了一个富含情绪的事件，即一个年幼者的死亡，语言明确（"这个"）、亲切（"孩子"）、即时（"刚刚"）和有力（"去世"）。

悲喜对比： 为了增强情绪效果，标题的两个部分对事件本身进行了简要描述——一个悲剧性的死亡，但同时有着提振人心的希望，带来了令人满意的叙述效果。

独创新奇： 标题中的"震撼"（wondtacular）一词是作者融合"奇妙"（wonderful）和"壮观"（spectacular）两个词的创新，既吸引了读者的注意，又清楚地表达出这个故事不仅暖心而且独一无二。

普遍适用： 虽然这是关于某个人的故事，但标题其实非常笼统，没有给出主人公的性别、年龄、国籍、地址和姓名等细节。其主角可以是任何人，也因此会关乎所有人。

我的意思并不是你只要看一眼标题就应该想到以上所有特点，其实也正因如此，标题的情绪性说服才会如此成功。这样的标题不知不觉地就会在读者心中种下假设和情感，描绘出一个或引发同情或令人愤慨的故事的轮廓。

学习要点 7.3

修辞与情感距离

一般来说,富含情绪的信息可能希望激发同情,或希望让人产生反感情绪,在此过程中,文字会建立起读者与话题之间的联系。我们作为读者是否被灌输了要接受某事或反对某事的想法呢?如果你仔细分析语言中的情感要素,你就会发现其中的规律,并且能够更加警惕那些试图操纵你的意图。一般来说:

● 修辞可以拉近读者与某个主题的情感距离,暗示我们对其保持开放心态。

● 或者修辞也可以将我们推开,表明我们试图靠近的某些东西是陌生又危险的。

我们通常意识不到,我们所使用的许多语言也会带来程度不一的亲密或疏远的效果。当我们遣词造句并字斟句酌其中细微的情感差别时,也会无意识地进行情感说服。以下是描述同一件事的不同方式,你能否看出其中情感说服的区别?

一群抗议者打碎了伦敦一栋办公楼的窗户。

一群暴躁的嬉皮士砸碎了办公室的窗户。

银行业阔佬们眼睁睁看着抗议者冲进了开着空调的豪华大厅。

在一场和平的抗议活动中,犯罪分子趁机破坏了本市的财产。

随着反资本主义者一路冲进公司办公室,抗议活动变得充满暴力。

和平的理想主义者在伦敦对裙带资本主义进行了标志性的打击。

同样一群人被描述为抗议者、暴躁的嬉皮士、犯罪分子、和平的理想主义者或反资本主义者(上面几个表达也同时出现或都不出现),这取决于你到底想讲什么样的故事。同时,在办公的人、阔佬或裙带资本家也说的是同一群人。这些标签都有着不同的含义,其中的情感诉求不仅是让读者为他人感到难过,同时还关乎作者的世界观及其希望读者看到怎样的信息。

类似的例子不胜枚举。你能自己举出几个这样视角转换的例子吗?你可以用无数方式来描述一件事。所以,任何事物的本质都会超出其表象,或者更确切地说,世间的一切都是特定的人从特定的角度所看到的,任何事物在不同人的眼里会有不同的样子。

力求公正

你认为以下文章标题的说服力如何?

教皇对互补性概念产生的作用以及梵蒂冈对性别的谴责[24]

对不太关注这一话题的人群来说,这个标题所使用的语言缺乏趣味性,甚至晦涩难懂。既然不能吸引读者,是不是就意味着这是一个失败的标题呢?

如果我们考虑到这个标题的目的就不会这样想了,因为这是一则专业信息概述,必须做到清晰明了且直切要害,而且它的目标本身就在于仅吸引一小部分人,所以用短短几个词做到清晰准确和细节完备是其使命所在。因为此类标题的主要目的就是以最简洁清晰的方式传达文章内容,为本领域专业人士提供信息,所以如果能够使大多数人放弃阅读该文章反而是标题的成功。

而如果这篇文章题为"教皇的惊天性别丑闻",可能会引来更多的读者,但却无法满足这些特定读者的预期。确实,为学术文章撰写严肃标题是一门艺术。很多期刊都禁止发表包含结论或观点的标题(比如"环境因素对癌症的影响比预期大")

而坚持要求对研究事实进行描述（比如"重论环境因素对常见癌症的影响"）。这是为什么呢？因为一个表达结论的醒目标题可能会：

● 导致无谓的偏见。

● 被运用到学术研究语境之外而产生误解。

● 误导普通读者将复杂研究过度简单化。

● 导致在相互竞争的研究主张之间开展情绪化的人气比拼。

避免偏见并说服人们不要轻信毫无根据的假设无疑是一件难事，需要大量的专业知识和谨慎的行动，这两者与情绪说服同样重要。在写作中，这个技巧叫作**公正**，即对相关事实展开清晰、准确和公正的评估。

要做到公正，我们必须尽可能地摒弃语言中的情绪偏见，用无偏见的视角进行表达和叙述。

学习要点7.4

在工作中力求公正

就像没有绝对的客观性一样，也不存在

完美的公正性，但有一些基本原则可以帮助你尽力展示一个清晰、有益和富有远见的视角：

- 避免高度情绪化语言中包含的偏见。
- 清晰谨慎地展示某一情境下所有相关事实。
- 表明自己对同一事实的不同观点的认识。
- 对不同观点的合理性进行评估比较。

在不改变句意的情况下，请试着在下列的每个句子后写出更公正的表达方式：

昨天，两个白痴在车站外的铁路边打闹，差点害死自己。他们差点没躲过开过来的火车！

―――――――――――――――

在调查过程中，我们发现了一些可怕的犯罪活动的证据，证明黑帮团伙以虐待新成员为乐，反复殴打他们几乎致死。

―――――――――――――――

由于气候变化不断加速，未来的人类可能再也无法听到花园中我们习以为常的鸟儿的歌唱声了。

―――――――――――――――

现在感觉如何？你可能会发现，表达公正并没有唯一准确或者完全正确的答案。每种表达方式都有自己的言外之意。有时，对某些信息避而不谈和强调这些信息会产生类似程度的影响。这是我对以上句子的改写：

昨天，两人擅闯车站附近铁轨，险些被火车撞到。

在调查过程中，我们发现有证据表明，有帮派新人被反复殴打，伤势严重。

气候变化可能导致花园中常见的鸟类随着时间推移从这个栖息地消失。

但即便是表面公正的描述也可能有隐藏的说服力。比如，"气候变化怀疑论"是否比"气候变化否定论"更加科学？或者只是让一个非科学的观点更容易被人接受？公正并不意味着将所有观点都视为同等合理，也不意味着假设最佳答案是两种相反观点的折中版本。

了解这一点后，让我们再做一组关于重要研究技能的练习：将来源不同的信息转为自己的表达。首先，阅读以下关于同一主题的三段不同描述：

斯坦福大学监狱实验尝试研究权力感知对心理的影响，主要关注囚犯与狱警之间的冲突。实验于1971年8月14至20日在斯坦福大学开展，研究对象是随机分为"囚犯"和"狱警"的两组学生。

斯坦福大学监狱实验是一个教科书式的范例，展示了一个吸引大众眼球但在科学上毫无价值,甚至在道德上值得怀疑的研究是如何进行的。可悲的是,作为这个领域的典型案例,它在今天仍然引发广泛讨论,主要是因为它讲述了一个有趣又令人震惊的故事,而不是因为它有科学研究价值。

斯坦福大学监狱实验是心理学研究的一个里程碑,窥视到了人性中那些更令人不安的部分。如果有人想要了解为什么普通人可以对彼此施加暴行,而几乎没有一丝道德顾虑,只需要看看实验中的"狱警"是如何虐待侮辱他们的"囚犯"就明白了。

试试看你是否能对以上三个段落进行客观公正的总结,这一总结最好可以完整地包括上面所提供的细节,同时不受不同视角的影响:

下面是我的思考结果,和你的有什么区别吗?被省略或保留的信息有什么特殊之处吗?

斯坦福大学监狱实验饱受争议,调查了权力感知对心理的影响,主要关注囚犯与狱警之间的冲突。此实验于1971年8月14至20日在斯坦福大学开展。如今,批评者认为这次实验在科学上和道德上都是值得怀疑的,而且认为这个实验之所以出名只是因为它极具冲击力。其他人则将此次实验看作心理学研究中的一个里程碑，实验向大众传递了一个结论：人们极易受环境影响而相互虐待，而且几乎无视道德层面的约束。

你会注意到，我的总结试图传递出对于这场实验的不同态度，同时淡化其中的情绪化语言，只留下必要细节。但这不代表着我的版本完全没有情绪化和描述性语言，而是将其控制在一定程度内，同时点明所涉及观点的多样性。[26]

当面对不同观点时，我们也不能只是简单地罗列这些观点。我们可以分享自己的观点，但不管什么观点都应该清晰表明这只是个人见解。力求更高程度的公正不是说假装只存在一种观点，而是承认不同的观点，并在我们所知的事实范围内梳理这些观点，坦承它们各自的局限性。

想一想 7.2

公正和中立有什么区别呢？尤其在气候变化、堕胎等极具争议的领域可能存在着各种观点，其可信度高低不一，对于这样的话题来说,要想保持公正又意味着什么呢?

修辞手法

修辞手法是一种说服技巧,作用在于加强信息的感召力。以下是一些你在工作和日常交流中最常用的修辞手法。

反问句

反问句可能是最直接和最有效的一种修辞手法,请看这个例子:

你真的要我告诉你为什么不能从冰箱里偷我的食物吗?

之所以称之为反问句,是因为它的意思并不如字面所示,我不是想让你回答这个问题,甚至不是真的在提问,我只是在使用问句的形式更有力地表达自己的观点。在这个例子中,你不能从冰箱里偷我的食物,原因不言自明,你应该为此感到羞愧。

> 修辞手法 (Rhetorical device)…一种用于加强信息感召力的说服技巧。
>
> 反问句 (Rhetorical question)…一个非字面意思且不需要回答的问句,目的在于更有力地表达观点。

不管是在日常对话中，还是在政治演讲等正式场合中，反问句都很常见。当你向观众提出一个答案不言自明的问题时，其实也是在提出一个有力的观点。比如，在以下例子中：

- 你真的要我直说吗？
- 你怎么会认为若无其事地继续下去是个好主意？
- 你让我保持沉默就是为了想让你自己更好受一些吗？

在每个句子中，答案都已经呈现在了听众面前。也正因如此，讲话者不需要真的挑明自己的观点，同时也避免面对直接的反驳。反问句或许会带来强烈的情感冲击，但在推进讨论、探究事物背后原因时却收效甚微。

总的来说，反问句通常用于结束讨论，这和很多其他修辞手法有相似的作用。不过倘若你能分辨它们，并知道如何通过识别和处理问题中的假设来做出回应，原则上就可以再次展开讨论。

专业术语与晦涩表达

你认为下面这段内容的说服力如何？

在探讨有关雇佣法规的适用性时，由于涉及短期雇用的临时工作人员，已经有初步证据似乎表明，完全可以驳斥"无须受理"的有关观点，至少可以适用名义损害赔偿来进行诉讼。

这个段落就是用了**术语**：使用只有专家熟悉的词汇及形式，晦涩难懂，使非专业读者"知难而退"。在需要精确的学术交流中使用术语非常必要，但如果只是为了给缺乏专业知识的受众留下深刻印象，混淆视听，或者防止他们理解真正观点，那么术语就是非常危险的存在了。这时，语言的困难或复杂就变成了没有必要的晦涩难懂。

有趣的是，与其他修辞手法不同，术语在修辞上的作用并不是吸引读者，而在于其复杂性和排他性。也就是说，它强调的并不是事实，而是讲话者的特殊身份，试图告诉读者"如果有人正确使用术语，他一定是值得信赖的专家，我们可以直接相信其所有观点"。

处理术语和非必要晦涩表达的方式与处理其他修辞手法类似：进行更清楚的说明，以便分析其中的观点，同时注意所使用的修辞手法。比如，上面的例子就可以转换为一种更清晰的

术语（jargon）：一般由专业人士使用的词汇和表达，在专业人士之间合理使用。有时也对非专业人士使用，但设置限制其参与的门槛。

表达：

如果了解就业法对临时工作人员短期雇用的政策，那第一印象可能是，驳斥"无须受理"的观点似乎是合理的。而且，我们起码可以假设至少有一小笔钱会作为名义损害赔偿金。

其实上述段落主张的观点并不是胡言乱语，也没有误导。但它之前的表达确实过于晦涩，导致只有了解法律用语的专业人士才能理解。

总的来说，术语出现在不合适的语境中时，就收效甚微，但并不意味着一定会产生负面效果。因为对于有些人来说非常难懂的术语，对于另一些人可能只是常用的技术性语言而已。换句话说，所谓术语是特定的讲话者相对于受众的关系而言的，并非一个绝对概念。所以，作为学生一定要了解自身所在学科中最常用的术语，有能力识别和使用这些术语，而不是被它们吓倒。

烟雾弹和热词

热词是指流行的词汇和短语，吸引读者眼球且紧跟潮流。但其流行性大于实用性，以表面意思为主，一般而言缺乏深入思考。比如，请你思考下面这段话到底想表达什么意思呢？

昨天的团队会议上有人提出了一些天马行空的构想。我们使用触觉工作坊工具和暗示（比如蜡笔、彩色记事帖、心情板、往期杂志等）来为客户关系空间中的极端概念创造安全空间，产生这个想法是因为受到了20世纪60年代视觉传统及其激进变革理念的启发。

答案是：并没有什么特别内容！段落中使用了一系列热词来修饰日常工作场景，给其穿上华丽的外衣。这段文字阐述了一种高效的工作方式，不过使用热词的版本当然听起来更令人印象深刻（可能也因此会向客户提出更高报价），其所传递的信息其实只是："昨天的团队会议上我们使用了蜡笔、记事帖、布告栏和往期杂志等工具，提出了关于客户关系的很多新想法，这主要是受到了20世纪60年代理念的启发。"

总的来说，热词的情感和修辞效果与其字面意思关系不大。因为它们有时甚至没有什么连贯的含义，这也是它们的影响力所在。如果你对某个观点表达得清晰具体，人们就可能马上或在未来的某个时刻批评你的观点。但如果观点中混杂着大量无意义、不清晰的表达，别人几乎不可能抓住其中的核心观点并与你展开讨论，这样你可以在情感和身份上自由地进行模糊表达。从这个意义上来说，它们与那些不必要的晦涩表达有着共同之处。

另一个非相关语言形式的例子叫作语言**烟雾弹**。你可能会在政治领域遇到这种情况，常被用于回应不愿意回答的问题。在下面的例子中，请你思考讲话者是如何建造"词汇的屏障"，回避了真正需要讨论的问题。

> 你问我是否吸过毒？我想告诉你的是，在我长期和光荣的公共服务生涯中，我和我的家庭为公共利益做出了巨大牺牲，更不用说我曾多年关注那些受到毒品侵害的受害者及其家人，与他们共事，并成为他们表达诉求的重要声音。

烟雾弹和热词实际上都是无关事物本质的操控形式，也正因如此，它们可能有着惊人的修辞效果。每当面对这些修辞时，我们都需要抵抗干扰，关注重点，并且在必要的时候，点明其中所使用的回避策略。

委婉语和为我们着想的词语

最后一种常用的含糊表达是**委婉语**，即避免使用负面词汇以留下更积极正面的印象。阅读下面的例子，请你思考这个例子在描述什么，委婉表达的背后又是什么？

问题车辆由于司机短暂受到干扰突然大幅减速，造成了乘客不愉快的体验，导致乘客身体状况受到轻微损害。

这段文字避免使用了"撞击""大意""事故"和"受伤"等词，而是使用了情感上更为中立的术语如"突然大幅减速"。如果不使用委婉语，这个段落可以改写为"问题车辆由于司机大意出了车祸，导致乘客受了轻伤"。

类似情况还有，公司可能会用"缩编"代替"开除员工"；你可能会用"有挑战性"或"特别"而不是"倒胃口"形容一顿饭局；或用"不

委婉语（Euphemism）：有意用一个较为中性的表达替换掉负面含义的表达，以模糊事件的严重性。

幸"而不是"糟糕"来描述一种药品预料之外的严重副作用。委婉语经常出现在商业和政治场合中，以及人们试图隐藏负面影响的其他场合。

在这节标题中，我还将委婉语称为"取代我们思考的词语"，因为这种说法很好地描述了委婉语的作用：其展示世界的方式使读者不经思考就认可了其特定的观点。

关注策略最优而非单一结果最优；
不要过分专注于短期业绩，坚持做正确的事情；
方法合理尽人事，抓住机遇听天命。

当然，也不是所有取代我们思考的词语都是委婉语。有些可能也会让我们看到事情糟糕、可怕、自然或不可避免的一面。比如，请你思考，如果用"瘟疫"描述疾病，用"政权"代替政府，用"生态系统"指代一系列应用，会表达出什么含义。

尤其在科技领域，我们常用的词汇其实都基于一系列值得深思的假设。比如，"人工智能"是不是概括各类机器学习最有效的方式呢？计算机系统智能能否真的达到人类智能的水平呢？我们能否说机器"理解"其处理的信息吗？反过来讲，人类又能否"处理"信息或进行"多任务管理"呢?

这些问题都没有简单的答案,就像所有的语言都会带来某些暗示一样。因此,我们更要有意识地思考观点的表达方式。

夸张、曲言法和假省法

夸张手法是指为了增强修辞效果而故意夸大,经常出现在日常交流和高度情绪化的号召中。夸张并不是让人从字面上当真,与大多数修辞手法一样,巧妙地使用夸张手法可以在无须证明其文字真实性的情况下,增强其观点的情绪力量。比如:

你可能已经说了一百万次了!

全是假的——他们嘴里没有一句真话,没有任何诚信和正直可言。

曲言法与夸张恰好相反,故意轻描淡写或使用否定来强调某个观点。同样,曲言法也常常出现在日常用语或者需要强有力说服技巧的场合,通常运用双重否定来加强表达:

事情如何?不坏,完全不坏。

我们应该相信她吗?听我一句,她绝不会分

> 夸张(Hyperbole):为增强修辞效果故意夸大。
>
> 曲言法(Litotes):故意轻描淡写或使用否定而不是用直接强调的方式让某观点更可信。

心、走神或者被误导。

将上面的效果和下面内容相同但更加直接的表达进行对比：

事情如何？挺好。

我们应该相信她吗？听我一句，她是个非常专注、细心和坚决的人。

曲言法通过间接的方式表达了观点。根据语境的不同，它可以使某人听起来显得更谦逊、细心、可靠或者意志坚定，因为在否定了其他可能性时，作者想表达的观点也就不言自明了。

最后，**假省法**也是一种类似的修辞模式：以声称不愿讨论某事的方式，但事实上是想对这一话题展开讨论。这是一种非常狡猾的修辞手法，在表明观点的同时可以避免任何责任：

我不想一直谈论我的对手，尽管她还没有提出任何积极政策，并且其追随者急剧减少。相反，我想专注做好自己的事情。

我已经承诺不再过多谈论他的多次商业失败和不足，也不想讨论他作为一位管理者和领导者的失职。因为我已经承诺不会再谈论这件事情，所以我不会再发表观点。

如果你觉得这个把戏看起来太过明显，那就再仔细地思考一下更深层次的问题吧。修辞的成功在于你说的内容可以给人们的情绪带来多大的波动，而不是有多经得住推敲。

总结

语言有三种常见且相互重叠的作用：

- 交流分享那些声称客观真实的信息。
- 传递代表主观体验的情感和态度。
- 寻求改变他人的行为或想法。

第三点中充满了修辞的艺术：通过推理之外的方式进行说服。修辞是一门复杂且情绪化的艺术，学习识别和充分使用修辞是批判性思维的重要部分。我们应该记住：

- 说服本身并无好坏，这取决于我们如何使用它。
- 说服是我们日常交流不可或缺的部分，而不是可有可无的选项。

我们通过结合多种因素让信息更有说服力的想法源自古希腊哲学家亚里士多德：

- 人格诉求建立了作者的可信性证明。
- 理性诉求描述了听众理解的逻辑链条。

- 情感诉求描述了信息表达过程中的情绪号召力。
- 机会时刻描述了传递一则说服性信息的最佳时机。

理解说服力需要将其放在表达的语境中进行考虑,不同类型的语言适用于不同的场景,有着各自的风格和潜在假设。不要简单地将某种语域定义为诚实可靠或者绝对不可信。

在最有说服力的信息中,我们经常会看到以下某些或全部要素:

- 一个引人入胜的故事;
- 强烈的情感号召力;
- 悬念和惊喜的元素;
- 令人难忘或惊奇的语言。

修辞具有截然不同的功能,这取决于它希望我们对它的主题持有积极还是消极的态度,这种差别常常以距离的形式表现出来:

- 当它的目的是建立积极的情绪时,修辞会试图拉近我们与主题的情感距离,并暗示我们应对其保持开放心态。
- 当希望建立负面情绪时,修辞会拉开我们与主题的情感距离,并让我们倾向于拒绝向其靠近。

学会超越他人的情绪化语言并力求公正是重要且不易

掌握的技能。这要求我们尽可能地消除情绪偏见，并从更中立的视角表达信息。为此，我们需要：

- 认识到高度情绪化语言中包含的偏见。
- 清晰准确地传达相关事实。
- 了解有关这些事实的不同观点。
- 对不同观点的合理性进行评估。

修辞手法是加强信息号召力的说服技巧：

- **反问句**并非表达字面含义，也不需要回答，但同时强调了其已经假设成立的答案。

- **术语**由一般只有专家熟悉的词汇和表达组成，有时也用于迷惑非专业人士或将其拒之门外。

- **热词**是流行的词汇和表达,听起来让人印象深刻,但缺少深刻含义。
- **烟雾弹**是一种语言回避策略,通过讨论无关话题来掩盖回避真正主题的事实。
- **委婉语**是指有意用中性或包含积极含义的词汇代替有负面含义的表达。
- **夸张**是指为达到修辞效果故意夸大事实。
- **曲言法**是指故意轻描淡写或使用否定语以让某个观点更有说服力,更容易被人接受。
- **假省法**是指通过声称不愿讨论某事来亮明观点,使讲话者在提出观点的同时不需要为此承担责任。

第八章

识破错误推理

如何对情绪性和诱导性的语言进行批判性思考?
↓
如何对谬误和错误推理进行批判性思考?
↓
如何对认知偏见和行为偏差进行批判性思考?
↓
如何更好地克服对自己和他人的偏见?
↓
如何才能更具批判性地应用技术?
↓
如何成为拥有批判性思维的作者和思考者?

你能从本章中学到的5点

1 如何识别错误推理？
2 形式谬误与非形式谬误的区别。
3 如何识别常见的非形式谬误？
4 形式谬误的逻辑如何崩溃？
5 如何理解贝叶斯定理和基本比率谬误？

推理的失败并不是因为信息不准确或不诚实思考，而是因为前提和结论之间的联系错误，哪怕这一联系表面上呈现出看似可靠的论证过程。因此，推理失败是一种特殊的错误，是对推理语言、方法以及工具的错误使用。

在很多时候，通过仔细重建某个论证或认真思考某个解释，我们可以马上发现其中的缺陷。然而，有的错误推理可能看起来毫无破绽，而且相当有说服力。这样的推理可能会被当成可靠论证，并被作为结论的有力支撑。很明显这是一个重要问题，如果我们无法判断一条推理链正确与否，那么为实现批判性思维的所有努力都可能会功亏一篑。

幸运的是，我们可以通过学习错误推理的一般形式，即**谬误**，来锻炼自己识别错误推理的能力。研究谬误有两点重要意义：第一，研究谬误可以让我们探索错误推理最常发生的潜在方式。第二，研究谬误帮助我们对这类错误推理的说服力和欺骗性保持警惕，并且能够在自己推理时更好地避免谬误的发生。

谬误论证和错误推理

一部分学者以严格的逻辑来定义谬误，另一部分人则认为谬误也包含了心理弱点和推理不力。在这一章中，我采用了更为宽泛的定义，以便帮助读者尽可能广泛地认识各种可能引起误导的情况。[27]

下一章将探讨我们容易受到错误推理影响的心理因素，最终我们会发现这些因素其实深深根植于我们的人性当中，这和谬误本身一样值得研究。

在开始介绍谬误之前，下面有一个**谬误论证**的例子，你能发现其中的错误吗？

每一个和我聊过的人都觉得这个总统非常称职。别再抱怨了，你应该承认，他就是这个国家最合适的领导人！

谬误（Fallacy）：有缺陷的错误推理，建立了前提和结论之间的错误联系，因此无法提供让人信服的有力理由。

谬误论证（Fallacious argument）：将推理建立在可识别的谬误之上，无法从前提中得出结论的论证。

即便你立刻就能感到这句话中哪里不对劲，但要想精准定义其中的漏洞仍然非常困难。这是因为漏洞隐含在句中，不太明显。

其漏洞在于这里埋伏了一个隐含的假设，一旦我们挑明了有问题的隐含假设，问题就会浮出水面：

每一个和我聊过的人都觉得这个总统非常称职。我从这些谈话对象中收集到的观点足够我确立一个事实。所以你应该停止抱怨，承认他就是这个国家最合适的领导人！

实际上，我们日常生活中也常常使用这样隐含的假设——民意倾向可以确定绝对事实。这类谬误论证被称为**诉诸人气**。然而，我们很容易就会发现，即使这样的说法确实有一定道理，但无法保证结论一定正确。下面是有关同样话题的第二种谬误：

伯特和恩尼都认为总统非常称职，而在我之前与他们谈话中，他们也总是正确的。因此你应该停止抱怨，承认他就是这个国家最合适的领导人！

在这里，将论证建立在看似无懈可击的两个人的观点之上，可能会构成名为**诉诸无关权威**的谬误。只有当被引用的人是某个领域的专家时，才能为结论提供有力的支持。

如果伯特和恩尼是本国最杰出的政治评论家，诉诸其权威可能会为结论提供说服力。但如果他们不是，那么我们所看到的就是表面上看似确定的论证掩盖了无力的证据。

伯特与恩尼都认为总统非常称职。我和他们聊过，并且他们比较了解情况。你应该承认他们的话还是有一定道理的，并试着小小改变一下自己的想法。

修改之后，这段话就不再是谬误论证，因为没有使用说服力较弱的证据来笃定地推断结论。但正是其看似笃定的表象让谬误有了如此大的力量，在很多谬误中，毫无根据的归纳推理都伪装成了有说服力的演绎推理，极大程度地简化了事

诉诸无关权威（Appeal to irrelevant authority）：虽然某人在专业领域没有相关知识，但简单地以其作为权威人物的声望代替对观点的论证，即认为权威人物的意见就一定正确的错误论证。

实，并且可能令人十分信服。

每个谬误的产生都依赖于可识别却**无根据的隐含假设**：似乎可以为结论提供有力支撑的概括，但事实并非如此，只是基于对演绎逻辑的误解而已。以下是日常生活中另外两个经常出现的谬误论证，看看你能否发现其中无根据的假设：

> 反对党领袖说，我们国家的道德在往错误的方向行走。之后她却被曝光和一个比她年轻20岁的男人出轨。她的话真不可信！
>
> 在我们的实验进程中，我们发现室内温度的升高导致了第一组受试者活动量的下降。因此，第二组受试者活动量的下降也一定是因为房间温度的升高。

在第一个例子中，隐含假设是"如果某人言语和行动不统一，那他所说的就一定错误"。显然，事实并非如此。我们可以因为某人虚伪而不相信其人品，但是这并不应该影响到对他们言论本身可靠性的分析。

在第二个例子中，隐含假设是"因为室内温度升高导致活动量下降，所以活动量下降一定是因为温度升高"。这个假设当然不对,因为除温度以外导致活动量下降的可能因素还有很多,所以此处错误的假设导致了失败的逻辑。

有时,要准确地指出某个推理的问题所在,或向他人清楚地解释问题所在,可能会很困难。在这种情况下,**类比举例**就是一种解释说明的好办法:使用完全相同的语言形式和推理形式来论证完全不同的主题。

让我们再次思考一下前面诉诸人气的例子:

> 每个和我聊过的人都认为总统非常称职,因此你应该停止抱怨,承认他就是这个国家最合适的领导人!

我们可以用类比举例的方法来测试其说服力:

> 现在是1066年,和我聊过的每一个人都认为地球是平的,你不应该一再抱怨,接受现实吧!
> 和我聊过的所有人都不知道"舞蹈家"是什么意思,你不应该一再抱怨,而是应该承认这个词根本没有意思!

类比举例(Comparable example):用来检验谬误论证,解释其问题所在,即在不同语境中使用完全相同的推理模式。

房间里的每个人都说二加二等于五，所以这肯定没错。

你肯定知道二加二等于四，舞蹈家的意思是表演跳舞的演员。在仔细检查类似逻辑之后，我们会发现这些例子背后的假设根本经不起推敲，这也有助于人们去了解真正有逻辑的论证。

一般来说，想出一条在形式上与你正在分析的论证完全相同的更生动的论证，是一项很有用的训练，特别是在面对某个依赖于在一种情况下看起来合理，但在另一种情况下被揭示为荒谬的基本假设的论证时。但同样重要的是，我们也不能简单地架设稻草人，完全无视他人的论证推理。别人的话可能也有一定道理，只是有些夸大其词或者对于自己的推理过于自信。

在这样的情况下，最有用的回应并不是嘲讽或者驳斥，而是思考如何为他们的论证想出一个更仔细的限定版本：去除其中的夸大成分或者过度概括，保留他们试图表达的观点。

想一想8.1

你能想到任何近期遇到的有说服力的谬误论证吗？能

否通过类比举例来突出其错误的推理呢？

形式谬误与非形式谬误

从广义上来说，我们可以将谬误分为形式谬误和非形式谬误。接下来，让我们先探讨非形式谬误。

如果你需要同时考虑论证的内容及其与外部信息的关系，那么你所面对的就是非形式谬误。也就是说，识别非形式谬误需要我们在真实世界的基础上，思考特定前提、判断与一般化结论的可信度。如果这个推论基于某种夸大、过度概括、过度简单化等谬误，那么就可能导致非形式谬误。一般来说，非形式谬误很可能将真实性仍存疑的观点作为其论证的决定性因素。比如说，"爱丽丝说我的乐队是世界级的——没人比她更清楚了"，这句话可能是谬误论证，也可能不是谬误论证，这取决于爱丽丝到底在乐队评级上有多专业。

相对的，如果一个错误仅仅是由于论证结构导致的，那么这就是一个形式谬误。也就是说我们可以通过梳理逻辑发现其中的问题，而不需要思考外部因素。比如，接下来这几句话的论证结构就站不住脚，你完全不需要了解这个话题就可以发现其中的问题。"所有世界级乐队都有粉丝，我的乐队有粉丝，所以我的乐队也是世界级的"，在这句话里，前提并不能推出结论，因为正如我们在第三章中所学到的，"世界级乐队有粉丝"的说法被错误地与"只有世界级乐队才有粉丝"的说法混为一谈了。从定义来看，任何类似的演绎推理都是形式谬误。

接下来罗列的谬误涵盖了几个子类别，但都可以归纳为形式谬误和**非形式谬误**。

相关性非形式谬误 (红鲱鱼谬误)

给这些谬误分类起名可以帮助我们记忆和识别，但最重要的还是学会如何正确处理谬误。这里提到的对谬误的分类可以追溯到古希腊哲学家亚里士多德，但分类只能作为广义的指导，无法提供具体的方案。[28]

相关性谬误讨论的是基于无关或不够相关的前提而得出结论的推理。所有这类谬误都是**红鲱鱼谬误**，因为这类谬误都涉及转移注意力的话题。我们知道，红鲱鱼这种气味很重的鱼类会引诱猎犬远离原本搜寻的气味，现在则被用于形容那些让读者偏离重点而混淆视听的信息或推理。

非形式谬误（Informal fallacies）：基于对外部信息进行错误或不充分分析的错误推理形式，即一个犯了除论证结构（形式）以外的推理错误。

相关性谬误（Fallacy of relevance）：基于与结论不充分相关的前提进行论证，得出结论。

红鲱鱼谬误（Red Herring）：指以转变议论主题的方式来转移他人对实际问题注意力的谬误。

诉诸一切

相关性谬误的**论证**中最常见的类型与我们探讨过的修辞手法有所重叠,是通过**诉诸**外部情感因素实现的。这里有几个例子,试试看你能否找出其中的诉诸类型:

1 这毫无疑问是市场上最好的轿车,因为这也是意大利总统本人的座驾!

2 她是有史以来最畅销诗集的作者,当然也就是在世的最伟大诗人。

3 他的研究实验方法很草率,结论也存疑,但他最近烦心事太多了,我们应该多给他一些信任。

4 在这个艰难的时期,按照我的计划行事对于我们的成功非常重要。如果你不同意,那么我们就需要好好谈谈你在公司中的未来发展了。

你分析得怎样?以上的例子分别代表了:

1 **诉诸无关权威:** 选择了无关或不够专业的权威人士来证明观点。(意大利总统选择哪辆车并不能为"这毫无疑问是市场上最好的轿车"这样的观点提供支持。)

2 **诉诸人气:** 认为流行的一定是对的或好的。(每一个作者都不得不承认,书的销量和质量并没有简单直接的关系。)

诉诸论证(Argument by appeal):依靠外部因素,比如人气或权威来证明结论。但当这类因素与结论没有明显相关性时,很容易导致说服力不够或完全错误的论证。

3 **诉诸同情：**以充分的理由激发同情，达到说服的目的。（虽然我们可能对那些日子过得不太顺的人表示同情，但这不该影响我们对其工作质量和准确性的评价。）

4 **诉诸权力：**以威胁或暴力强迫他人达成一致。（当我们威胁某人同意自己的观点的时候，就意味着我们放弃了理性讨论的原则以及追求真理的兴趣。）

上述的例子都依赖各种说服力不够（或存在争议）的因素来支持观点。情感号召力并非一无是处，但也通常会是作者的一厢情愿，其中强烈的个人偏好被当作或伪装成其他人应该接受的有力的支持论据。除此之外，还有很多类似的因素，比如：

5 **诉诸本性：**把天性使然当作绝对真理。如：没人应该洗头发，这是违背天性的！

6 **诉诸传统：**把长时间以来的习惯做法当作必须遵守的正确准则。如：不用麻醉剂做手术没什么问题，一百年来都是这样的！

7 **诉诸怀疑：**认为事物可能性的高低代表了其真假与否。如：只通过一个钥匙孔那么小的伤口做手术听起来就愚蠢极了，这根本不可能！

在这类谬误中还有一个特别的类型：诉诸无知，即将知识缺乏当作有说服力的潜在武器。试试看你能否发现下面论证的问题：

神一定存在！科学家们几个世纪以来都尝试着证明相反的结论，但他们经历了无数次失败。

根本不存在所谓的进化论。科学家们几个世纪以来都尝试着证明其真理性，但他们都失败了。

以上两段内容都有强烈的修辞效果，但并不是成功的论证。让我们来分析一下：

- 诉诸无知的论证：无法证伪即证实。这种观点认为，只要无法证明某事完全错误，那么它就是正确的。这是一种对真理的错误认识，例如，"在没人看的时候，你妈妈的皮肤就会变成绿色"，没人能证明这是错的！

- 诉诸无知的论证：无法证实即证伪。与上面类似，这种观点认为只要无法证明某事完全正确，那么它就是错误的。这当然也是错误观点。例如，"慈善捐赠对于社会的益处仍然有待商榷，所以必须承认慈善毫无益处"。

这两个例子的问题都在于把不确定的事物当作绝对确定的，彻底忽略了不同的概率与合理程度存在的可能性。我们在讨论归纳推理时也说过，"绝对确定"是不可能达到的，但在那些不择手段去推广其观点的人的手中将会成为危险的武器。

诉诸人身攻击

第二种主要的相关性谬误叫作**诉诸人身攻击**。像字面意思所表达出来的，这种谬误的论证对象不是观点本身，而是针对提出观点之人进行攻击。看看下面的例子中有哪些涉及诉诸人身攻击的不同方式：

1 他认为需要提高税收，但是你不能信任他：他是个道德败坏的庸才，根本不懂政治。

2 她说疫苗很安全，你可不能相信她。看看她是干什么的！她可是在制药厂拿工资的！

3 医生告诉我要健康饮食并加强锻炼。他懂什么呢？他胖得都快走不动路了。

以上这些例子展示了诉诸人身攻击的不同方式，这些方式之间存在着些许不同：

- **人格攻击：** 以某人品质低下为由来说服你拒绝其观点。上面的例子通过声称其人品质低劣来暗示他的话不可信。这完全没有道理，但仍然可能达到引起听众反感的目的。

- **身份攻击：** 以某人身份特殊为由来说服你不假思索地拒绝其观点。当然，我们可能需要更谨慎地对待利益相关方的观点，但这并不代表存在强有力的证据来证明其错误。

● **诉诸虚伪：**以某人言行不一为由来说服你拒绝其观点。上面的例句3中，其实并没有理由让我们去相信体重超重的医生就在对节食和锻炼如何起作用的认知上犯错。人们对这种表里不一的行为非常敏感，并经常严厉地批判它，但一个人观点正确与否和其行为之间并无必然联系。

正如我们将在本书后面关于认知偏见的章节中看到的那样，我们对自己和其他人在一致性上的偏好很容易让我们忽视其他重要因素，比如倾向于只关注某人观点是否与其自身其他因素相一致，却忽视了思考其观点本身是否正确。我们可能会对攻击性强的人或者机会主义者产生偏见，容易认为其会有不当行为，但同时我们要认识到，言行不一并不能说明其观点正确与否。

学习要点8.1

别错怪好人！

我们当然都知道要根据某人说话内容来判断其观点正确与否，而不是根据我们对这个人的了解，但这一点说来容易做起来难。比如，你可能很少对某一领域的知名学者提出异议，很多时候不假思索地就接受了其观点，或者可能更倾向于直接忽视那些背景或想法与你大相径庭的人的观点。

你可以通过练习来避免这种倾向。在回应观点或反思的时候，试着忘掉你对表达者的了解，包括姓名、日期、个人信息等。将观点完全解构出来，看其有什么真正的内容。之后再将其重新放入语境，斟酌所有相关的证据，但在此之前一定要确保你已经完全了解这一观点本身，而不受其来源影响。

无关结论

相关性谬误中最明显的类型应该就是**无关结论** (拉丁语 *Ignoratio Elenchi*)。顾名思义，无关结论是从看似完美的推理中得出了毫无关联的结论，就像俗话所说的"没说到点子上"，这种无关结论的说服力看似很强，但事实上其逻辑链可能完全错误。下面有几个例子：

这篇文章表示，当你没有带着先入为主的偏见去接触旅游产业以外的人，旅游可以培养你的同理心，但我还是认为了解自己的国家更重要。

政治家是否在党派上更加分裂？选举数据显示，在过去的50年中，持续选择某一党派的趋势不断上升，独立思考的人越来越少。我们需要将资本与政治分开。

这两段文字都缺乏一致性，请你尝试思考一下其中的原因。在第一段中，表达者似乎认为国外旅行能培养同理心的观点毫无道理可言，因为他认为人们应该更加了解自己的国家。而在第二个例子中，表达者暗示政治中的资本导致了党派间不断加剧的分裂。

但这两个例子都以论证为表象，其实是在以看似推理的方式来表达自己的观点。表达者在前提和结论中间转换了论证主题，建立了实际上并不存在的逻辑关系。

歧义非形式谬误 (语言学谬误)

歧义谬误指的是在推理过程中词汇或概念的含义被扭曲，或者意义不明，最后得出事实上无法被证明的结论。

一词多义和歧义句构

简单来说，在推理过程中**一词多义**，转变一个多义词的含义，可能会建立起无根据的推理：

你是我生命的光，但所有的光都要关掉，所以你也要被关掉。

这句话非常奇怪，毫无逻辑。"你是我的光"中光的含义与可以开关的家庭照明发出的光完全不是一回事。

当一个短语或句子的结构可以进行多种解释时，就会出现不同的歧义滥用。

歧义（amphiboly）这个词源自希腊语"不确定"（indeterminate）。在很多时候，歧义只是用在开玩笑的场合：

那天傍晚，我看到我车里有一只野鹿，我想不明白它到底是怎么把门打开的。

但有时（尤其是在法律规章的语境中），**歧义句构**可能会在重要信息的含义上导致严重的问题：

一词多义（Equivocation）：使用同一个词语的两种不同意义，并故意将其混为一谈来进行推理。

歧义句构（Amphiboly）：使用具有多重含义的短语或句子，并且不做澄清。

嫌疑人仍然被警察单独审讯，尽管他们提出了反对。

在这个例子中，我们无法知道到底是嫌犯还是警察提出了抗议，而基于这个歧义的任何推理都需要进一步商榷。

下面展示出的则是一个意义转换的经典案例，在论证过程中转换了关键术语的含义。请尝试分析以下段落：

苏格兰人从不在战场上当逃兵。你说里德尔氏族的艾伦上周在敌人面前落荒而逃？那只能说他不是真正的苏格兰人！

这个例子又被叫作"没有真正的苏格兰人"谬误，在商业和政治中尤为常见。当观点遇到反例时，仍要坚持原来的观点，并认为这个反例并不能"真正"反驳自己的观点：

所有成功的公司都有一个优秀的首席执行官。如果你说自己所在的大型公司盈利很高却没有这样的首席执行官，那这只能说明你的公司并没有真正成功，因为真正成功的公司都有优秀的首席执行官。

在这里，讲话者宁愿自己创设"真正成功的公司"这一概念（而不仅仅是"成功的公司"），也不改变他的想法，即"成功的公司都有优秀的首席执行官"。

合成谬误和分解谬误

合成谬误和**分解谬误**都混淆了局部和整体的关系，认为局部具有的某种属性一定也适用于整体，反之亦然。这里有几个例子：

> 有关我使用社交媒体的习惯的少数几条信息并没有什么意义，所以有关十亿人使用社交媒体习惯的少数几条信息也没有什么意义。
>
> 这本书很有思想深度，所以书中每一个字也一定都很有思想深度。

就像以上例子所展示出来的，这种推理并不一定会导致谬误，但却是有缺陷的，或者过于简单化，只在很特殊的语境中才适用，不能作为通用规则使用。以下还有两个类似的例子，说明不假思索地运用这种思维是多么愚蠢：

合成谬误（Fallacy of composition）：错误地认为，只要部分正确，整体就一定正确。

分解谬误（Fallacy of division）：错误地认为，只要整体正确，其每一个部分就一定正确。

这几张照片都很美，如果我把它们随便堆成一堆，那么这个照片堆肯定也很美。

这个数据内容丰富，蕴藏着独特见解。所以，其中的每一条信息肯定也是内容丰富并蕴藏着独特见解。

预设性非形式谬误（实质谬误）

实质谬误，也叫作预设谬误，是由过多假设的前提导致的：或事先就假设结论的正确性，又或是完全避免了相关领域的推理。这样的谬误有时会导致推理完全错误，但有的时候只是降低了推理的说服力，我们最好避免这种谬误，或者至少要谨慎对待。

乞题和循环推理

乞题是一个在批判性思维中经常面对的短语，意为"提出一个关于……的问题"，但实际上这是一种非形式谬误，其结论只是对前提的改写与重复。比如：

> 实质谬误（Material fallacies）：提前假设了结论真实性或回避真正问题的谬误。
>
> 乞题（Begging the question）：将待证明的结论放在前提之中，引出看似确定但毫无证据的结论。

> 公正是伟大且高尚的追求，因此，追求对每个人的平等待遇是卓越的理想。
>
> 辞职是对的，因为考虑到现在的情况，这才是正确的选择。

这乍一听非常完美，但是实际上没有进行任何推理。"公正"和"追求对每个人的平等待遇"只是用不同的形式描述了同样的内容，所以这句话其实是"公正很好，因为公正很好"。同样，第二个例子中也是意思的重复，除了重申论点没有任何其他意义。

乞题是一种特殊的**循环推理**，顾名思义，它指的是为了加强说服力，将论点包装成论据来循环重复。通常来说，循环推理的结构是"A正确是因为B，B正确是因为A"。以下是一个著名的例子：

> 我知道《圣经》是上帝所说的话语，因为上帝在《圣经》里是这么告诉我们的。

这种论证形式看似非常不科学，在学术语境

循环推理（Circular reasoning）：一种前提和结论相互支持的论证，形成了无法得到任何结果的循环。

中也很难给你带来困扰。但一旦句子加长,你可能就体会到其迷惑性所在了:

我们的研究表明,交通车辆减少后城市环境会更宜人,因为我们的研究显示,汽车与卡车数量的减少改善了城市生活体验。

这里的结论(我们的研究表明,交通车辆减少后城市环境会更宜人)是通过前提(因为我们的研究显示,汽车与卡车数量的减少改善了城市生活体验)支撑的。我们被困在了一个自我证明的循环中,例中的研究可能确实得到了这个结论,但是呈现给我们的只是一个不断重复的论证。

后此谬误和因果谬误

后此是"在此之后,所以因此造成"(拉丁语为 Post hoc ergo propter hoc)的缩写,**后此谬误**的称谓源自于此。这种谬误认为,如果一件事发生在另一件之后,那么后者就一定是前者的起因。与许多非形式谬误一样,在特殊情况下,这种谬误不一定会导致错误,但我们不能将其当作一般规律。

后此谬误(Post hoc ergo propter hoc):非形式谬误的一种,假设当某事件在另一件事件后发生,那么后者必然是前者的起因。

我的叔叔戒了烟酒，两天后他就去世了。他一定是因为戒烟、戒酒，才去世的！

这与我们在书的前半部分讨论过的错误思维相关，即**相关不蕴含因果**。两个不同的事件紧接着发生，这并不意味着其中一个是另一个的原因。同样，**颠倒因果**也时常发生，通常是因为没有对实际情况进行认真检验或调查。下面是分别针对这三种问题的例子：

你来看我之后我的车就抛锚了。肯定是你弄坏了我的车。

我注意到我花园里的草和你的头发生长速度差不多。所以我担心如果我剪了你的头发，我的草也会不长了。

我们的研究显示，购买新生儿的衣服可能极大增强人们生孩子的意愿，因为大多数购买婴儿衣服的夫妇在接下来的六个月中都会迎来新生命。

假两难
假两难描述的是一种将复杂情况简单化为非

相关不蕴含因果（Correlation is not causation）：此谬误认为如果两个现象或一系列数据紧密相关，那么它们一定存在因果关系。

颠倒因果（Inverting cause and effect）：非形式谬误的一种，混淆了因和果，将结果错认为原因。

假两难（False dilemma）：错误地认为，在一个复杂的情境中，只有两个选择中的一个为真。

黑即白的谬误，比如以下这个例子：

你同意，要么代表此行为符合我们国家的最佳利益，要么就是给敌人以可乘之机。你肯定不想给那些妄图摧毁我们国家的人可乘之机吧?

给敌人可乘之机听起来是个非常严重的后果，但是这个论证中显然没有列举出我们不同意的所有可能后果。但这种"假两难"确实是一种有力的说服工具，并且被广泛地应用在政治和商业中。

所有假两难谬误都是由过于简化的论证所致，这也使反驳其观点非常困难。人们不总是喜欢被告知对于世界简单而舒适的看法是错误的，但我们其实面临着比非黑即白更复杂的选项。

学习要点 8.2

别被假两难骗到

你可能会在生活和工作中构建假两难的逻辑，尤其在它们可以帮助你简化事情的时候。面对研究问题，实验或论文给出两个全面覆盖的选项可能非常具有诱惑力："长远来看，是更聪明的学生还是更高昂的学费可以提高成绩？"但是这通常会导致对现实情况的过分简化。

在这个例子中，成绩提高可能与两者都相关或都无关。更合理的研究问题可能是"长远来看，哪些因素使成绩不断提高？"并应该排除干扰假设的影响，着手对事件进行更深入的了解。

既定观点问题/复合问题

既定观点问题谬误将一些信息隐藏在了论证之中，目的是强迫他人接受一个毫无根据的假设。以下这个例子经常出现在我们的生活之中：

和我说说，你这几天还有没有再对别人不礼貌？

这种谬误也叫作复合问题，暗含一个未经证明的观点——在这句话中，这个观点就是你曾经对别人都很不礼貌。你一旦接受这个问题，就自动接受了这个暗含的观点。你也会看到，对于类似问题的回答其实是在承认或拒绝这个未经证明

既定观点问题/复合问题（Loaded/complex question）：提出的一个问题中暗含并试图强制性地使他人接受自己关于另一个问题的假设，而无论他人给出什么样的答案。

的观点，而不是问题本身：

虽然你话里有话，说我对每个人都很不礼貌，但我不想跳进你这个无聊的陷阱。我一点都不想回答这种带有既定观点的问题。

错误类比和错误概化

错误类比是指试图在两个并无关联的事物之间建立相似之处。发现错误类比并非易事，因为所有类比在某种程度上都不完美。关键问题在于，我们的类比所建立的相似之处是否真的能证明重要论点，还是只是一个经不住仔细推敲的表面相似性。

下面的两个例子可能会让你想到自己在研究中开展类比的方式。你认为哪一个更好？为什么？

1 将受控条件下的心理测试应用到真实生活场景中其实非常困难，两者的区别就像是看别人玩赛车游戏和自己真正在城里开车兜风一样，真实场景中复杂而无法预料的互动带来风险，从而导致与实验中完全不同的行为。

错误类比（Faulty analogy）：认为并无关联的两件事有相似之处，并以此将不合理的结论合理化。

2 将受控条件下的心理测试应用到真实生活场景，就像是从读大学到走入社会工作。前者发生在你非常熟悉的可预测的场景中，另一个则极其复杂，无法预料，同时充满压力。

第一个类比更加合理，因为两者之间至少拥有一些关键的相似之处：将一个危险性低、经过简化的模拟场景与存在真实危险且更加复杂的真实场景相对比。

第二句中的类比则有些经不住推敲。这个类比表示，大学中学习是像控制变量的心理测试一样可预测和可控，与之对比的是"走入社会工作"。但这个类比过于模糊无力，无法有力地证明其观点。大学学习完全有可能和工作一样真实且复杂，这取决于读大学时所处的环境和干什么样的工作。它们之间的区别不像受控实验和真实生活之间的区别一样清晰可辨。

类似的，**错误概化**是从特殊事件中总结出一般规律，而这种笼统的概括通常站不住脚。一个典型的例子就是认为每个人的观点都会和你所认识的人的观点一样：

错误概化（Faulty generalization）：试图用小范围的证据来判断更广泛的观察结果，但是事实上无法提供支撑。

我不认识任何一个看好现任政府的人，他们会遭到所有人的排斥！

我们倾向于认为某个论证出现谬误并不是因为它的论点真的有错误，而是因为它在推理时展现出欺骗性，或者因为错误的推理造成了严重后果。与此同时，我们也要对类比和概化保持警惕，因为即便是最好的和最常见的类比，也可能会有不合理甚至是需要质疑之处。

滑坡谬误

滑坡谬误并不一定是错误或具有欺骗性的，但是这种论证方式非常危险，因为它很容易让一个毫无根据的结论看起来非常可信。滑坡谬误的名字来源于这样一幅画面：一个物品在斜坡顶上摇摇欲坠，一个小小的力就会让它直接滑落。下面是一个例子：

如果你的儿子偷了那块巧克力而没受惩罚，他以后就会去偷更贵重的东西，犯更严重的错误，做更可怕的事情，这一旦开始就没有回头路了。

这明显是一个愚蠢的论证,认为儿子偷吃巧克力不受惩罚会导致他走上不归路。滑坡谬误的合理程度取决于事情是否真的会不受控制地升级。再看看下面这个例子:

这项判决在法律上开创的先例会引起滑坡效应,因为如果我们允许某个人以可能出现车祸的理由成功起诉汽车制造商,那么将会出现几千个类似案件。

这个论证是合理的。如果一个判决成为先例并引起上千个类似的案例,那么我们最好还是予以重视。但这位语惊四座的人仍然需要为其观点提供证据,需要去证明所谓的正反馈,即一个事件成为了一系列严重事件的导火索。其实在很多时候,提出观点的人在滑坡谬误中都只是表达出自己的担忧,大惊小怪地反对一些其实无伤大雅的事情。

学习要点8.3

识别非形式谬误的六条准则

为了更好识别他人的非形式谬误,同时有效避免自己在表达中误用，你一般应该注意什么？你在接受任何观点前，值得先问下面六个问题：

1 是否将带有情感色彩的、传统的或者个人的观点表达成一般性事实却并未声明？

2 是否有人基于某观点的来源和其表达者而不是其内容本身做出判断？

3 是否有人在假装论证，而实际上将他们所相信的一切作为其论证前提中的一部分？

4 是否有人在用看起来像推理的过程迷惑你，而这个过程实际上与他们的结论并无关系？

5 如果使用了生动的类比、隐喻或概括，它们是否准确地描述了真实情况？

6 是不是好得令人难以置信？是否有人声称为一个复杂问题找到了简单的终极答案？如果是，他们可能是错的。

两种形式谬误：肯定后件和否定前件

形式谬误是逻辑上的错误。每一种形式

形式谬误（Formal fallacy）：由于推理逻辑错误导致结论无效的谬误。

谬误都代表着一种无逻辑推理。就像所有的演绎推理一样，在无效推理中，我们无法真正了解前提或结论的真实性，只知道这样的推理是无法保证其结论真实性的。

我们在第三章中已经认识了两种形式谬误：肯定后件和否定前件。这两种谬误都混淆了"当A正确那么B正确"与"只有当A正确那么B正确"。这里我们再来总结一下：

● **肯定后件**基于一种错误认识，即如果当A正确时B正确，那么B正确就足够证明A正确："如果你爱我，你就会回我的邮件。既然你回复了我的邮件，那你一定爱我。"基本形式为"如果A，那么B。B，所以A"。

● **否定前件**基于一种错误认识，即如果A正确时B正确，那么，如果A不正确，B也不正确："如果你点了牛排，这顿饭你肯定吃得很愉快。你没有点牛排，所以你肯定吃得不愉快。"基本形式为"如果A，那么B。没有A，所以没有B"。

对于一些进一步的逻辑语境，你也可以在本书最后的附录中看到我列出的有效和无效论证，其中就包括了这两种。

中项不周延：一种形式谬误

中项不周延是一种更深层的逻辑混乱。试试看你能否找出以下例子中的问题所在：

所有魔法师都有胡子。我的朋友也有胡子，他一定是个魔法师！

你能看出这条推理的问题在哪里吗？你可能会发现，这个谬误基于"所有魔法师都有胡子"和"只有魔法师有胡子"之间的区别。

可能确实所有魔法师都有胡子，但这只是说，没有胡子的人肯定不是魔法师，而有胡子的人可能是也可能不是魔法师。我们并不了解"那些有胡子但不是魔法师"这一更大范围的人群，因为胡子并不是魔法师的特权。下面的这个例子则更复杂：

所有哺乳动物都有眼睛，我的宠物小鱼鲍勃有眼睛，所以它肯定是哺乳动物。

很明显，这种推理没有任何道理。但理由何

在呢？同样，这句话也忽略了更广泛的范围，即"那些有眼睛但不是哺乳动物的动物"。

有眼睛是判断动物为哺乳动物的充分条件还是必要条件呢？上面这句话并没有告诉我们。我们只知道哺乳动物有眼睛，小鱼鲍勃有眼睛，但是我们并不了解"有眼睛的动物"这一类别。哺乳动物和小鱼鲍勃可能只是这个类别中毫不相关的两种动物，因此，"中项不周延"在此处意味着没有明确规定"有眼睛的动物"的适用类别。一般来说，中项不周延谬误的基本形式为：

所有A都是B。
C是B。
所以C也是A。

这种对"所有"和"只有"的混淆在抽象意义上可能很难理解，但却是我们日常思维中很常见的问题。比如你可能曾见过类似的言论：

所有可能对国家安全造成威胁的潜在恐怖分子来自这个名单上的国家。你也来自其中一个国家，所以你就是可能对国家安全造成威胁的潜在恐怖分子。

这句话中论证之所以无效，是因为其假设"所有来自名单上的国家的人都是潜在恐怖分子"（即，来自这些国家的人都是潜在恐怖分子）毫无根据，"所有来自名单上的国家的人"被全部不经分类地错误认定为可能的恐怖分子。

基本比率谬误：另一种形式谬误

这是另一种形式谬误，不仅在日常生活和媒体政治中很常见，对于很多学者来说也防不胜防。这种谬误并不是必要和充分条件的混淆，而是围绕概率和统计数据的混淆：

大多数意识形态极端主义者都感到愤怒，很少有非极端主义者也感到愤怒。这个人很愤怒，所以她可能是一个意识形态极端主义者。

这里的问题是在没有提前调查每一类人的相对数量的情况下，我们实际上无法对每一类人所涉及的概率做出任何有意义的判断。比如，如果有 99.99% 的人都是非极端主义者，那么就算每一个极端主义者都暴跳如雷，他们的人数也可能不会比非极端主义者中刚好在生气的人多。

这就叫作**基本比率谬误**，忽略了所讨论事物的基本比例。生活中最常见的例子就是对于少数群体的偏见："我家被盗了，肯定是那一群外地人干的，他们几乎都是犯罪分子。"从统计方面来看这不太可能，因为不管少数群体中的犯罪率有多高，总会有更多的罪犯不属于这个少数群体。

我们在金融和商业领域也可以看到类似的例子，比如，忽视总销售量而只看到很少有人购买的昂贵产品所带来的巨大边际利润：

"我卖一个冰箱能赚200元，卖一个打印机墨盒才赚5元。我是不是应该专门卖冰箱？"

"不是，因为你一周才卖2台冰箱，但是每天都能卖100个墨盒。"

想一想8.2

在考虑同时涉及大、小群体的事情时，很容易出现基本比率谬误，你认为这是为什么？你觉得应该如何解释这一问题，以便他人更好理解呢？

从基本比率谬误到贝叶斯定理

在学习和研究中分析罕见或不太可能事件时,就很可能发生基本比率谬误。

阅读下面段落并思考,假如我去检测一种罕见的疾病(不妨称之为X症),根据以下信息,我患病的概率有多大?

我在接受一种X症的检测,大概100万人中有一人患病。我没有任何症状,但是在网上看到这种病之后还是希望确认一下自己没有得病。医生告诉我,如果我确实患了X症,那么检测将显示相应的结果。如果我没有患病,结果的正确率达到99.9%。太棒了!于是我去做了测试,5分钟之后结果显示我是阳性,患了X症。我到底有没有得病呢?
○几乎不可能得了　　　　　　○很有可能得了

直觉告诉我,我很有可能得病了。就算是专家,最常见的反应也是我患病的可能性有99.9%。但事实并非如此,因为这个比例忽视了这个病症本身的发病率。事实上我没有患病的可能性高达99.9%。怎么会这样呢?

为了回答这一问题,让我们先来看看如果为100万人检测X症会是什么结果。我们知道100万人里大概只有一个人会患病，结果呈阳性。这个测试本身并没有**假阴性**，也就是说当某人患病时呈阳性。这就说明每100万人里会出现一个阳性结果。但这并不是我想说的重点。

我们同时了解到剩下的999999人都不会患病，并且结果99.9%的可能是准确的。这就意味着检测中每1000人将出现999个阴性结果与一个错误的阳性结果，也就是**假阳性**。因此999999人中大概会有1000个错误的阳性结果。

整体来看，每100万人中会产生1001个阳性结果，而其中只有一人真正患病。但我们并不知道是谁——如果知道那就没有必要做这个检测了。所以我的阳性检测结果更有可能是那1000个假阳性之一。

这还是听起来很奇怪吗？让我们把情景转移到另一个比医疗检测感受更加直接的领域，来看看这些数据：

> 我刚刚做了一个职业测试，结果显示我是一个全职作家。那么我已经卖出1000万册书的可能性有多大？

假阴性（False negative）：错误的阴性测试结果，但被测事物其实是存在的（比如在你已经怀孕时，检验结果却是未怀孕）。

假阳性（False positive）：错误的阳性测试结果，被测事物其实并不存在（比如，在你没有怀孕时，验检测果却是已孕）。

很显然这是不太可能的。虽然每几千人中只有一位是专业作家，但这些作家中也只有极少数人才能卖出1000万册书（当然，在现实生活中我也不是这些极少数人之一）。你永远不会将职业作家和数百万销量作家划等号，更可能的当然只是属于"没有卖出几百万册书的作家"这个人数更多的类别。

这个情景和上面的医疗测试非常相似。在职业测试中，所有作家（相当于上一例子中的"阳性结果"）中的一小部分才能卖出几百万册书。我是百万销量作家的概率比只是普通作家的概率要小得多。

用来解决此类谬误的一个重要方法叫作**贝叶斯定理**，其发明者是18世纪的托马斯·贝叶斯(Thomas Bayes)，他是哲学家，也做过神甫。贝叶斯当时对他称之为"机会学说中的一个问题"很感兴趣，即我们应该如何根据新的证据准确地更新我们对概率的理解。[29]

贝叶斯首先观察到我们对一个事发生的可能性大小有一个基本期望值，即**基本比率**。在X症的例子中，基本比率是一个随机选择的人有百万分之一的概率患病。

在这个基本比率的基础上，我们可以研究得到

贝叶斯定理（Bayes's theorem）：基于我们对先前事件的了解来计算某事发生概率的方法。

基本比率（Base rate）：是指我们正在调查的某些情况的初始潜在可能性（例如，该人群中，某疾病的基本发病率为每年每2000人中有1例）。

新信息。比如在这里，研究以医疗检测的形式进行。如果我们有幸开展一个正确率百分之百的检测，那么其提供的结果，不管是阳性还是阴性，就都可以让我们得出确定的结论。但我们仍然常常要在现实情景中面对不同程度的不确定性。

> 大多数事情最终都会回归平均水平。一个卓越成就之后的结果很可能不那么杰出。事情最后都会好转，或是峰回路转。而对于那些很可能要发生的事情，就不必太过在意。

在上面简化的情境中，阴性结果一定表明某人没有患病。但阳性结果也不一定说明某人患病，只能告诉我们其患病可能性的大小。为此，我们可以把这些数据放进一个公式中进行计算：

患有X症的概率 = $\dfrac{1}{1000000}$ 或 0.000001

患有X症者检测结果呈阳性的概率 =1，即确定事件

无论患病与否，最终检测结果呈阳性的概率 = $\dfrac{1001}{1000000}$ =0.001001

贝叶斯定理的基本形式如下，A是我们研究的第一

个因素（患病），B是我们希望考虑到其影响的附加因素（呈阳性）：

$$在B条件下A的概率 = \frac{A的概率 \times A条件下B正确的概率}{B的概率}$$

将我们的数据放进公式中，就可以计算出当检测结果阳性时患病的概率：

$$\frac{任何人患有X症的概率 \times 患病者检测结果呈阳性的概率}{无论患病与否，最终检测结果呈阳性的概率}$$

$$= \frac{0.000001 \times 1}{0.001001} = 0.00099900099 （也就是我们上面看到1/1001的结果）$$

这些数据都有很多位小数，看起来非常复杂。但是我们可以用更简单的数字来研究这个复杂问题。试着把结果填写在小方框中：

有1000名学生在学习批判性思维这门课程。我知道其中50人从图书馆借来了全部50本教科书。但不巧的是，我曾在图书馆的一本旧书中留下一些笔记，是关于我的新书《真正的批判性思维》的。对我刚刚遇见课堂上的一个学生来说，她的课本上有我笔记的概率是多少？

A事件：任何学生可能拥有我笔记的概率 =

☐☐☐☐

B事件：任何学生借到教科书的概率 =

☐☐☐☐

A条件下B正确：拥有我笔记的学生借到教科书的概率 =

☐☐☐☐

B条件下A正确：$\dfrac{\text{A条件下B正确的概率} \times \text{A事件概率}}{\text{B事件概率}}$ =

☐☐☐☐

你会看到：任何学生拿到我笔记的基本比率为0.001（1000人中有1个）；学生借了图书馆教科书的概率为0.05（1000人中的50个）；拥有我笔记的人一定能借到教科书，概率为1。因此，如果我遇到的这个学生有我的教科书，那么有(0.001×1)/0.05的概率教科书上有我的笔记。

换一种思路一切就会更加清晰。因为那950名没有拿到我教科书的学生不可能有我的笔记，因此一旦我知道这个学生有图书馆教科书，那么她有笔记的概率就是0.02（50人中的1个人）。

下面这个例子更复杂，使用了不同的A事件与B事件。看看你能否使用贝叶斯定律解决这一问题：

有1000名学生在学习批判性思维这门课程。我知道其中50人从图书馆借来了教科书。但不巧的是，我在图书馆的9本旧书中各留下一份笔记，是关于我的新书《超级批判性思维》的，我还有一份笔记夹在了我给没有教科书的学生打印的资料中。我刚刚遇见课堂上的一个学生，她说有一份我的笔记想要还给我！那么，她借到图书馆教科书的概率有多少？

在这里，我们要求出这个学生借到教科书的概率（也就是说，A事件是这个学生借到教科书），已知她已经有了一份笔记（即B事件为这个学生有笔记）。请填写以下数字：

A事件：任何学生借到教科书的概率 =

B事件：任何学生有一份笔记的概率 =

A条件下B正确：借到教科书的学生有一份笔记的概率 =

结果：$\dfrac{\text{A条件下B正确的概率} \times \text{A事件概率}}{\text{B事件概率}}$ =

因为1000个学生中有50个有教科书，那么A事件的基本比率（任何学生借到课本的概率）为0.05。同样这1000个学生中有10份笔记，因此B事件的基本比率（任何学生有一份笔记的概率）为0.01。此外还有补充信息，10份笔记中的9份都放在了教科书里，可以得出A条件下B正确（借到课本的学生有一份笔记）的概率为9/50=0.18。最后，我们想求的是一个有一份笔记的学生同时借到书的概率（即B条件下A的概率）。贝叶斯定理告诉我们这个结果是(0.05×0.18)/0.01=0.9。

我们会发现这一结果与我们的直觉相符。共有10份笔记，9份在教科书中，1份不在。那么有笔记的人又拥有教科书的概率就是10人中的9人，即0.9。大多数贝叶斯定理运用在真实情境中的例子都不会这样恰好符合直觉，但基本方向是类似的。我们要相信数字而不是第一印象，并小心应对任何极其罕见的事件或情况可能造成的迷惑。

总结

谬误是一种可识别的一般类型的错误推理。判断谬误意味着要识别出其未经证明的隐藏假设。如果必要的话，类比一方面可以帮助你识别论证是否存在谬误，另一方面可以令人信服地说明论证中的瑕疵。

谬误大致可以分为以下两类：

● **非形式谬误**：基于对外部信息进行错误或不充分分析的错误推理形式。

● **形式谬误**：由于推理逻辑错误导致结论无效的谬误，其推理中的缺陷可以纯粹通过分析逻辑结构来确定。

非形式谬误大体有三种：

● **相关性谬误**（红鲱鱼谬误）：这些谬误依赖于非相关或相关性不大的前提，无法合理支持结论。

● **歧义谬误**（语言学谬误）：在推理过程中扭曲词语或概念的含义，或故意模糊表达来支撑并无根据的结论时，就会发生这类谬误。

● **实质谬误**（预设谬误）：包含过多假设的前提，这是说服力较弱推理中的常见问题，虽然并不一定会带来谬误。

最常见的四种形式谬误包括：

● **肯定后件**：基于一种错误认识，即如果当A正确时B正确，那么B正确就足够证明A正确。比如："如果你爱我，你就会回我的邮件。既然你回复了我的邮件，那你一定爱我。"基本形式为"如果A，那么B。因为B，所以A"。

● **否定前件**：基于一种错误认识，即如果当A正确时

B正确,那么如果A不正确,B也不正确。比如:"如果你点了牛排,这顿饭你肯定吃得很愉快。你没有点牛排,所以你肯定吃得不愉快。"基本形式为"如果A,那么B。因为没有A,所以没有B"。

● **中项不周延:** 这类形式谬误混淆了适用于这一类别中所有事物的规则和只适用于其中部分事物的规则。比如:"所有魔法师都有胡子。我的朋友也有胡子,他一定是个魔法师!"就算确实所有魔法师都有胡子,"所有魔法师都有胡子"和"只有魔法师有胡子"的意思也并不相同。这类谬误的基本形式为"所有A都是B。C是B,所以C也是A"。

● **基本比率谬误:** 基于一种看似合乎逻辑的观点,即认为如果大多数A都是C,只有小部分B是C,那么任何随机选择的C是A的可能性都大于B。谬误在何处呢?因为我们并不知道类别A与类别B分别包含多少数量,所以也就无从得知随机选择的C到底来自哪个类别。比如:"大多数外交家都会说双语。只有很少的伦敦人才会说双语。如果我在伦敦遇到了一个会说双语的人,那么他更有可能是外交家。"这里就存在谬误。因为这一观点没有认识到,外交家的数量对于伦敦总人口来说是非常少的。

第九章

理解认知偏见

如何对情绪性和诱导性的语言进行批判性思考?
↓
如何对谬误和错误推理进行批判性思考?
↓
如何对认知偏见和行为偏差进行批判性思考?
↓
如何更好地克服对自己和他人的偏见?
↓
如何才能更具批判性地应用技术?
↓
如何成为拥有批判性思维的作者和思考者?

你能从本章中学到的5点

1 我们为什么大部分时间采用快捷思维方式？
2 四种常见的快捷思维方式。
3 我们所说的认知偏见是什么意思？
4 常见的认知偏见类型以及它们是如何影响判断的？
5 为什么人们无法在自己的专业领域做出正确判断？

人类并非完全中立地处理世界上的信息。我们会受到自己的感知影响，通过各种个人经历来亲身领略人类共同享有的现实世界。我们无法同时处理身边的所有信息，也不可能花费大量时间去考虑所有的可能性和观点。最重要的是，我们需要自信地、及时地行动和回应，只在真正有价值的地方有意识地投入注意力，因为这很花时间并且十分消耗我们本身有限的注意力。

因此，我们有意识的认知是具有高度选择性的，并在数十万年的进化过程中越来越有利于人类小群体围绕共同目标进行合作。大体来说：

- 我们喜欢快速简便而不是缓慢复杂。
- 我们最容易受到当时当地情况的影响。
- 我们看待事物时容易模式化和叙事化。

● 这些模式和叙事反映了我们自己和我们已知的事物。

● 我们将这些模式扩展到对过去和未来的描述中。

● 我们在如何获取新信息及其内容选择上具有高度选择性。

你会信任别人吗?你是冒险派还是保守派?你喜欢做什么事情,为什么?情感以一种难以意识到的方式影响着我们的身体和大脑,使我们拥有了决定的能力和不同偏好,使我们能够在第一时间做出判断和偏好。假如没有情感,那将意味着我们即使面对最微小的选择也无法做出判断。

在心理学上,情感反应通常会激活快捷思维方式或经验法则,让我们不需要花费太多时间精力去思考就可以做出快速高效的决定。这种快捷思维方式就叫作**启发式**,而我们的思维都是以这样的快捷思维方式在运转,虽然不能保证成功,但其实用性在日常生活中是毋庸置疑的。[30]

想要理解这些快捷思维方式和习惯,关键在于看到它们为复杂问题提供的更加快速、简单和近乎本能的答案。如果这样的答案在大多数时

启发式(Heuristic):一种认知快捷方式,也叫"经验法则",使人们能够快速做出决定和判断。

候效果都很好，我们甚至都不会注意到快捷思维方式发挥了作用。但有时，我们的快捷思维方式也会出错，产生所谓的**认知偏见**，即做出了不能代表正确评价的问题判断。这些偏见是无法消除的，但是我们可以理解并弱化其影响，尤其是当我们更加谨慎并学习了相关方法之后。

> 认知偏见（Cognitive bias）：是指经验法则使认知产生可预判的歪曲，从而导致了判断失误的情况。

想一想9.1

在继续往下面阅读之前，请停下来先问问自己：你的思维中存在偏见吗？如果有的话，是哪些呢？与他人交流时，你最常遇到的偏见又有哪些？你也有类似的偏见吗？

启发式的四种类型

目前学者总结的最重要的启发法主要有四种，下面列出了它们的解释。当然启发式不止这四种，但更重要的是我们需要熟悉这些话语中暗含的心理学机制，并认识到这些机制大多数时候在表达上都极为有效。

情绪启发式

下面有一道简单的选择题。你正在医院,饱受一种罕见疾病的折磨,如果不治疗就会死亡,你需要在两种试验性的治疗方法中做出选择。下面是两种治疗方法在20000人身上开展实验的结果,你会选择哪一种呢?

(1) 方案A,导致了4900人死亡。 ○

(2) 方案B,救治生命有效率达到70%。 ○

当你看到这两个选择后,你的自然反应是什么?如果你认真阅读思考,你可能就会发现方案A优于方案B,因为方案B的成功率是70%,而方案A的超过了75%:4900人在20000人中占比不到25%,剩下来超过75%的人都得到了救治。

但对于很多人来说,面对相似的选择时,方案A中鲜明而具体的死亡人数让人们无暇顾及精确的百分比。这种情况被称为**情绪启发式**,也就是说人们在面对不同选择时,会根据自己的情感

情绪启发式(Affect heuristic):一种利用正面或负面情绪反应做出快速决策的倾向。

反应做出决策,即使这些情感反应有时是具有误导性的。

心理学家保罗·斯洛维奇(Paul Slovic)等人[31]发现,人们倾向于根据自己好恶做决定,而这一倾向有着更广泛的意义。比如,如果你认为自己是一个保守的思考者,那么你就更可能接受保守的观点。相反,如果你更认同自由派政治理念,那么这样的倾向也会影响到你的想法,从而认为自由理念更有说服力。

这种倾向是否听起来非常极端却又太过简单呢?我们可以将其视为一种简化的看待世界的方式。如果你认为某事很好,那么你就会习惯性地忽略其代价和缺陷。如果你认为某事危险或有负面影响,那么你就可能忽略其益处和优点。并且,当你在各种选择中无法决定时,情绪的影响往往会盖过其他因素。

想象一下,你决定每年给一个海洋保护组织捐赠10元,希望能在两个不同的组织中选择更有意义的一个。你会怎么选择呢?

(1)你好!你能为我们每月捐赠10元用于帮助提升公众有关太平洋环境恶化的意识吗?

(2) 你好！你能为我们每月捐赠10元用于帮助一个因太平洋环境恶化而苦苦挣扎的海豚家庭吗？

我们很难判断哪一个组织可以更高效地使用资金，但第二句话在单纯地情感层面上显然更加吸引人。你可能觉得这种方法看起来似乎过于明显又极具操控性，但实际上它非常有效。

情绪启发式并不一定会导致负面的决定。受到情感影响是很常见的事，面对生活中的一些选择，我们如果不接受情感本能指导，而执着于详尽的讨论，就会浪费过多时间，导致效率低下。但在像上面这样的例子中，我们也要意识到强烈的情感反应可能是所有认知捷径中最常被滥用的一种，同时，如果我们想要做出理性的决定，首先要清醒认识到的就是情绪反应的可能影响。

易得性启发式

根据直觉，你认为下面两句话哪个是正确的？

(1) 以字母K开头的英语单词多于以K为第三个字母的

英语单词。 ○

(2) 以K为第三个字母的英语单词多于以字母K开头的英语单词。 ○

大多数人第一次看到这个问题时都认为以K开头的字母更多。但是事实并非如此。事实上英语中以K为第三个字母的单词数量是以字母K开头的单词数量的三倍。那为什么很多英语母语者都会做出错误的判断呢？

这是因为我们大脑更容易想到以字母K开头的单词，而想到以K为第三个字母的单词相对要难得多，这种难度上的差别就导致人们下意识地做出了判断。想出开头字母是K的单词容易，想出第三个字母为K的单词很难，所以大脑的第一反应导致人们都根据直觉选择了看似合理实则错误的选项。[32]

这就是**易得性启发式**，描述了人们的一种倾向，即假设某件事的可能性或重要性与其出现在脑海中的容易程度成正比。最著名的例子可能就是人们倾向于夸大在类似袭击等事件中死亡或受

易得性启发式（Availability heuristic）：指在做决定或评估时，人们倾向于选择最容易获得或者大脑最先想到的选项。

伤的概率，因为这类事件一般会吸引很多媒体关注，而忽视了普通事故或日常事件可能导致的死亡，比如心脏病或者交通事故(美国人死于心脏病的概率要比死于恐怖袭击的概率高35000倍)。[33]

也就是说，一个故事，描绘得越生动、越吸引眼球，就越容易影响人们的感知，其影响力远超任何包含可能性或者重要性的信息。在一位公众人物死于一种罕见癌症后，人们在思考时可能会首先想到这种罕见癌症，而不是其他更常见的癌症。

一般来说，特定信息出现在脑海中的难易程度被视为一种直接指标，暗示了这件事发生的可能性程度。这就是为什么简单的重复会更容易让人相信[某事（新词"主观认为的真实"（truthiness）就描述了这种令人熟悉的模糊感觉，即使缺少相关证据支持，主观上也认为是正确的)]。思考下面两个问题并诚实作答：

1 和大多数人相比，我读书看报的时间是更长，更短，还是差不多？

2 和大多数人相比，我使用手机的时间是更长，更短，还是差不多？

你的答案是什么？你是否认为自己在这两件事上花费的时间都更长？总体来说，在与他人做比较时，人们会高估自己在某件事上花费的时间和精力，因为人们更加了解自己的行为，而不了解别人的情况。我们更了解自己的习惯，所以思考时更容易想到它们，而对于那些我们不了解的，就很容易对其忽视。

在一个针对已婚夫妇的调查中，每个人都被单独要求估计自己在家务中的贡献百分比，包括打扫、购物、洗衣等等。而一对夫妇的估计值加起来一般都远超100%。每个人都高估了自己实际做家务的比例，因为他们更容易记得自己所做的家务。[34]

这里，易得性启发式又将一个关于事实的棘手问题（"你和你的伴侣分别以怎样的比例承担家务"）变成一个简单得多的问题（"你更容易想起你自己做的家务还是你伴侣做的家务"）。

易得性启发式引发了大量有趣的结果，**近因偏差**就是其中之一，其意味着人们倾向于高估近期发生事件的重要性，只是因为人们更容易想起最近发生的事件。下面有一个问题供你思考：

你认为世界上最伟大的5位音乐家分别是谁？

你的脑海中是否出现了一些著名音乐家的名字？其中有几个出生于过去二十年中？又有几个出生在上个世纪或上上个世纪？如果你需要列出

20个或50个音乐家的名字，其中又有多少是来自几百年前的呢？

在这种问题上近因偏差就会发挥作用，因为我们对古代的了解毫无疑问比现代要少。关于音乐家的问题更主观，也大多是出自娱乐目的，但有关政治、技术或经济历史的问题就不是这样了。如果我们希望能够更加完整地了解这个世界，那么就需要用更长远的眼光来看待问题，而不是仅仅关注近期的事情。

锚定启发式

做判断不会毫无根据。在很多领域中，我们更多的是通过比较来评价事物，而不是追究其绝对本质。地球相对于人体很大，但是相对于银河系又很小。如果我邀请你和我一起列一个"宏大事物"的清单，而我给出的例子是"木星、太阳、宇宙的年龄"，你的想法肯定和你听到"帝国大厦、万里长城、吉萨金字塔"等例子时会有所不同。

这种对语境的恰当解读对于我们的日常生活至关重要。但是，就像所有的启发式一样，这不是一种我们可以自由开关的机制，即使它有时可能没有用。我们的判断常常会受到最先收到的信息的影响，实际上它对决策形成了一个"锚定值"。这才有了**锚定启发式**这个名称，用以描述前期参考点对后续判断的潜在重大影响。[35]

下面的这个例子在日常生活中十分常见。想象一下,为了庆祝某个场合,你想买一瓶质量上乘的红酒,看到下面这份红酒单,你会选择哪一种呢?

- 自酿红酒 10£;
- 2020年里奥哈 15£;
- 2018年西拉 25£;
- 2016年巴罗洛 29£;
- 2015年波尔多 35£;
- 2014年波尔多佳酿 49£;
- 2012年特级圣埃美隆 120£。

除非你超级富有,不在乎钱,或者你十分贫穷,只会点最便宜的红酒,否则我猜你大概会选择酒单中间的某一瓶,也就是说一瓶价格在25£到35£之间的红酒(当然你也可能觉得10£一瓶自酿红酒非常划算)。

这是否合理呢?对比选择120£一瓶的特级圣埃美隆,这个选择看起来当然合理,但这可能恰恰是这瓶昂贵红酒的意义所在——为了让其他的选择看起来更便宜。当然严格来说这应该不会扰乱你对自己消费水平的判断，因为选择昂贵红酒也不会让你更有钱。但如果这份单子上最贵的就是35£一瓶的波尔多，那么人们大概率就会选择价格低于35£一瓶的红酒，因为在这样的酒单上，28£一瓶看起来就很贵了，15£左右一瓶成了中间价而变得更有吸引力。

大多数销售行业的人都知道，在开始时提出一个高得离谱的价格可以让后面谈判中的高价看起来更合理，给顾客展示他们根本负担不起的商品也是同样道理。就算这个"锚"与后续销售或者顾客需求没有任何联系，但它仍然能影响他人的思维。

聚焦效应则有些不同，它指的是一种过多关注事物一个明显特征而导致做出错误判断的倾向。想象一下，当你和朋友聊着他们想要搬家的事情，他们对你讲了下面这段话，你是否会相信你朋友的判断呢？

我再也不想住在阴冷潮湿的英国了，一年有三个月都见不着太阳。我准备去美国加利福尼亚州找一份工作，那里有阳光、大海、帅哥美女和电影。我就知道加利福尼亚州更适合我！在那里我就再也不会在大雾里迷路了，也不用再穿着厚厚的夹克还要套两件毛衣了。

很显然，这些信息并不足以让你给你的朋友提供有用的建议。但是基于上面这段话，你可能已经意识到了，你的朋友过度关注了加利福尼亚州的明显优势——天气，而没有考虑其他因素。[36]

在这里，我们在其他启发式中看到的熟悉模式重复出现了。一个包含复杂信息的棘手问题（"我是否应该搬去加利福尼亚州"）被转换成了一个关于放松和情感的简单问题（"当我思考加利福尼亚州带来的感觉时，脑海中的第一反应是什么"）。就算是转换问题的人意识到发生了什么，他们可能也无法逃脱聚焦效应这种不成比例的影响。

代表性启发式

下面是最近几十年来最有名的一个心理学案例研究，其中银行出纳员琳达是一个虚构人物。[37]请阅读下面段落并做出选择。

琳达今年31岁，单身，为人活泼开朗。她曾经学习过心理学，非常关注歧视和社会公平问题，也经常参加反核游行。下面哪一句话更有可能正确描述了琳达？

琳达是一个银行出纳员。

琳达是一个银行出纳员，并且在女权运动中十分活跃。

你选了哪一个呢？我们在本书的前半部分已经讨论过，逻辑上说，琳达是银行职员的可能性要比琳达是一个活跃在女权运动中的银行出纳员的可能性要大。这是因为第一个假设完全包含了第二个。每个活跃在女权运动中的银行出纳员一定都是银行出纳员，但并不是每一个银行出纳员都是女权主义者，有很多女性银行出纳员并没有活跃在女权运动中。

如果你觉得自己更倾向于第二个选项，那么这就是**代表性启发式**在发挥作用，也就是说，此处说服你的是这个故事展现出的可信度而不是它准确的可能性。琳达是一个活跃在女权运动中的银行出纳员，这听起来比她仅仅是一个银行出纳员更可信。正是这种似是而非的可信性更容易让你相信，甚至

代表性启发式（Representativeness heuristic）：指的是被故事或人物特征的表面可信程度（似是而非）影响，从而忽视其发生概率的倾向。

让你忽视了反映其发生可能性的数学概率本身。

琳达问题是否体现了个体对概率问题的非理性忽视？在这个问题的背景下，将"最有可能"理解等同于"感觉可信"是否是自然而然的事情？又或者是否有其他完全合理的推理过程产生了这一结果？[38]对这些问题，人们有很多争论。我们可以有信心地说，这是我们对连贯一致的叙述的偏好使然。我们在一定程度上可以自信地总结，对连贯一致的故事的偏好导致我们会错误地相信一些判断。下面还有一个例子：

我是一个来自英国的年轻人，有健康的小麦肤色，喜欢健身和户外运动，也喜欢喝浓茶时加上两勺糖。我的工作更可能和哪个领域相关？
（1）农业、林业和渔业；　　　　　　　　○
（2）矿业、能源领域和供水；　　　　　　○
（3）卫生与社会工作。　　　　　　　　　○

你觉得呢？根据这一描述，更理性的回答者可能会先问："英国在这些领域工作的人分别都有多少？"而靠直觉回答的人则会说："听起来你在对体力要求较高的户外行业工作，比如农业或者公共事业。"

碰巧的是，在我举的例子中，英国从事卫生和社会工作的人数是列出的所有其他类别就业人数总和的四倍多。[39]如果没有其他信息，那么当然"我"在这一领域工作的可能性更高。但代表性启发式描述了不依靠真实数据，而根据**刻板印象**来做出判断的倾向。当描述内容越贴近我们对某一种人的通常印象，我们就越容易将他们联系在一起。

这里再次出现了某种问题的转换。一个本需要很多调查研究才能回答的问题（"每个领域中大概有多少人工作"）被转换成了一个关于情感和预期的简单问题（"这种人听起来最符合我们对哪个领域产生的刻板印象"）。刻板印象不仅容易发生在我们并不认识的陌生人身上，甚至在熟人身上也时有发生。刻板印象只是社会偏见问题中的冰山一角，**社会偏见**影响了我们对他人的判断，有时它和结构性的社会歧视结合起来，就成了当今世界最为亟待解决的社会不公问题。[40]

刻板印象（Stereotype）：对某一特定类型的事物或人的典型特征普遍持有的、简化的、理想化的的看法。

社会偏见（Social bias）：我们对他人、人群或者社会和文化机构的判断中存在的偏见。

学习要点9.1

四类启发式的总结

我们前面了解了四种启发式，每一种都

代表了不同的快捷思维方式:

1 情绪启发式：是指情绪强度对判断的强烈影响，即使这可能会产生误导。("广告里的明星看起来开心极了，这产品肯定也差不了。")

2 易得性启发式：是指想到某事物的容易程度对判断的强烈影响，即使这可能会产生误导。("我听说这个漂亮的明星对乳糖不耐受，我肯定也不耐受！")

3 锚定启发式：是指某些信息对我们的判断具有强烈的"锚"作用，即使这些信息完全无关或具有误导性。("买新车花了我四万五，座椅换成红色才花了一千，太便宜了！")

4 代表性启发式：是指某件事与我们的期望的符合程度对我们的判断的强烈影响。("这瓶红酒花费不菲，装在漂亮酒杯里，并且还是由穿着优雅白上衣的法国人端上来的，这酒一定不同寻常！")

请注意，这些启发式是潜意识中自然而然发生的，对我们的思维过程具有重要意义。只有当它们失灵并导致误导性的判断时，它们才会形成认知偏见。

在你急急忙忙、缺乏经验、被大量信息轰炸和被刻意诱导时（因此上文中出现了广告、媒体、销售和营销等例子），或者当你本身就对其他人和其他文化存在偏见或者喜欢泛泛而论时，认知偏见就有可能发生。

正确运用启发式

启发式将复杂问题简化为直觉问题,有助于我们做出快速判断。总体来说,启发式在大多数时候的效果都很好,也是我们生活中必不可少的一部分。

那么启发式和直觉在什么时候最可靠呢?不管是在人类于进化过程中已经习惯处理的问题上,还是我们作为个体在生活中已经拥有熟练技能的领域,启发式和直觉可以发挥巨大作用,包括以下情形:

1 与我们熟悉的人在本地范围和人性化的尺度上打交道;

2 我们基于可靠信息做出明确选择;

3 正在对我们具备相关专业知识的领域做出决策,而这些专业知识是在重复并有意义的技能练习的基础上获得的。

与之相反,如果我们遇到的复杂情况在人类进化过程中是较晚才出现的,或是我们还没有机会练习和培养有意义的相应处理能力,启发式和直觉就不再那么可靠了,包括以下情形:

1 与距离很远并且基本不熟悉的人打交道;

2 在信息不足或选项过多的情况下做出选择;

3 正在对自己不熟悉的领域做出决策,这种不熟悉是因为我们没有机会练习并获得有意义的反馈。

看看下面的案例。在这些情况下,我们应该相信基于心理启发式的直觉吗?

1 你们是在网上认识的,从来没有在现实生活中见过面,但是当你们聊天的时候,你会觉得彼此了解很投缘,而且他照片上看起来很善良。现在他突然说想向你借钱,很紧急。直觉告诉你可以相信这个善良可爱的人。你应该相信直觉吗?

2 你做股票交易员已经五年了,股市一片大好,你觉得股票一定会继续涨。你应该相信这个感觉吗?

3 你参加了一场高尔夫球比赛。你已经打了两年的高尔夫职业比赛,在过去十年中每天都刻苦练习才换来今天的成绩。突然你的后背有些不舒服,你不知道是什么原因,虽然这种不适没有影响到你的比赛,但是直觉告诉你有受伤的风险。你此时应该相信直觉,停止比赛吗?

在第一个例子中,直觉当然是不可靠的。帅气的外表和友善的言辞可能会让你觉得很了解某人,但网络的邂逅和现实生活中的交往有很大区别。我们对于他人外表和声音的感受可能会盖过理性的怀疑,这是很危险的。

第二个例子就有些棘手了。如果此人已经在股票行业工作了五年,那么他多少也算是一个"专家"。但是股市的复杂和不可预测性意味着就算是专家也无法确定接下来的股市走向。既然所有的证据都表明，我们在预测如此复杂和未知的事物时，成功率并不高，那最好还是不要相信任何来源于"直觉"的盲目自信了。

最后一个例子中提到的高尔夫球运动，和任何其他运动一样，十分看重个人的专业能力和经验，这是很有意义并且是实实在在的判断基础。只有真正掌握这些专业技能，个人才能分析和理解局势，从而依据自己的直觉做出判断和决策。因此，十年训练足以让你充分了解这项运动和自己的身体，从而可以凭直觉进行可靠判断。

学习要点9.2

为什么我们需要关注启发式？

了解启发式和快捷思维方式是如何运作的可以对你的生活和工作有以下两个好处。

首先，了解自己日常思考所依赖的快捷思维方式可以让你更加清楚自己的倾向，也可以体会到这些快捷思维方式可以在多大程度上帮你省去理性思考的繁琐，因为不是每一件事情都需要有意识地理性思考。

其次，你也可以在此基础上对有意或无意产生的认知偏见保持警惕，并在必要的时候制定策略来避免此类问题。

本书在一开始就提到过，这些策略都是以放慢思考的速度为基础，需要我们停下来去理性思考局势，批判性地对待所有人都可能在潜意识中运用的各种快捷思维方式。

基于事物呈现方式的偏见

关于认知偏见，本书分为了三个部分，以下是第一部分：我们在做判断时由运用快捷思维方式带来的可预测的扭曲所产生的偏见。首先来完成一个快速问答，你在超市里会选择以下产品中的哪一个？

（1）牛肉馅：有机，美味，90%脱脂！　○

（2）牛肉馅：美味，有机，脂肪含量低至10%！　○

你可能已经发现了，这就是以不同的方式表达同样的事物：它们都是90%瘦肉、10%脂肪的牛肉馅。这就是框架效应，像是用不同的画框装裱同一张画。上面两种选项的意思都是肉馅中有十分之一的脂肪，但不同的描述方式就会产生不同的情绪效果，而大多数人做决策时都非常依赖这种情绪效果。

框架效应尤其重要，因为所有信息都必须通过某种框架来呈现。然而，在大多数情况下，你只能看到一种框架结构，因此不会意识到对同一件事情可能有很多不同思考方式。下面有一些例子可以告诉我们如何**重新构建**信息，你可以稍作停顿对不同框架如何突出不同重点进行比较。在每一个例子中，原有框架和重构框架背后的意图分别是什么呢？

犯罪率处于40年来的最低水平，今年每10万人中只有370起暴力犯罪。/尽管犯罪率处于40年来的最低水平，但每年每10万人中仍有370起暴力犯罪。

在我们的教育案例研究中，五年级学生的缺课率为10%。/在我们的教育案例研究中，五年级学生的出勤率达到90%。

每10名政客中就有1人声称在办公室收到过恐吓信。/90%的政客从未在办公室收到过恐吓信。

框架效应（Framing effects）：基于人们对得失或事物正负面影响的感知，以不同的方式呈现同一场景或事物会影响个人的判断和偏好。

重构（Re-framing）：故意改变呈现信息的方式，以转换原有表达框架所突出的重点。

你可能认为在这些例子中，不同框架突出的重点都非常明显。但是，当以一种特定的框架呈现信息时，大多数人只是简单地接受它，而没有注意到其中带有他们可能想要质疑的假设。在下面的两个机会中，你的直觉会更倾向于选择哪一个呢？

想赌一把吗？你有10%的机会获得95美元，90%的机会输掉5美元。

花5美元买张彩票吗？你有10%的可能赢得100美元！[41]

这次你选择了哪个？如果你想选第二个，那就再仔细读读上面这两句话。起码在数学概率上，这两个选项是完全一样的。每个都有10%的机会赚到95美元，或者失去5美元。如果你不相信，就再去认真读一下吧。它们的结果确实是一样的。

但对于很多人来说，第二个选择更吸引人。为什么呢？第一种选择展示出了90%的输钱可能性。第二种选择只说了让你花5美元去"买"一张彩票，而没有提及有90%的概率什么都得不到。这两句话以两种不同的框架描述了同样的过程：第一种，你知道自己冒着损失的风险，但赢钱的概率非常低；第二种选择则是让你感觉在购买一个赢钱的机会，你看到的是掏很少的钱却多了一个赚更多钱的机会。

这种框架背后的心理学机制叫作**损失规避**，是展望理论衍生出的基础法则。**展望理论**是一种基于观察的理论，研究人们是如何通过评估已知风险以及不同的收益和损失后做出选择的。

展望理论在20世纪70年代由美国普林斯顿大学心理学教授丹尼尔·卡尼曼和阿莫斯·特沃斯基（Amos Tversky）提出，在行为经济学短暂的发展历史中具有极其重要的意义。该理论认为，人们是基于所感知到的损益的心理影响评估风险的，这主导了他们的决策，与人们根据最终结果评估风险的基础经济学概念相矛盾。两位研究者也因此获得了诺贝尔奖。[42]

而展望理论最重要的理论贡献就是发现人们对损失相比于收益更加敏感。从进化的角度来看，这是一个非常明智的策略。毕竟，一个人只有一次生命，所以大家都会尽量避免非常糟糕的结果，并且特别看重稳定的收益。但在现实生活中，对感知损失的强烈厌恶在人们决

损失规避（Loss aversion）：现实中，同等数额的损失会比同等数额的收益引起更大的情绪波动，因此人们在决策时倾向于尽量避免损失。

展望理论（Prospect theory）：一种基于观察结果得出的理论，描述人们如何在已知风险的不同情境下做出决策，并在不同的潜在损益间做出选择。

策中的影响可能达到了难以置信的程度，甚至使人们更容易受到操控。看看下面两个例子：

（1）为你1000美元的名牌墨镜购买20美元的保险，它有1%的概率被遗失或损坏。 ○

（2）不买任何保险，接受你有1%的概率会丢失1000美元的墨镜，也接受之后没钱再买一个的事实。 ○

假设你买得起这份保险，那么你可能还是会花这20美元来缓解自己可能会丢掉墨镜的焦虑。这是否不太合理呢？这很难说，从心理学上讲，支付少量费用以消除与潜在巨大损失相关的焦虑是完全合理的。

然而，一旦考虑到你的一生中要面临许多类似的决定，就很难证明这种决策偏好的合理性。

假设你每次都要支付少量费用以缓解由可能的巨大损失带来的焦虑，比如愿意花20美元来对抗1%的风险，那么为了能够消除100%的风险，你可能要花掉20*100=2000美元来预防1000美元的损失。

你现在还会买保险吗？这最终取决于你有多看重内心的平静。然而，我们可以说的是，在一次性案例中看起来完全合理和没有问题的策略，作为一种普遍策略就没有多大意义了。这是保险业主要盈利的基础，因为人们每次支付都被视为购买一次消除风险的机会，而不是人生只需要购买一次就能解决问题。

但另一方面，我们看到了避免小概率确定损失的相关效应。比如你会接受下面这个报价吗？

逛街的时候你丢了一个装着1000美元现金的包，这是你为了一次期待已久的旅行存下的钱。太糟了！如果你愿意花75美元打车回到城市的另一端，那么你有很渺茫的机会——大概4%的概率，能够找到自己的包，它可能还静静躺在公园长椅的下面。

你会打车回去吗？在这里，这听起来也是用钱买心安。你可能会愿意打车回去找钱，其原因也是显而易见的。把1000美元找回来的4%概率会让你觉得75美元打车费花得非常值得，尤其是之后你还可以对自己说："我已经尽力了。"

然而，当我们开始将其作为持续决策战略的一部分进行评估时，它再次变得难以证明其合理性。从长远来看，为4%的概率追回1000美元而支付75美元，相当于每追回

1000美元就支付1875美元,这不是一笔好交易。广义地说:

- 从数学角度来看,人们通常高估消除小概率损失的概率(所以会买保险)。
- 人们也同样会高估以小概率避免几乎必然发生的损失的概率(所以才会有绝望的赌徒)。

展望理论仍在持续讨论和修订中,关于它的争议也在继续,尤其是什么导致了我们讨论的事件(以及后悔和预期在决策中又扮演了怎样的角色)。

不过大体来说,展望理论代表了现代经济学的重要转向,引导我们关注真实场景中决策的过程,以及我们可以如何帮助人们更好地进行决策,或者更有技巧性地操纵他人做出我们所希望的选择。

由于过度简化导致的偏见

确认偏误描述了本书前半篇幅着重描写的一种人类倾向:倾向于只关注那些证实我们已有认知的事情。读读下面的故事,这是我对某个著名寓言的改编:

一个人走进小镇里,声称自己是个神枪手。你说:"请证明一下。"于是他走了出去,用枪指着远处的白墙,随意开了几枪。结束之后,他走上前去,用一只马克笔在最密集的枪眼处画了一个靶心。他笑着对你说:"我和你说了我枪法很好,看看我离得那么远还打中了那么多枪,都正中靶心!"

故事这样讲,可能听起来有些可笑。这个人首先开枪,之后才在墙上画靶,这当然证明不了他是神枪手。但是我们有时候确实会犯这样的错误,这被称为**德州神枪手谬误**或**集群错觉**。

人们喜欢发现各种各样的模式,即使这些模式没有证据证明,并且往往通过关注相似点而忽视差异来使模式成立。我们应该非常谨慎,否则我们很容易只看到自己想看到或期望看到的东西,或者倾向于认为值得注意的东西,而忽略那些无助于模式成立的信息。

想想看,有人说在一片烤焦的吐司上看到了耶稣的脸,并宣称这是一个奇迹。这种事情发生过不止一次,美国"嗡嗡喂"(Buzzfeed)新闻网站上甚至会出现这样独特的新闻标题:"22人声

> 德州神枪手谬误(the sharpshooter fallacy):也叫作集群错觉,是指通过在事件发生之后寻找支持自己的证据,却忽视其中不符合的因素,声称自己发现了固有模式(实际上并不存在)的倾向。

称在食物中看到了耶稣。"[43]网友们分享了43张神奇的吐司图片并引发热烈讨论，这种图片甚至可以卖出可观的价钱。这是怎么回事呢？结合以下两点大概可以解释大多数被奉为奇迹的事或启示性事件：

- 大多数没能引起人们特别关注的事件都被忽视了。（"每一块烧焦的烤面包都会看起来像点什么。"）

- 人们会认为吸引关注的说法是对既定事件的唯一正确解释。（"这些印迹很像耶稣，一定是奇迹。"）

下面这个例子则更加严肃。看看在下面的实验及其结论中存在怎样的确认偏误？

我们的研究表明，积极希望改变性取向的同性恋者可以通过参加心理咨询项目来实现目标。在我们的实验中，志愿者们接受了心理咨询，他们中的很多人都报告说在咨询过程中他们的性取向发生了变化，这证实了我们的信念，即同性恋不是天生的，可以通过帮助和意志力来克服的。我们相信，那些小部分最初没有报告变化的人，会随着时间和努力而改变性取向，从而同意上述"性取向是可以改变的"这一观点。[44]

这个研究中存在很多问题。首先，他们招募的志愿受试者就是积极寻求改变性取向的同性恋者，这就说明他们从开始就倾向于某一特定的实验结果。第二，研究者们开始就期待从受试者身上确认这一结论，因此会从这一预设角度来解释所有结果。

像这样去研究事实的实验显得有些可笑，然而，在那些决意要在事件中探索固有模式的人当中，这种行为其实并不罕见。一旦我们认定存在固有模式，无论何时何地都会看到那些可以"证实"它的事例。一个典型的例子就是**公正世界假说**，它描述了诸如"付出终会有回报"这种话中暗含的信念，换句话说，就是"善有善报，恶有恶报，世界是公正的"。

我们能否说这样的世界观不正确呢？也不完全。不过我们可以确定，这种简单的形式确实会让人们产生"那些受苦受难的人都是自作自受"的想法。而如果一切都是最好的安排，我们也没有必要去努力改变什么了。

公正世界假说说明了关于认知偏见的一个更普遍的观点，即在直觉层面上，可信度和生动性等因素往往比概率更重要。同样，我们对所掌握信息的信心，往往与信息的连贯性具有**相关效**

应,而不是其准确性或可能性。以下面两个故事为例,你觉得哪个更有说服力呢?

> (1) 我开车载着朋友,一切都很顺利。突然,车子直接朝着一棵树冲了过去,直到撞上了树,我才反应过来。但是我的朋友之前已经提醒了我要小心树,所以潜意识里我或许早就注意到了这棵树。 ○
>
> (2) 我正开着车,朋友杰森坐在旁边,他给我看手机里的一张照片。因为在开车,我本来是不想看的,所以只是稍稍偏了头,结果就看到路上有只动物,像是兔子。于是我打了一点方向盘来躲避,结果轮子压到了路边的碎石,咣!然后我们就撞到了树上。 ○

第二段展示出了更多生动和连贯的细节,包括一连串的因果作用。这是否让整个故事更加

相关效应(Coherence effect):指人们通过信息内含的故事或者世界观的内在逻辑性而不是根据其准确性和可能性来判断信息的倾向。

可信了呢？其实并没有。如果我们意识到第二段只是描述了和第一段一样的事情，但是添加了大量具体而生动的细节，就会明白第二段很可能不是完全真实的：正是第一段描述中的模糊性意味着它可能包含的虚假细节更少，而像第二段中展示出的连贯性需要当事人精准回想所有细节。

不仅要寻求支持，更要拥抱质疑。如果你只选择看到支持性证据，那几乎所有的观点都可以被证实。对挑战和质疑保持开放，让你的观点接受检验吧。

当然你也可能会意识到，第二段的连贯叙事风格比第一段更具可读性也更抓人眼球。连贯更容易突出事物的整体性，也因此显得更有说服力，所以会被视为支持其可信度的证据，而模糊性和不连贯性则使事物看起来不那么可信。

学习要点9.3

别轻易相信一个好故事

故事也许是我们在这个世界上看到的最基本的模

式,包括因果关系、行为和结局。

在故事中,最重要的因素不是证据或推理,而是可信度。

如果你想成为一个真正敏锐的批判性思考者,你不仅要认可好故事的重要作用,同时还要对其保持怀疑精神。轶事是一种生动的说服和说明形式,但它们不能被当作研究的基础。抓人眼球的叙事讲述了解释、原因和目的,但这些都是我们自己创造出来的,并不是客观中立的。

如何避免有时被称为"叙事谬误"的问题?

试着看看基于相同的事实你能说出多少个不同的故事,以及你是否能让相同的信息符合两个完全矛盾的说法。如果你可以,恭喜你——你已经绝对证明了自己需要进一步了解这一问题。

叙述的一致性在法律等有关领域非常重要,因为在法庭上证人的可信度完全取决于此,并且,在某些别的情况下也有重要意义,比如那些我们忽视了决定性证据而被连贯性蒙骗的场面。

你是否有过这样的经历:你买了一张票(戏剧、音乐会或者电影)后发现自己并不喜欢看,但因为不想浪费钱,所以还是坐着看完了整场。这就是所谓的**沉没成本误区**，因为你在买票上花费的金钱已经不可收回。

你当然也可以直接离开，而不是为了省钱而毁掉自己的美好夜晚，但是你本能地想要与过去的决定保持一致，所以你选择了留下。

更严重的情况是，即使在意识到一个项目越来越明显地要失败之后，因为沉没成本你还是倾向于继续进行这个项目。与其忍受需要承认你认为会成功的事情是失败的这种心理矛盾，不如继续做下去直到覆水难收，哪怕放弃是更明智的选择。至于这样做是否真的是完全错误的，或者这种基于避免声誉损害和满足社会期待的心理是否可以理解？这是一个有待更多讨论的问题。[45]

自我认识不够深刻而导致的偏见

1999年，心理学家贾斯汀·克鲁格(Justin Kruger)和大卫·邓宁(David Dunning)测试了康奈尔大学的学生的逻辑、语法和幽默三种能力。[46]学生总共参加了四场测试，并被要求预估自己的得分排名。结果非常有趣：优秀的学生对自己的专业知识做

沉没成本误区(Sunk cost fallacy)：指的是在一件事情上已经发生且不可收回的情感投入已经超出了可以放弃的程度，所以想要继续投入的倾向。

出了相当准确的估计。然而，最弱的学生总是大大高估自己的表现：他们认为自己的成绩排名接近前三分之一，而实际上他们排在倒数四分之一。

为什么会发生这种现象呢？两位心理学家指出，较弱的学生需要在自己的弱势领域得到一些指导，才能正确认识到自己能力不足的问题。换句话说，对某件事知之甚少的人几乎没有能力准确评估自己能力方面的不足，因为他们不知道自己未知的究竟有多少，需要先获得一些知识，才能意识到自己的无知。

为了纪念其发现者，这种现象被称为**邓宁－克鲁格效应**，它说明人们需要一定的知识和实践才能准确地评价自己。如果没有相应的知识技能，我们就会倾向于高估自己的能力。无知导致过度自信，只有大量实践才会让人谨慎。

如果这是唯一一个关于专业技能的心理陷阱，我们或许会得到一些宽慰：确实，知道自己在做什么的人往往会对自己的能力有一个现实的评估，我们需要注意的是那些甚至没有意识到自己很无知的人。然而，不幸的是，对于专家们来说，还存在另一种心理学陷阱，并且具备大量证据。

这个效应叫作**过度自信效应**，指的是一种心理上的倾向，人们很可能会过于相信自己的判断。在1968—1969年开展的一项经典研究中，决策分析师霍华德·雷法（Howard Reiffa）和马克·阿尔培特（Marc Alpert）让几组哈佛学生评估以下数据：美国某年的鸡蛋产出率、美国的汽车进口量和哈佛商学院录取的博士生数量。[47]

这些都不是学生们的专业研究领域，所以研究者只是要求他们提供一个大概范围，实际数字在这一范围内的可能性达到98%就可以。你可以自己先试试，对每个问题都选择一个可以保证98%的准确性的大概范围：

（1）1965年美国总共产出多少枚鸡蛋（以亿为单位）？

（2）1967年美国一共进口多少辆车？

（3）1969年哈佛商学院录取多少名博士生？

过度自信效应（Overconfidence effect）：大多数人，尤其是专业人士在面对非其专业领域问题时，对自己的判断和能力会表现得过度自信。

你要准确地回答这些问题,难度可能远远大于当年的那些学生们,因为已经过去了50多年,所以你选择的范围应该尽量谨慎且广泛。参考一下答案,你做得如何?

1965年鸡蛋产量:640亿个。
1967年进口汽车数量:697000辆。
1969年录取博士生:235名。

基本上每个受试学生都至少出现了一个错误,他们给出的答案有40%左右是错误的,是实验目标2%错误率的20倍之多。

这说明了什么?正如随后的研究一再表明的那样,人们对自己预测的准确性过于自信,甚至这种过度自信延伸到了许多领域,比如开车、做饭、成功创业,几乎可以高估自己在任何领域中的能力,而这些领域并不存在一个标准值,实际上很难接触到其他真正具有代表性的人和事,所以人们意识不到自己的水平处于什么位置。

而其中对自己误解最深的就是专业人士。虽然专家可能善于在自己的专业领域做出预判,但是这并不表示他们会满足于把自己限制在专业领域之内。比如一个对宏观经济学理论细枝末节都了如指掌的专家可能对其他领域知之甚少，但其自信程度可能并不会下降。[48]

例如，向一位著名作家或演员征求其对于不熟悉领域(如政治问题或国际援助)有关问题的意见，这样的画面你觉得常见吗？我们也常常看到专家们在一些具有高度不确定性的领域做出种种预测，比如未来的石油价格、遥远的地缘政治趋势，而这些领域的高度不确定性意味着诚实的答案只有一个，那就是"我们不知道"。不过，对于一个在专业领域不得不表现得比其他人更自信的专家而言，要说"我们不知道"恐怕是比登天还难。

学习要点9.4

巴斯特·本森的认知偏见清单

关于认知偏见我找到最实用的资源之一是技术专家巴斯特·本森（Buster Benson）设计的"速查表"，它把认知偏见的清单综合成四个类别。这是一个非常实用的工具，可以激发你对自己的工作、习惯和思维的反思。下面是我做的一些总结，当然你也可以在网络上搜索阅读更多原文。[49]

1 信息过量——导致我们只关注醒目的变化、奇怪之处、重复或与自己观点相符之处。

2 意义缺失——导致我们以模式、概括、假设、简化和对自我的投射来弥补此不足。

3 时间不足——导致我们倾向于觉得自己是正确的并有能力解决问题,觉得凡是可得的或易得的就是最好的,因为只有这样我们才能及时完成任务。

4 记忆/追踪无能——导致我们选择性记忆,在事例和原型的基础上进行概括,并依赖现代技术帮助记忆。

行为经济学及其研究背景

需要提醒的是,支撑本章观察结果的研究仍在持续发展并饱受争议,我也只是讲述了一点皮毛而已。请不要把我的叙述看作对人性基本原理的客观指导,当然这样的东西也根本就不存在。你可以把它视为对过去几十年相关研究的一次快速回顾,或者是你自己未来阅读和思考的起点。

关于**行为经济学**已经有很多有趣的书籍和可读性很强的研究论文,其中丹尼尔·卡尼曼(Daniel Kahneman)和阿莫斯·特沃斯基(Amos Tversky)的三

行为经济学(Behavioral economics):将心理学研究和方法应用于经济学领域,通过实验和观察来研究真实决策。

本作品值得我们特别关注,他们在作品中定义了很多行为经济学上的核心概念。

行为经济学是什么?行为经济学是近年来最受关注的心理学研究分支,其基本观点很简单,即将心理学观点和方法应用于经济领域,观察人们在真实场景中如何做出决策,如何应对风险、损失、收益和认知价值,而不是构建数学模型推测理性人的反应和行为。在这方面,行为经济学已成为典范,引领着人们通过观察现实中的行为来探索人类思想和行动中的系统性偏见。

如果你只想了解行为经济学中最具代表性的学术研究,看以下三篇文献就足够了。阅读的时候也切记要保持批判性视角,时刻提醒自己保持思考,询问自己是否同意文中的观点,思考一下这个年轻的学科还有什么进一步研究讨论的空间:

- 《不确定性下的判断:启发式和偏见》《科学》杂志,1974年)
- 《展望理论:风险中的决策分析》《经济计量学》杂志,1979年)
- 《决策框架和选择的心理》《科学》杂志,1981年)[50]

总结

谨慎自发的思考过程会花费很多时间和资源,所以人类开始逐渐依赖大量无意识、近乎本能的情感方法来帮助自己快速和尽量准确地做出判断。

我们把这种有助于快速决策的认知捷径称为启发式，它们通常是用经过实践检验的快速便捷方案取代对一个复杂问题的深入思考来起作用的。

行为经济学是通过实验观察，使用心理学方法和观点研究真实生活场景中决策行为的新领域，我们主要关注了其中比较突出的四类启发式：

- **情绪启发式**指利用即时情绪反应做出决策的倾向。
- **易得性启发式**指在做决定或评估选择时，人们被最容易想到或最生动的事物严重影响的倾向。
- **锚定启发式**指的是人们依赖参考框架做出决策的倾向，即便此类框架有时与我们需要回答的问题无关。
- **代表性启发式**指的是被故事或人物特征的表面可信性（似是而非）所影响，而忽视其数学概率的倾向。

增加对这些常用启发式的了解可以帮助我们真正了解在日常工作和生活中决策的形成过程，从而以此为基础反思自己的行为与经历。同时这些了解也能帮助我们对有意无意的操纵和错误保持警惕，并及时做出反应。

大多数时候，这些启发式在日常生活中还是有效可靠的，在熟悉场合与和熟人打交道的时候尤其如此。

但启发式有时也会导致错误判断，即认知偏见，这是一种决策和思维中可能出现的误区。主要的认知偏见包括：

● **框架效应：** 基于人们对得失或正负面影响的感知，以不同的方式呈现同一场景或事物会影响判断和改变偏好。

● **重构：** 故意选择一种不同的方式来呈现信息，以转换初始表达框架所突出的重点。

● **损失规避：** 现实中，同等数额的损失会比同等数额的收益引起更大的情绪波动，因此人们在决策时倾向于尽量避免损失。

● **确认偏误：** 更多关注与我们已有认知相符的观点，而忽略了与之相反的说法的倾向。

● **德州神枪手谬误：** 也叫作集群错觉，声称自己发现了一个实际上并不存在的模式，在事件发生之后寻找支持自己的证据，却忽视其中不符合的因素。

- **公正世界假说：** 倾向于相信所有事最终都会归于平衡，相信世界从根本上说是公平的。
- **相关效应：** 指人们不是根据准确性和可能性，而是通过信息内含的故事或者世界观的内在逻辑性来判断信息的倾向。
- **邓宁-克鲁格效应：** 在某个领域一无所知或知之甚少的人反而更容易高估自己的能力，由无知导致无端自信的倾向。
- **过度自信效应：** 大多数人，尤其是专业人士在面对非其专业领域问题时，对自己判断和能力会表现得过度自信的倾向。

第十章

克服自己与他人的偏见

如何对情绪性和诱导性的语言进行批判性思考?
↓
如何对谬误和错误推理进行批判性思考?
↓
如何对认知偏见和行为偏差进行批判性思考?
↓
如何更好地克服对自己和他人的偏见?
↓
如何才能更具批判性地应用技术?
↓
如何成为拥有批判性思维的作者和思考者?

你能从本章中学到的5点

1 直觉在什么时候是不可信的？
2 怎样避免被偶然事件误导？
3 如何确保你不是光看结果就做出判断？
4 怎样准确评估事件的可预测性？
5 直觉在什么时候是可信的？

批判性思考所花费的时间、专注力和精力都是非常有限的资源，也很容易花在其他地方。因此，在本章中我们关注一个实际问题，即我们如何才能有效判断是否要相信自己的直觉？

首先你要尽量熟悉修辞手法、谬误类型、启发式和认知偏见，但同时也要学习其他基础知识，认识到现实与预期的差别在哪里。我尤其关注如何避免三种不同类型的错误分类，因为它们正是许多认知混乱的根源：

- 对一个随机事件或巧合给予不应有的重视。
- 忽视尚未发生事情的重要性。
- 低估事情的复杂性而高估其可预测性。

高估偶然事件的重要性

小数法则

请分析以下信息。假设这些信息无误,我们能从中得出什么结论?

在研究了全国小学的综合表现之后,我们发现在表现最差的学校中,小规模学校占比非常之高,绝大多数表现差的学校都属于"小学校或极小型学校"。

试想一下,其原因有很多种可能性。小规模学校可能缺少资金,或者招不到优秀教师,或者不被望子成龙的父母看重,或者更可能出现在欠发达的地区,或者缺少数量庞大又多元的学生群体,或者缺乏大型学校往往更擅长的高效组织管理。你怎么认为呢?

下面还有另一则信息,我们假设它完全真实,那么导致这种情况的原因又可能有什么呢?

在研究了全国小学的综合表现之后,我们发现在表现优异的学校中小规模学校占比非常高,绝大多数表现优异的学校都属于"小规模学校或极小型学校"。

这里同样存在无数可能的原因。小规模学校可能更能吸引和留住优秀教师，或者更被望子成龙的家长看重，或者受益于他们紧密的社区氛围，或者更加关注每一个学生的独特需求，或者更高效地使用资金。你怎么看呢？

你可能会感到迷惑。这两则信息能同时都正确无误吗？小规模学校是否可以同时在表现优异学校和在表现很差学校中都占比很高呢？这是完全可能的。但想要合理地做出解释，我们必须首先抛弃"小规模学校一定表现很好或者很差"的单一思维，去思考现实到底是怎样的。

你可能还记得，我们在本书前半部分中提到过，只有样本数量合理并具有代表性，才有可能获得真实的结论。这是因为，如果样本数量太少或代表性不足，那么可能只包含了极端情况。想象一下，这个国家有几所非常大的学校——十几所拥有1000名或更多学生的"超级"学校。即使碰巧有少数才华横溢的学生同时就读于其中一所学校，大型学校的学生总数之多也决定了其平均成绩不会太高。

相比之下，可能会有许多只有几百名学生的小规模学校。一些天资聪颖的学生碰巧就读于其中一所学校，或发生了一些其他特殊的临时情况，这对小规模学校所有学生平均表现的影响将远远大于对大型学校的。就像在海洋中快速摆动的小船一样，小规模学校比大型学校表现出更多的变动和对外部影响的敏感性，而大规模学校就像大型货船一样，即使在大风大浪中也几乎稳如磐石。

因此，我们本来就应该意识到，表现最好或者表现最差这两种极端的情况往往发生在小规模学校，因为小规模学校更容易被外部出现的影响推向极端。这并没有什么固定的模式来解释，真实世界的数字规律就是如此：数量大的样本集合比数量少的集合更稳定，这种规律有时也分别被称作**大数法则**和**小数法则**。

你可以自己尝试一下，你是否同意下面两个例子中对证据的解读？

1 我们调查了1万多家小企业的账户，发现那些提供高技能专业服务（如会计）的企业最有可能盈利，而那些提供低技能支持服务（如活动管理）的企业最不可能盈利。这表明，企业所需的专业技能水平，以及由此导致的进入壁垒和行业竞争，与可能的盈利能力显著相关。

不同意————————比较同意————————同意

2 我们调查了1万多家小企业的账户，发现员工人数在3人或以下的小型企业比那些大规模

大数法则（Law of large numbers）：样本越大，或稳定的测量重复次数越多，其结果越有可能倾向于接近预期结果。

小数法则（Law of small numbers）：样本越小，或测量的次数越少，其结果越可能与预期结果不同。

的同行竞争企业更可能实现盈利的两位数增长。这表明，企业员工人数少与更高的盈利预期密切相关。

不同意————————比较同意————————同意

第一种说法提供了相对有力的证据，证明盈利能力与专业技能有关。根据所使用的方法，按类别审查1万个小型企业可能会产生有意义的比较，只要每个类别都包括了一定数量的小型企业，并且它们的经营范围是可以比较的。

第二种说法就没那么有说服力了。在不查看整体数据的情况下，我们无法确定发生了什么，但小数定律表明，与大型企业相比，小型企业当然更容易受到极端盈利和亏损的影响。除非有进一步令人信服的证据，比如极少有小型企业出现巨额亏损，否则我们不应该妄下结论认为小型企业的盈利水平更高。

学习要点10.1

处理小数字的三个原则

1 当你处理数据时，要意识到小样本通常比大样本表现出更大的波动性。

2 在观察一些机构时如果你发现了极端情况，比如表现超群或一塌糊涂，记住这有可能是因为小数法则。无论何时，当你看到一个离群结果时，比如你正在研究的一些机构中发现了一个表现极好或极差的异常值，此时一定要考虑到小数法则，这可能只是极个别现象。

3 不要试图解释不需要解释的事情。尽可能关注更大范围和更长期的趋势，保证样本数量足够多以确保结果的稳定性和重要性。

均值回归

下面这个例子生动展示了第二类重大的数据误判：

我很高兴在这里报告我们研究的重大实践成果。我们观察了2000名学生在不同科目中的表现，邀请了50名学习成绩最靠后的学生参加我们开展的学习技能训练。在50名学生完成训练内容之后，他们在下一学期的表现都有了快速又显著的进步。

我们是应该对这样的结果感到高兴，还是保持怀疑态度呢？当然应该保持怀疑，因为这一现象正是**均值回归**。

对于均值回归描述的问题，当你意识到它的时候它十分明显，但如果你意识不到，那它就具有很强的欺骗性。实际就是这样：在一个极端的结果出现之后，下一个结果就应该不会那么极端。

比如你自己的成绩。如果这周的成绩超出往常水平，那么下一周可能就不会再超常发挥了，除非你的能力在短时间内发生了重大提升。同样，如果这周的成绩一塌糊涂，下周的成绩大概率就会有所恢复。

上面例子中2000个学生中的50名后进生也是一样的情况。就算他们的能力在全体学生中低于平均水平，这50名学生也不太可能在每一次考试中都同时垫底。因此，学生整体的平均成绩长期来看只有一个趋势，就是上升。的确，它只会变好，因为不能更差了。

同样，如果想购买一支股价达到最高点的公司股票，你可能还是要三思而后行，因为从高点回归均值的可能性比继续上升的可能性要大得多。

为什么这种情况叫作均值回归呢？均值指的是一个事物的长期表现水平。如果某次观测结果水平过高或过低，那么下一次的观测值就更有可

均值回归（Reversion to the mean）：指的是假设结果随时间呈正态分布，一个离群结果随后会出现一个非离群结果的趋势。也就是说，均值回归以正态分布假设为基础，认为事物在长期的变化过程中，不管是过高还是过低的极端结果，总有向"平衡位置"（或均值位置）靠拢的倾向，上涨或下跌的趋势都无法持久。

能靠近平均值。如果你在人群中随机选择的一个人身高很高，那么你随机选择的下一个人更有可能会相对矮一些，反之亦然。

因此在设计实验和日常思考时就要格外注意均值回归。比如，在接下来的几个情境中，均值回归扮演了怎样的角色呢？

某老师正在观察学生的表现，但很不幸这位老师从观察中得出一个完全错误的结论。实际上，不管老师如何介入，表现差的学生下次会做得相对更好一些，而表现好的学生下次会做得相对更差一些。这种现象的本质就是均值回归。

我是一名教师，发现了一条很有效的规则：惩罚可以有效改善后进生表现，但是表扬对激励优等生却没有什么效果。我是如何发现的呢？如果我惩罚了成绩差的学生，他们下一次的成绩通常会提升。但是对于好学生，表扬却毫无效果，就算我热情夸赞他们，他们下一次仍然无法保持优异表现。[51]

在下面最后一个例子中，你能看出这项研究中的缺陷并提出改善方案吗？

我们希望研究的是，对于那些自我定位为酗酒者的人，治疗性的戒酒小组活动能在多大程度上帮助他们减少酒精摄入。在与当地卫生健康中心的合作中，我们从已知的100名酗酒者中选择了情况最严重的12名，并鼓励他们连续参加了2个月的戒酒小组活动。2个月之后，这一小组成员的平均饮酒量与原来100名酗酒者的平均饮酒量相比大幅下降。

和我在上面举出的学生表现事例一样，这个研究的问题在于样本的选择。虽然酗酒问题和学术表现不尽相同，但均值回归原则仍然显示酗酒最为严重的受试者很可能会随着时间的推移而减少酒精摄入，表现日益趋于平均，换句话说，我们并不能确保观察到的结果是正确的。

那我们应该如何完善这个实验呢？最常用的方法就是将100人随机分为两组，一个对照组（不接受治疗）和一个实验组（接受几周的小组活动治疗）。这样，实验组饮酒情况的改善才会更加有说服力。

学习要点 10.2

别忘记均值回归

1 请记住，出现一个离群值之后的观测结果很可能不那么离群了，所以上升或下降的趋势从长期来看都不会持续。

2 还要记住，在一个离群结果之前的上一个结果可能就不那么离群。

3 在做出任何判断时都要考虑均值回归问题。如果可能，要么建立对照组进行比较研究，要么开展全方位的研究。

错误归因

上一节我们讲述了对事情结果的错误解读，比如小数法则、均值回归等，这与之前章节讨论过的启发式和认知偏见十分类似。人们总是很难接受很多事情的发生只是巧合，更愿意相信这一定是人为因素和故意作用的结果。

这一认知倾向被称为**错误归因**，指的是人们习惯于将某一事件看作人为因素和故意作用的结果，而非巧合。[52] 看下面这个很简单的例子：

> 我已经被迫跟在这个司机后面开了5英里了，很难相信他怎么能开得这么慢，他可能开车不专心，或者车技太差，反正是个糟糕的司机！

错误归因（Fundamental attribution errors）*：倾向于不成比例地将事件视为深思熟虑的行为或意图的结果，而不是环境的产物。

我们都经历过这样的事情(我本人就经历过好几次)，但真实情况常常是这样的：

天哪！我现在终于看到了，这辆车的前面有一群自行车骑手，在弯道上根本没办法超车。

在这种情况下，我立即根据对这位慢速司机的性格和态度的假设来解释他的行为。我不由自主地认为他是在故意慢速行驶，而如果换成别人来开车，比如我，肯定不会这样，而且我一定会比他做得更好。换句话说，我自动地把自己的糟糕经历看作别人犯错的结果。

但我后来才发现，是外在因素导致了这种情况。就算是换成我自己，也不得不放慢速度行驶。可能我身后的司机也正在因为同样的理由对我表示不满。

我们为什么会这样认为呢？这个问题又有什么值得关注之处呢？我们常常高估了我们所处世界的连贯性，认为这是一个单一因果链组成的世界，人们可以随时为任何事找到起因。

看看下面这些解释和分析，你觉得哪一个最有说服力？如果你是这个监狱系统的负责人，又更容易相信哪一个呢？

我们认为，囚犯遭受的虐待是少数警卫的行为造成的，他们在心理上不适应自己的角色，并恶意滥用了自己被赋予的权力。我们认为，更严格的心理测试和分析应该可以防止此类事件的再次发生。

我们认为，囚犯遭受虐待的原因是，他们长时间服刑后不那么社会化了，狱警对他们行使权力时通常很随意且不负责任。我们认为，只有改变系统本身的性质，才能防止类似事件再次发生。

错误归因带来的一个更令人不安的可能性（也正是因此我们才不愿意抵制错误归因）是，完全正常的人可能会因自己的处境而变得奇怪、残忍和不人道。这并不是说人的性格没有作用，只是其影响可能远小于我们以为的程度。无论把责任如何归咎于那些与我们不同的人，无论责备他们恶劣、软弱或愚蠢有多么诱人，但实际情况是，即使同样的事情发生在我们自己身上时，我们也没有像自己以为的那样有控制力和洞察力。

哲学家托马斯·纳格尔（Thomas Nagel）和伯纳德·威廉姆斯（Bernard Williams）发明了一个简洁的术语来描述这种情况：**道德运气**。这个术语指出了一个奇怪的事实，就是我们经常从道德角度对某人进行严厉的评判，即使事情并不受他们的控制。尽管我们同时也接受这样的观点，即一个人只应对他能够控制的事情负责。[53]比如，你将如何评价我在下面这个故事中的行为？

我在湿滑路面上开车的时候有一点超速，身边的人也都是这样开的。路边的积水使我的轮胎打滑，超速撞到了另一辆车，导致了被撞车辆的司机死亡。

很多人都会说在这种情况下，我应该为这次可怕的事故负责，受到惩罚。确实如此，但其他那些在路上超速行驶的司机呢？因为轻微超速这种理论上也可能发生在其他任何司机身上的事情，却只严厉惩罚我一个人，这是否公平呢？一起处罚其他超速的司机不是更公平吗？话说回来，即使一个司机开车时积极主动地选择与其他司机保持相同的速度，那么这样又能行驶多远呢？

有很多这样类似的问题，哲学家们也进行了思考。关键在于，一旦你开始关注我们到底可以让人们对哪些事情负责，就会发现运气因素在其中出现得极其频繁。对于出身于贫穷和充满暴力家庭的人，和那些含着金汤匙出生的人，我们能采用同样的标准来判断他们吗？我们是应该通过他人的行动结果，还是他们的意图和态度评价他们呢？

像这样的问题没有简单的答案。然而，正如我们将在下一节中探讨的那样，仅凭最终结果来判断往往是一种错误的思考世界的方式。

想一想10.1

你是否能想到生活中一个错误归因的例子？你是否觉得自己可以掌控这些事情，但实际上却没有呢？

没考虑到未发生的事情

历史可能性和结果偏见

这一节的开头描述了一个我们习惯中很重要的盲区：通过结果来判断决定好坏，而忽略了其他的可能性。作家纳西姆·尼可拉斯·塔雷伯 (Nassim Nicholas Taleb) 就在这方面给出了一个简单的例子：[54]

想象一个性格古怪的百万富翁要和你玩一局奖金为

一百万美元的俄罗斯轮盘游戏。手枪的六个子弹槽中有一个随机装填了子弹，你必须在不知情的情况下对着自己扣下扳机。你有六分之五的可能性获得一百万美元，六分之一的机会死掉。你是否愿意每一年玩一次这样的游戏呢？

很明显，玩这种游戏是十分危险的，但它同时也清晰展示出了被塔雷伯称作"**历史可能性**"的想法在我们的生活中多么无法被忽视。

在以上例子中，六分之五的可能性使你走向暴富，剩下六分之一的可能性是让你走向死亡。在现实生活中，最后的结果只有一种，我们没有办法倒退再重新来过。如果有的幸运儿没死，我们就会关注到他们如何暴富，并自动假设他们做的事情一定是有道理的。如果有人不幸死掉，我们可能甚至不会注意到他们的存在，只有当我们同时考虑所有的可能性，才能看到这个游戏真正带来的结果：每五个人暴富，就会有一个人死亡。

如果我们要考虑每年都玩一次这个游戏，就必须认识到这一点。如果玩游戏的人够多，那最

历史可能性（Alternative histories）：不是指实际发生的事件，而是指那些在现实生活中没有发生但可能发生的所有可能性。

终会有一小部分人暴富，也会有很多人死亡。但我们常常只会注意到那些变得富有的人，因此，除非我们刻意努力把历史可能性因素考虑进去，否则还是可能会忽视这种游戏的风险。

这个故事听起来很像一个寓言，但是它说明的问题却对现实生活有着重要意义。如果只关注更引人注目的结果而忽视了过程中的其他可能性，那我们自己最后也可能做出像俄罗斯轮盘游戏一样危险的决策。

这叫作**结果偏见**。只要有了已知的结果，我们就会认为这是唯一的可能性，而忽略了其实一直存在的不确定性和可能性。但实际上一个决策的质量并不取决于其结果，而是它在当时的情境中是否合理。比如你认为下面的哪个选择更好？

(1) 亚历克斯上尉考虑了他的军队在战场上的状况并决定撤退，认为与其把命丢在这样的小规模战斗

结果偏见（Outcome bias）：倾向于用结果而不是过程的合理性来评估一个决策。

中，不如有朝一日再战。
(2) 鲍勃上尉在同样的情况下则发出了对敌人愤恨的怒吼，命令每一名士兵都全力出击。 ◯

我觉得亚历克斯上尉听起来是个比鲍勃更好的指挥官。但如果看了下述结果后，你是否还会这样认为呢？

        是   **否**

(1) 决定撤退之后，亚力克斯上尉的军队以最小的伤亡结果与大部队会师了。 ◯ ◯
(2) 鲍勃上尉带领的士兵们则迎头猛击，打穿了敌人的防线，虽然伤亡惨重，但机缘巧合之下甚至切断了敌人的前线补给。鲍勃上尉虽然牺牲，但因其勇敢而受到嘉奖，被追授了一枚勋章。 ◯ ◯

多亏了运气好，鲍勃上尉现在是一个(已经牺牲的)战斗英雄，但他的决定仍然不如亚力克斯上尉的好。尽管鲍勃上尉取得赫赫战功，如果军队里的每一个人都做出像鲍勃这样的决策，那么士兵们可能很快就会全部牺牲。

我在书的一开始就提到过**幸存者偏差**，指的是一种只看成功案例而忽略失败的倾向。大公司和富人很符合这种偏差，尤其容易吸引更多注意，这是因为普通大众很难接触到这些领域里的失败案例。每个人都知道谷歌和苹果，但没人知道几千家创业初期就失败的初创公司和上百万个甚至没有机会成立的潜在公司。人们总在关注和分析成功的幸存者，即便他们只是罕见的个例，无法提供什么有价值的经验。

下面有三个有关结果偏见和忽视历史可能性的例子。看看你在每个例子中能否发现错误之处，并找出那些被忽视的可能性是什么。

1 公司为这次恶意收购竞标赌上了全部身家，最后也收获颇丰。积极收购的大胆战略将为公司带来成功，我们一定要坚持这一点。

2 划船很显然能让人获得健美和匀称的体魄，看看那些每天早上六点就在河上练习划船的运动员身材多好。如果你也想这样健美，那应该要马上开始划船训练了!

3 军事科学家研究了很多经过实战的轰炸机。根据敌军火力在机身造成的损伤区域,科学家制订了一个保护计划,能在敌军火力最强的区域更好保护我方轰炸机。

为了了解这种思维存在怎样的缺陷,让我们来依次看看上面的案例以找出其中的问题。我们只看结果就会忽略一些因素,但如果采取历史可能性方法视角,这些因素就会变得清晰可见:

1 公司为这次恶意收购竞标赌上了全部身家。在这一领域中,历史上有90%的类似竞标最终都降低了公司的价值和生产力,虽然这次可能发挥了作用,但恶意收购竞标仍不是一个优秀战略,做出决策的人应该为其莽撞受到惩罚。

2 很显然河上划船的运动员都身材健美,但只有充满动力、体格强健的天赋型运动员才会在早上六点就去进行划船训练。普通人仅仅靠训练划船很难实现身材健美的目标。

3 统计学家亚伯拉罕·瓦尔德(Abraham Wald)在第二次世界大战期间就曾指出,返航轰炸机机身的损伤恰恰展示的是飞机哪些部位可以损坏却不影响飞机安全地从战斗中返回!真正重要的是,所有幸存战机都没有被敌军火力击中特定部位,因为被击中这些特定部位的战机都坠毁无法返航了。所以,军方需要做的是根据幸存飞机完全没有受损的部位去完善和加强新建造的飞机。[55]

后见之明和发表性偏见

后见之明与结果偏见和幸存者偏差密切相关,它描述的是人们在某件事情发生后会将其视为可预测的和不可避免的,即使他们并没有提前预测到。

后见之明的危险之处在于,我们会在事情发生之后不自觉地改变看法。比如一个名人去世后,当我们进行回顾时,他的死亡就变成了精神错乱、抑郁和成瘾的必然结果。在我们的回顾中,杀人犯不幸的童年和家庭关系也往往导致其心理失衡。类似的例子还有很多。

可问题在于,只有诚实地分析我们为什么没有预测到某事,我们才能提升自己预测的能力,真正预防下一次类似的事件,但后见之明已经深深植入了我们的认知当中。

我们应该如何解决这个问题呢?我们可以保持诚实,尽量完整地记录,少玩"事后诸葛亮"的游戏。但准确和详尽的记录可能比你想象得更困难,即使在学术研究中也是如此。看看下面这

后见之明(Hindsight bias):回顾过去认为其比实际情况更容易预测,并把不可预见的事件视为可预见的倾向。

个例子：

> 有超过1000个医学研究项目关注饮食和心脏病的关系。在一个传播广泛的研究中，实验组与对照组的对比结果表明，每日适量食用黑巧克力有助于改善心血管健康，这一结果激发了进一步研究。

这能否真的证明黑巧克力对健康有益呢？有可能是这样。但考虑到有1000个研究项目都关注了饮食与心脏病的关系，更可能的情况是，其中总有几个研究项目碰巧产生了偏误的结果，这仅仅是由于样本数额太大。

总的来说，任何持续研究的领域都可能产生惊人的正向结果，这仅仅是概率问题。但这些结果是否真的值得进一步深入研究还有待商榷，因为只有这样的结果会得到广泛的发表和宣传，很多没有取得突出结论的研究却不为人知。这种现象就叫作**发表性偏见**。

你可能会说，哲学家、科学家和研究者一定会对这类偏见免疫。但在很多情况下，结果和影响会带来很大的激励作用。因此，越来越多的期刊和科学家呼吁，希望知名出版物可以看到其中因果联系的缺失，也希望研究员们确保其研究过程和结果可以得到完整出版，以防被断章取义，只**择优挑选**出引人注目的部分。

这再一次说明我们可以从这些令人失望的事实中学到很多，并激励自己避免受到结果偏见的影响。下面有三条建议：

● 如果过多关注结果和正面的发现，我们就无法从失败中学习，同时会忽视其他的历史可能性。为了解决这一问题，你需要在不考虑结果的情况下评估各种决策和方法。

● 对特殊情况或者突出结果的天然兴趣会使我们无法看到大多数不以成功或惊人结果告终的普通事例。为了解决这个问题，你应该尽可能多地关注某个领域的负面研究结果和失败率。

● 短期内，结果往往由运气和随机变化主导。从长远来看，合理的策略和技巧更有可能成功。同样，只有通过观察长期和大规模的趋势，你才有希望找到有意义的模式。[56]

高估规律性和可预测性

在本章开头我们提到了"均值"这一概念,它的意思和"平均"类似,都是用所有数据之和除以其数量。有时候这个概念非常好用:

成年雄性阿尔萨斯犬的平均体重在30到40千克之间。

但有时候又会导致毫无逻辑的结果:

平均每个人都有一个睾丸或一个卵巢。

当然还存在不同的平均方法,所以我们可以看一看"平均"这个词后面还存在着多少不同的可能。

假如英国男性的平均身高约为1.75米,而你恰好是一个身高为1.75米的英国男性,你大概会认为英国有一半的男性比你高,一半比你矮。这没什么问题。你也可能觉得和你身高大致相仿的人应该更多,这也没有什么问题,因为极高和极矮的人都不多。

这是由于身高这一自然现象通常呈**正态分布**,根据其形状有时也被称为钟形曲线。这是一个理想化的连续分布,结果的中间是一个峰值,峰值两侧曲线对称。在自然和社会科学研究中,正态分布经常被用来表示一个未知变量可能的理想分布状态。

想象一下,一个金融服务公司向你提供了一份分析师工作,这个公司共有15名全职员工(包括了马上要入职的你)。你知道公司的平均年薪是6万英镑,而你的职务大概位于中间,也就是有7名下级和7名上级。这是否意味着你的工资就是6万英镑,公司的大多数人的工资都和你类似?

答案并不是,一些自然属性如身高、智商或体重呈现正态分布,但像工资之类的经济事件却并非如此。这里是这个公司虚拟的工资分布:

5名研究人员/助理:	2.5万英镑/人
办公室经理:	3万英镑
2名分析师:	3.5万英镑/人
2名高级分析师:	4万英镑/人
市场经理:	5万英镑
首席技术官:	7.5万英镑
首席财务官:	10万英镑
首席运营官:	10万英镑

正态分布(Normal distribution):又名高斯分布,是一个理想化的连续分布,在结果的中间有一个峰值,峰值两侧曲线对称。

首席执行官： 27万英镑

讨论均值时，我们会用到三个不同的概念，每个概念的意义都不同。具体到这个公司，每个概念都会有不同的结果：

● **均值**是工资之和除以公司人数：90万英镑除以15人，平均每人6万英镑。但事实上只有4个人达到了这一平均水平，是因为他们工资很高才拉高了平均值。

● **中位数**是处在中间的工资，比7个人多，比7个人少。这个数字是3.5万英镑，比均值要小，但是恰巧将员工们分成了两个相等的部分。

● **众数**是在数字中出现频率最高的数字，这里为5位研究员/助理的工资2.5万英镑。这里出现频率最高的工资水平同时也是最低的工资水平。

这告诉我们什么呢？首先，在工资等问题上讨论"平均数"并不能提供完整信息。不同的平均数代表了截然不同的结果。比如，公司CEO可以在对不同人的对话中使用不同的结果：

1 我坚决反对指责本公司员工待遇低下的说法，因为首先我们公司的平均年薪达到了6万英镑。

均值（Mean）：传统的"平均数"，数据之和除以其数量。

中位数（Median）：在按序排列的一组数据中，居于中间位置的数。

众数（Mode）：数据中最常出现的数。

2 我想向投资者重申我们的工资并没有超标，如果你随机问一名员工工资，可能性最大的是2.5万英镑。

3 我们目标在于公平报酬，工资中位数水平是3.5万英镑，与整个行业的高绩效者相当。

我们看到，这些例子中的数据甚至没有一个接近CEO每年27万英镑的高薪水平。为了更好理解这一点，我们需要关心所有数字的真实分布，并且要防止任何正态分布的假设，因为潜意识地就认为是正态分布很可能是误导性的。让我们来看看不同类型数字的分布：

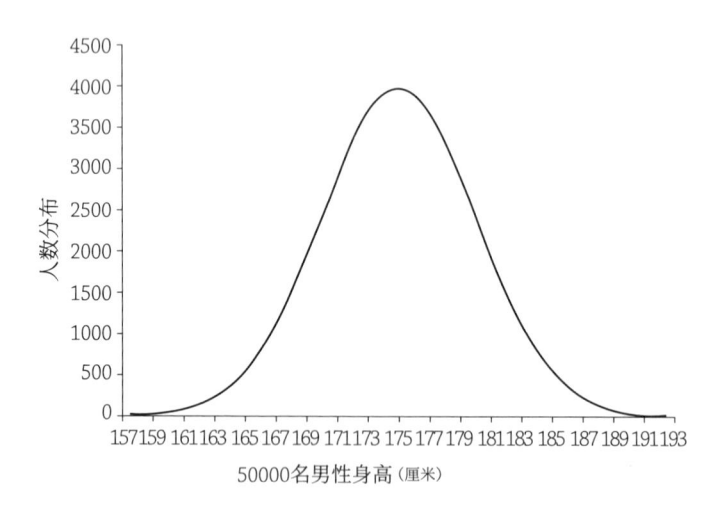

50000名男性身高（厘米）

下图展示的是英国税后工资分布：

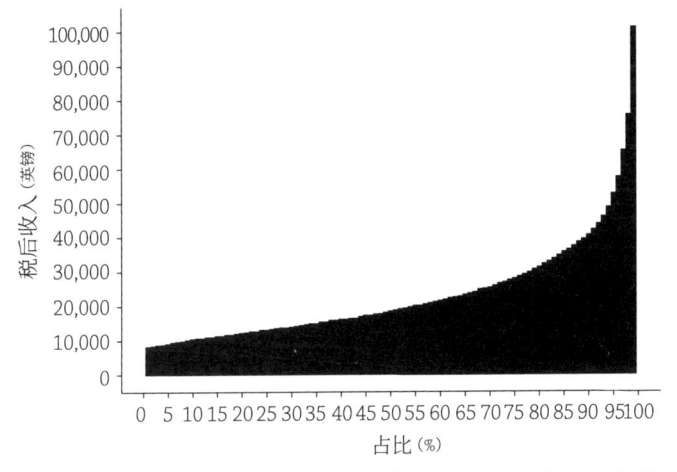

第一个图所展示的就是正态分布,其中均值、中位数和众数大致相同。了解平均身高可以对整个群体的身高都有比较准确的把握。但在第二张图中,均值、中位数和众数相差甚远。所以我们对整体工资水平的假设极可能出现问题,因为极端结果会对均值产生很大影响,而中位数和众数则更多分布在占比很高的低水平中间。

在下面的场景中,对比一下不同的"平均值",看看传统均值这一指标是有用的还是可能会造成误解:

	有用的	造成误解的
(1) 我们的研究测试了50名本科生的时政知识水平。平均而言,在"正确说出现	○	○

任内阁成员姓名"一题中，只有3/10的学生能给出正确答案。

（2）全球财富大概可以达到250万亿美元，基于全球有80亿人口，人均财富可以达到每人31250美元。因此人们生活非常富裕。　　○　○

（3）关于新沿海发展的防洪措施研究中，由于这一地区的平均海浪高度约为海平面上1.5米。为了保证安全，我们提出防洪设施高度应达到此高度的3倍，即高于海平面4.5米。　　○　○

第一个例子中均值的使用还是合理的。成绩平均数向我们合理展示了学生的知识水平，不过如果能看到成绩的全体分布会更好。但在第二个例子中最好避免使用均值，因为世界的财富分布非常不均，虽然平均数超过3万美元，但世界上有一半的财富属于1%的人口，也就是说这1%的人拥有的财富比其余99%的人的总和还多。

最后一个关于防洪的例子就不仅是误导了，甚至可以说是十分危险。在建造防洪堤坝时应参考的不仅仅是海浪高度的平均水平，应该还有历史最高水平。我恰好曾研究过英国北海岸的海浪数据，虽然平均高度只有1.5米左右，但是在20世纪最高高度甚至可以达到5米。

最后一个例子就展现了关于预测性的重要观点：**极端事件的影响**。当某种事物大致符合正常曲线时，比如身高、智力、常见的死亡原因，我们就可以有意义地估计其变化和风险等。但是，当不常见的、不可预测的事件在其长期后果方面远远超过任何数量的"正常"事件时，我们预测和减轻风险的能力就会大大降低。例如，仅仅一场罕见的洪水就能造成数十亿美元的损失，或者只要一天的异常温度，无论是高温还是严寒，就足以摧毁所有作物。

在这些事件中仅仅讨论均值只能起到反作用，导致糟糕的结果，因为它们会造成误解。这是一种**可预见性偏差**，也就是人们错误地认为处理复杂多变的事物像处理可预测的事物一样简单。

这里展示了另一个例子，是一个公司的股票价

极端事件的影响（Impact of extremes）：极端事件即使很少，也会比众多普通事件对结果的影响更大。

可预见性偏差（Illusion of predictability）：认为观察到的模式必然会重复，或者认为当前的常态概念永远适用的一种错觉。

格。你是否会在最终水平处购入该公司的股票呢?

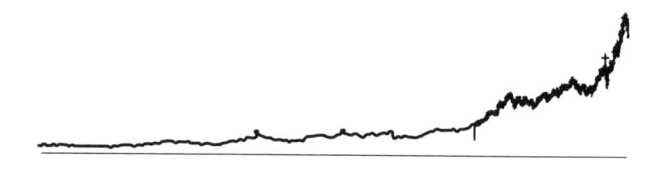

如果你决定买,那么恭喜你!接下来公司股价翻了一倍,你也大赚一笔。你是否要继续投入呢?

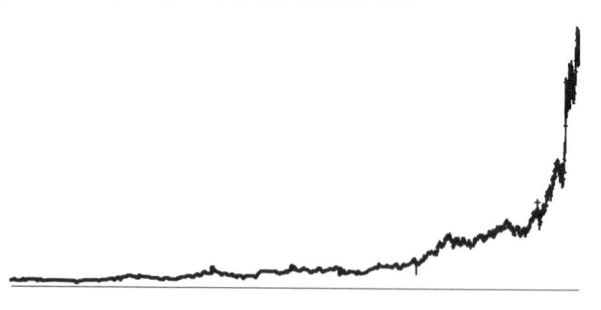

天!我希望你卖掉了自己的股票,因为接下来的趋势是这样的:

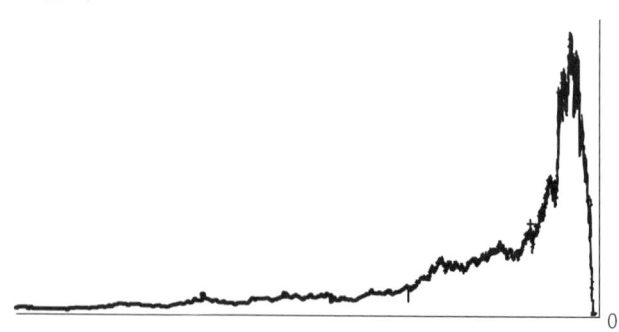

你可以看到图中股价最后几乎跌至零。这正是安然公司的股票走势，在一段时间令人瞩目的股价轻率走高、高风险投资和隐藏债务之后，安然公司在2001年11月宣告破产。连续几个月，安然公司看起来都发展得风生水起，人们赞扬其远见和雄心，是全球皆知的成功范例。然后，突如其来的破产让这个成功故事戛然而止。

这种失败是否是本可以被预测并防范的呢？没错，是可以的，但是没有人发觉。当人们有所察觉，一切都已经太晚了。失败的根源在于一种我们或多或少都在某种程度上会犯的思维错误：将趋势看作真相，过于短视，很难预测整个事件突然发生彻底变化。

几乎所有我们认为理所当然的东西，包括繁荣、安全、增长、技术、生活本身，都会在某个阶段被一个意外完全打乱。这是一个何时发生的问题，而不是是否会发生的问题。从长远来看，可预测的模式和我们感知到的正常都只是幻象而已。请思考下面几个问题：

- 为什么经济可以持续增长，经济会永远增长吗？
- 计算机的速度会越来越快吗？
- 机器在未来10年、20年和50年后将会拥有哪些能力？
- 世界会永无止境地变得更加富裕和发达吗？
- 21世纪最具毁灭性的冲突将会是什么？

这些问题是无法确定地回答的，问题的关键在于：一切看似合理的预测和根据目前趋势采取的行动都是在简单地逃避思考，是懒惰和危险的，而且肯定迟早会被证明是错误的。

学习要点10.3

如何避免短视思维

● 为突发事件做好准备。不要在研究前就假设可能得到的结果，或笃定认为目前观察到的趋势一定会无限延续。

● 切记，一次极端事件带来的影响常常大于上千次普通事件。

● 平均值和正态分布符合人们的直觉，但是大多数时候都无法准确反映复杂系统的实际运行。

● 一个事物持续的时间越长，就越可能持续更长的时间，因为它已经经历了数次突发事件的考验。所以，如果你想对未来做出准确预测，最好先了解一下过去。

想一想10.2

你能想到什么存在超过百年的事物吗？上千年的呢？

是否有什么是现在非常重要,但50年后就会消失呢?

警惕锚定效应。确保你预先确定好了参考标准,而不要让别人替你来办。

人类:擅长社交情境,拙于统计数字

让我们用一个轻松点的话题来结束这一章吧。先来猜一个谜。假如你面前有四张卡片,每一张的正面是饮料名称,背面是一个数字,但是你每次只能看到向上的那一面。为了回答这一问题,你可以反转任意卡片任意次数:

饮酒的法定年龄为18岁,这些卡片则代表了酒吧中的一些人,一面是年龄,另一面是饮品。反转哪一张或哪几张卡片才能用最少的次数确定没有人违法?

| 23 | 16 | 啤酒 | 可乐 |

你觉得呢?大多数人都可以很快发现只需要翻两张卡片,分别是写着16和啤酒的。这是因为你只需要确定

喝啤酒的人年满18岁，以及16岁的人没有在喝酒精饮料，这就不涉及剩下的两张卡，我们不用关心23岁的人在喝什么或者喝可乐的人是否成年。

我们在第四章中提到的华生选择任务也是类似的谜题，是关于颜色和数字的任务。你可能也记得有超过90%的人完成第一次任务失败了，但大多数人都能正确地回答上述问题。这是因为我们对社会情境和社会规则更加熟悉，解决这样的问题动用了我们的情感和直觉，在脑海中构建这样的场景也容易得多。而数据和抽象逻辑则恰恰相反，需要我们进行很多反直觉的处理，也就是说：

● 我们可以快速精确地处理小规模社会情境，只要我们熟悉其涉及的风俗和规则。

● 一般来说，我们不适应涉及统计的大规模复杂问题，在面对它们时容易被直觉误导。

基于这些，我可以给大家一个非常重要的建议：

● 当你感觉到自己的直觉不可靠时，暂停一下，放慢速度，去强化自己的认知。

总结

怎么才能确定是否应该相信自己的直觉呢？要小心以

下三种错误想法：

● 认为偶然事件有重要意义。

● 忽视未发生事件的重要性。

● 认为事物都是有规律的并对其做出预测。

首先，过度重视随机事件：

● 小数法则告诉我们，样本的数量越小，测量次数越少，结果越可能产生波动。与之相反的大数法则告诉我们，样本数量越大，测量次数越多，结果越可能向预测水平靠拢。

● 均值回归说明如果你某次观测结果的水平过高或过低，那么下次的结果就更有可能接近平均值。

● 错误归因指的是人们倾向于认为某事的发生是有意造就的结果而不仅仅是偶然因素所致。

● 道德运气是指一种自相矛盾的观点，我们应该只因为人们能够控制的事情而责怪他们，但在实践中，我们经常根据事情结果的好坏来判断他们。

其次，忽略未发生事件的重要性：

● 结果偏见指只通过结果而不是过程评判某个决策好坏与否。

● 幸存者偏差指人们只关注幸存者和成功案例而忽略失败，导致整体判断的误差。

- 为了避免上述的问题,我们需要考虑历史可能性:同一时刻可能发生的事件及其可能性。长期来看,草率决策最后都会付出由历史可能性所带来的代价。

- 后见之明是指在回看过去时经常不自觉高估事件的可能性,将原本不可预测的事件看作必然发生的。

- 在学术界,发表性偏见指的是出版物更倾向于发表正面和引人注意的结果,而不是同样有根据但结果不甚突出的研究。

- 择优挑选指有意挑选更吸引眼球的结果,从而错误地代表整体。

再次，高估可预测性：

● 我们需要小心极端事件的影响，因为一件极少发生的极端事件，其影响可能超过重复发生的普通事件。

● 我们需要小心可预见性偏差，不要过于依赖现存模式，也不要认为它们一定会持续重复发生。

最后，我们需要看到自己的强项和弱点：

● 我们可以快速并且精确地处理小规模社会情境，只要我们熟悉其涉及的风俗及规则。

● 相对来说，我们不适应涉及统计的大规模复杂问题，在面对它们时容易被直觉误导。

第十一章

对技术保持批判性思维

如何对情绪性和诱导性的语言进行批判性思考?
↓
如何对谬误和错误推理进行批判性思考?
↓
如何对认知偏见和行为偏差进行批判性思考?

如何更好地克服对自己和他人的偏见?
↓
如何才能更具批判性地应用技术?
↓
如何成为拥有批判性思维的作者和思考者?

你能从本章中学到的5点

1 数据、信息和知识之间的区别。
2 如何更好地识别信息系统中的偏见？
3 如何节约注意力？
4 在线搜索和发现的实用策略。
5 如何在数字时代确定自己最有价值的技能？

进行批判性思考，就是在怀疑精神的基础上进行推理，因为我们自认为知道的事物可能并不准确，通过积极寻求对立观点，我们可以共同加深理解。这在我们分析人类的思想和行为，以及思考偏见、操纵和误解的方式时尤其重要。

本章将讨论一个同样重要的挑战：对技术保持批判性思维，特别是那些帮助我们保存、获取和处理信息的技术。和人类一样，技术也有其偏见和盲点，而且这些偏见和我们自己的偏见交错重叠。技术并不是一个中立的工具，它编码了某些习惯、假设和看待世界的方式，只有我们小心谨慎地对待技术，才能避免让技术在不知不觉中左右我们的行动和态度。

我们生活在数字化时代，被大量触手可及的信息所包围,每时每刻,无处不在。我们可以利用的资源比以往任何时候都多,还有了更多查询、组织、处理和创造信息的方法。

然而,这并不代表我们知道得更多或者理解得更加深刻,相反,可能说明我们对某些事情了解得越来越少,因为一方面,我们面临着各种支离破碎或相互矛盾的说法,这甚至损害了我们区分或全面理解信息的能力。另一方面,合作、分享并向他人寻求帮助和建议,以及建立共同资源,这一切都从未像现在这样容易。

这一领域面临着深刻而新颖的挑战。本章探讨了其中一些问题,并提出了一些实用的使用技巧。正如我们将看到的,这些挑战中大部分都涉及一种冲突,即一方面是获取、辩论和传播知识,另一方面是与信息系统不断互动并通过信息系统进行互动。下面列出了其中一部分冲突:

获取、辩论和传播知识	信息系统的日常使用
缓慢、需要努力的过程	快速的过程,强调轻松感
真实性和准确性优先	情感和社会影响优先
流行程度不能决定合法性	流行的信念极其重要
主要通过推理进行说服	主要通过修辞进行说服
对系统和框架进行批判性思考	对系统和框架的非批判性接受
积极支持辩论并欢迎反对意见	寻求确认和群体共识

你是否从自己的生活与技术的关系中，或者通过技术认识到其中的任何一个冲突呢？你是否同意这里所提出的倾向？

当我们在现实中使用技术的时候，上述种种冲突也几乎无处不在，无论是在工作还是休闲中。即使在学术研究中，社会和情感因素、主流观点和特定制度所催生的激励因素都会深刻影响着我们。因此，一个潜在的问题是：我们如何有效地追求知识，同时也通过共享的、社交的信息系统进行互动，并从这些交流和分享中获益？

数据、信息和知识

我们常常会替换着使用诸如"数据""信息"和"知识"等词，然而，当我们带着批判性思维去思考技术时，我们必须更准确地区分这些词的不同。这里有一些**原始数据**供你思考：

8091、8849、8167、8611、8586、8485、8163、8126、8188、8516。

看到这些数字你有什么想法呢？可能没什么想法。这些原始数据还没有经过处理和整理，处

原始数据（Raw data）：有待处理的事实或数字。

理数据的第一步就是将其按照某种顺序进行排序：

8849、8611、8586、8516、8485、8188、8167、8163、8126、8091。

现在呢？你有什么想法？可能还是没有。仅仅是把数据按照大小升序或降序排列并不能让它们变得有用或者帮助我们来理解其中的含义。它们还需要有所指向，现在，我给这些数据赋予一个语境：

世界上最高的10座山峰的海拔(*)：8849、8611、8586、8516、8485、8188、8167、8163、8126、8091。[1]

与单纯的数字序列相比，现在这些数据有了一些特定的含义，这也是我们通常所关注的特定的**信息**：在赋予其意义的特定语境下，经过处理、排列和整理后的数据。

我必须要强调的是，"信息"这个词本身就可能根据语境的不同带有非常不同的含义。我在此处所定义的"信息"指的是"数据+含义"，我们必须将其与克劳德·香农(Claude E. Shannon)在

---

[1] 该数据来自本书原版。——编辑注

1948年所提出的信息理论中的定义区分开来。[57]

回到刚才讨论的数据，我们现在有了一些特定的信息：世界上最高山峰的海拔高度。除了这个，我们还知道了什么呢？当然，信息还对于事物的现状提出了特定的主张，但并没有向我们提供相信其真实性的理由。相比之下，**知识**是一种足以说服我们相信的信息，是更为稀有也更难以获得的信息。

知识需要信息，但远不止信息——还需要**求证**。而求证就是检验信息真实性的过程。正如我们在本书前半部分所读到的，在实践中，求证很可能需要进行实证调查（拿着一些先进的测量设备攀爬10座山峰）或仔细研究他人收集的证据（书籍、文章、网站、照片、视频等）。

你会如何求证我前面关于10座山峰的海拔的说法呢？大多数情况下你可能不会想着实地求证，而是转向数字信息系统求助：上网搜索网页或者参考文章，阅读筛选大量的公开信息。

然后呢？快速搜索后，你会认为我所提供的数字大体上都是准确的。因为我就是从维基百科的"地球上高海拔山峰清单"网页中摘取的数字（至少在2021年末，也就是我写这本书的时候还是如此）。但是，故事

知识（Knowledge）：经证实的信息，有充分的理由相信其真实性。

求证（Verification）：检验信息真实性的可靠过程。

才刚刚开始。通过进一步的深入阅读和研究，这张清单大体上是准确的，但是想要确认其准确性仍然非常复杂。[58]

复杂性体现在何处？你自己来试试看吧。上网搜索一下，看看对于以下问题，你能找到多少不同的结果：

- 世界上最高山峰的名字？
- 世界上最高的山峰有多高？
- 它被公认为这么高有多长时间了？
- 人们是如何测量到这个数据的？
- 接下来的20年里，这个数据还会是准确的吗？

经过调查之后，你可能会发现，几十年来，中国、尼泊尔和美国国家地理调查局对这座名为珠穆朗玛峰（尼泊尔文为Sagarmāthā，英文为Mount Everest）的山峰的高度认定都略有不同。然而，在2020年12月，中国和尼泊尔使用卫星和先进的三角测量法对其进行了测量，共同商定其"官方"高度为8848.86米。

所以，我们现在是否"知道"珠穆朗玛峰的海拔是8848.86米？这个是否就是我们得到的最终答案呢？不。面对这些复杂性，我们最需要的就是**透明**：对于我们求证过程中的发现和局限进行真实且准确的总结。在调查了大量可靠的信息来源并且了解了山峰海拔测量的复杂方法之后，我们可能会写下这段文字：

由于调查之间存在差异，早期测量结果与近期测量结果同时存在，同时精准确定作为海拔测量基准的海平面较为困难，所有对于世界上最高山峰的海拔测量都存在许多不同的结果。珠穆朗玛峰是世界上海拔最高的山峰。经过多年的各持己见，2020年12月起，中国和尼泊尔共同确定珠穆朗玛峰的海拔为8848.86米。然而，由于板块运动会使青藏高原的海拔每年上升近1厘米，所以测量结果需要定期更新，同时地震等自然现象也会影响到山峰的海拔高度。[59]

换言之，即使是像山峰海拔这样表面上毫不含糊的东西，如果仔细研究其背后的故事，我们很快就会发现这些信息也包含许多复杂的层次。

这会成为问题吗？如果我们撇开上述那些细节不谈，那么得出的信息一定看起来更简洁，但是知识很少是简洁的，也很少是最终定论。因为我们必须根据现实去检验信息的真实性，所以知识往往是杂乱的，当然也是开放的。知识涉及的问题包括：我们有可能知道什么，我们是如何知道的，有什么不同的信息来源以及信息之间如何相互矛盾，或者信息有哪些局限性。

这其中还涉及**权威**归属的竞争：谁有权决定官方真相，谁有权获得信息，以及（可能在21世纪最重要的）将日常生活和经验转化为数据意味着什么。因为即使是"原始"数据也一定是创造出来的，而不是本就客观存在而被发现的，因为人们通过测量和选择的过程主动创造各种数据，这些过程必然会注意到一些东西，而忽略其他东西，可能会也可能不会复制大量预先存在的偏见。

你认为谁会说真话以及说什么样的真话呢？你的朋友、主流媒体、独立证人、谷歌公司还是苹果公司语音功能软件？你如何知道你获得的信息没有被操控或者不是伪造出来的呢？是否有关于你自己的信息，可能是正确的，可能是错误的，也可能介于两者之间，正在某处被他人传播或者修改，从而决定着整个世界对你的看法呢？你怎么判断某人是别人所声称的那样呢？

这些都是信息时代的日常问题，你可能会注意到，这些问题让我们远离了对于知识的求证。然而，那些在信息战、假新闻、虚假信息、窥探、黑客和媒体操纵中的常见手段也是我们提高洞察力、增进理解和获取知识的工具，当然前提

权威（Authority）：认为某个特定来源能提供关于某事的『官方』说法，且认为其可信度凌驾于其他来源之上。

是我们要认识到这并非易事，也不要希望一劳永逸。下面的表格简单概述了我们前面提到的一些重点概念：

权威	认为某个特定的来源提供的特定说法凌驾于其他说法之上。
信息	经过整理、处理、排列，或被置于特定语境中使其具有意义的数据。
知识	经过证实的信息，并且有足够理由相信其描述了事物的真实情况。
原始数据	有待处理或组织的原始数字或事实。
透明	诚实且清晰地展示求证过程的性质，并且承认其中的局限性。
求证	对信息的准确性和可靠性进行可靠调查的过程。

现在请你自己来尝试求证。阅读下方的文段，试着通过网络来调查求证，并提供更为准确和透明的版本：

"休斯敦，我们有麻烦了……"宇航员吉姆·洛弗尔（Jim Lovell）在那一刻所说的名言，定义了美国宇航局1969年的阿波罗13号任务，该任务后来成为面对危机时的勇气和智慧的代名词。

希望你已经发现，"休斯敦，我们有麻烦了"这句话出自电影《阿波罗13号》(Apollo 13)，但在1970年（而不是1969年）进行的任务中，并没有完全以这种形式说出来。而美国航空航天局(NASA)本身可能就是验证这一说法真伪的最佳信息来源，我的更新版本如下：

"休斯敦，我们这里出了问题。"根据美国航空航天局的官方说法，这是宇航员约翰·斯威格特(John Swigert)在1970年4月13日晚上9点08分说的话，当时阿波罗13号经历了一场事故（氧气罐爆炸），这使它后来成为面对危机时的勇气和智慧的代名词。[60]

你自己的版本可能有很大不同，但关键是你进行了调查，从而改善了你自身所处的**信息环境**。就像有人编辑维基百科页面以使其更加准确、详细或透明，或者有人发表了一篇高质量的科学论文，这种哪怕看起来非常微小的验证和更新都是对世界验证知识可能性的贡献。

世界上的信息比知识多得多，而可供使用（甚至滥用）的原始数据就更是数不胜数。这使我们

信息环境（Information environment）：指人、组织和系统之间共享信息的整体领域及其属性。

更有必要尽可能地仔细审查每一项主张，并为建立一个更加可靠、透明和高质量的信息环境做出贡献。总的来说，请记住：

- 数据是制造出来的，不是客观存在而被发现的：是通过测量产生数据，是特定过程的结果，通过特定的理论或猜想表达成信息。它从来不是中立的或绝对正确的。

- 信息也是人为主动创造的，是经过有意的安排并拥有特定语境的数据。信息一般不能带来知识。

- 知识包含信息，但不只是信息，还包括对信息真实性进行求证的可靠过程。

- 所有的知识都依赖特定的决定，例如测量方法、测试方法和求知方法。它建立在一定的假设之上。

- 因此，对于这些假设我们要保持尽可能的透明，因为没有知识是最终真理，无法做到绝对中立或全面透彻。

学习要点11.1

辨别网络虚假信息的最佳技巧

到底如何辨别错误信息（不真实或有误导性的信息）和虚假信息（根据特定事项有意误导人们的不真实信息）呢？英国一家独立事实核查机构提供了以下技巧[61]：

信息来自何处？ 最安全的方法是选择一个可信的来源。如果你不知道这个来源，查看一下"关于"界面或者问问自己为什么这里会分享这个故事。如果没有来源，那就试着寻找一个。你可以搜索图片以了解它以前在哪里出现过，或者搜索故事以了解它的出处。如果搜索结果不太对劲，你就需要小心为妙。你可以通过一些小线索来提升判断，比如虚假的网址、糟糕的拼写或笨拙的布局。

有什么遗漏吗？ 阅读全文，不要只看标题。在阅读文章的过程中，请特别小心那些没有来源或者与上下文无关的图片、数字和引语。虚假新闻通常会篡改图片或者视频，就算是原图，加上了错误的日期或图注，也可能会代表完全不同的含义。视频可能会被编辑或者音频可能会被修改，请你仔细检查原始的版本。仔细思考别人所说的话，同时也要检查他们所提供的来源。如果是紧急情况，应该寻求官方应急服务的帮助。

你的感受如何？ 炮制虚假信息的人通常试图操纵你的感受。他们知道让你生气或者担心就能提高点击量，如果你感觉到很紧张，那请你停下来，在分享这个信息之前，思考如何才能检验这个信息的真伪。如果它看起来好得令人难以置信，那么很可能它就是假的。希望也可能被用来操控我们，但大多数时候，应对虚假信息的完美对策并不存在。

想一想11.1

你能绝对确定你知道什么吗？你怎么知道这些事？你能确定你的知识完全准确吗？你是否感到困惑、错误或不准确，或者你可能会改变主意？

社会认同和系统性偏差

我们获取关于世界的信息有两个主要途径：一是通过感官处理间接或直接的信息，二是通过相信他人的想法或行为而获得相应信息。请你想象以下的场景：

你正站在一个拥挤的剧院里，突然你周围的人都开始惊慌失措地往外跑。

看，这就是你的感官所告诉你的——身体的动作，对环境的感受、视觉、嗅觉、味觉和听觉——这都是你在对一个信息进行社会性解读，用来帮助你理解和行动。剧院里的其他人肯定是认为有危险，或者至少是有一些紧急的理由想要找到出口。在此基础之上，你很可能会产生一个和他们一样的猜想，也就是(你假设的)使他们往外跑的理由，所以你也会向出口跑去。

如果你认为此处确实有危险，那你就是根据**社会认同**采取行动的，也就是被信息性社会所影响了：在此情况下，其他人的行为和表面上的信仰被视为你应该相信同样的事情的证据。[62] 在上述的场景中，有两个问题至关重要：

1 你是否正确地解读了他人的想法？
2 这些想法是否合理？

如果两个问题的答案都是"是"，那么社会认同就是可靠且有价值的信息来源。如果你认为其他人在惊慌失措地往外跑，以及存在真正的威胁意味着他们往外跑的行为是合理的，那么你采取同样行动的想法也是合理的。

然而，如果你对他人集体行动的解读有误，或者这个集体行动不合理，那你这么做就有问题了。而且，你可能会因为自己的后续行动而使情况更糟，因为如果你接受社会认同，你将成为人群中的一员，增加其影响力。请你想象以下场景：

一群人站在街上，指着天空向上看。你不确

社会认同（Social proof）：将他人的行为或者表面上的观点作为证据来形成自己的想法。

定他们到底在看什么，就好奇地和他们一起望向天空。

你可能之前就遇到过这样的情况，发现天空中根本没有什么值得看的东西。只要一个人开始望向天空，就会有另一个人停下来试图确定他在看什么，不久之后就聚集一群人——不断加强社会认同的说服力来吸引下一个人加入。

同时，想要打破这样的错误共识，就需要一个人有足够的自信和权威并将其看法表达出来。如果别人相信这个人说的"其实，天上根本没什么可看的！"，那人群就会散去。但是，如果这个人因为某些原因不被信任，那么面对矛盾，群众的信念强度实际上可能会增加，即使这个信念本身是毫无根据的。

大体上来说，当对自己的信息和判断不确定时，也就是没有真正权威的声音、信息来源或者常识来支撑我们的时候，我们更容易被社会认同所影响。以下情况都会造成这种不确定性：

- 我们知道的信息过少，不足以让我们的感受变成一个考虑周到的决定，所以我们依赖于他人的行动和传达出的想法。

- 我们知道的信息过多，无法有意义地评估我们所有的选择，因此我们也变得依赖他人。

- 我们缺乏相关的专业知识或者无法获取值得信任的

专业知识，所以在知之甚少的领域中，我们依赖主流思想。

● 我们处在一个两极分化的社会环境中，比如一个强烈的部落化或情绪化的群体中产生的强烈压力促使我们顺应大多数人的意见。

你可能已经注意到，当我们通过数字信息系统与他人互动交流时，上述四种情况经常发生。事实上，社会认同在我们日常使用的网络服务工具中已经根深蒂固：从社交平台转发、点赞、排名、投票、评论和用流量衡量的权威测量，到在线广告、促销、媒体、期刊影响因子和论文引用。

例如，当说到搜索算法时，推荐和排序中最重要的依据是对数以百万计的人的选择的汇总观察。为什么？这既因为这种方法有效，也因为对于任何一种基于内容的普遍评估来说，信息实在是太多了，其中重要的是大多数人在做什么、喜欢什么、讨论什么、对什么评价高、购买什么，还有大多数人关注什么，认为什么最简单和熟悉。此外，向人们提供他们想要的东西、说他们想听的话以及迎合他们倾向于相信的想法，是一种非常有效的商业模式，当然其中还包括比较和反复强调细节。

我们应该全盘否定这种模式吗？并不是，这种模式经常会产生优秀又可靠的结果。谷歌公司是最早研究搜索引擎的公司之一，发现了人们对资源的使用程度，以及人们关联起来的那些资源类型，某种意义上也许是衡量质量、有用性和吸引力最可靠的标准。但是，运用这种方式也会带来一系列的挑战、趋势和可预见的信息歪曲。[63]我笼统地将这些趋势归入**系统性偏差**。

如果你想更高效和充分地利用信息系统，那这里提到的趋势就如同在本书前半部分中所列举的那些谬误类型一样，值得我们牢记。这些趋势并不是信息系统所独有的，也并非存在于每一种组织信息的方式中，但它们有望可以暗示我们关注一些数字时代的结构性影响。

网络效应

在20世纪80年代初，以太网的发明者鲍勃·梅特卡夫 (Bob Metcalfe) 在销售演示中提出了一个大胆的主张：网络的价值与用户数量的平方成正比，而其成本只与连接机器的数量成正比。换句话说，当用户超过一定数量时，网络的价值就会开始成倍增加，超过增加新用户的成本。[64]

对于以太网卡的销售来说，这是个绝佳的信息，并且这也成功预言了之后的实际情况。到了

20世纪80年代中期，这种效应广为人知，被称为梅特卡夫定律。该定律不仅适用于网络硬件，也适用于在硬件上运行的数据和软件网络。梅特卡夫所推广的这个现象早已为电信工程师们熟知，被称为**网络效应**：用户最多的网络就是最有用的网络，其用处会随着用户的增加而增加。

如果一部手机只能联系三个联系人，你可能永远不会使用它，不管它质量有多好。同样地，当用户超过一定规模的时候，一个占主导地位的网络可能是唯一的好选择，因为这个网络能帮你联系到所想联系的大多数人。如果一个搜索引擎只能搜索出少部分你感兴趣的东西，你还会使用它吗？如果你的朋友都不使用某个社交网络平台，你为什么还要使用它呢？

网络效应解释了像互联网那样大型开放网络中"赢者通吃"的趋势，也体现了信息时代与社会认同相关的一个中心问题：有些事物可能并不好甚至不准确，但仍然具有吸引力，因为人们觉得自己别无选择。

网络效应也为后续我们讨论的那些趋势奠定了基础，因为网络效应的存在，使得收集大量信

网络效应 (Network effect)：一项服务随着更多的人使用而变得更有用、更有价值，同时也可能更有优势，用户更难退出。

息并将其转化为强大的、可预测的和有利可图的模式成为现实。当涉及竞争和垄断时，网络效应也与信息系统一个独一无二的特点有关。在一个只有一家公司生产的市场上购买产品，产生的结果可能比几家公司竞争客户时要差得多。但是，如果一家公司拥有更多基于数据的信息资源，其结果可能会更好，而且（至少在原则上）如果一家公司能够拥有所有数据，这也将是最佳情况，因为这样他们就可以搜索一切信息，将你与每个人联系起来，并详尽地分析每个因素。

这与传统的市场思维完全相反。由极少数私营公司掌握所有人的信息数据是合理的吗？你可能会说，这有利于提高实用性和用户体验，但前提是你要做好准备，因为私营公司缺乏尊重社会和公民生活某些方面的动力。

影响高于本质

这一趋势描述了一种可能性，就是在分享、讨论和吸引注意力方面，情感影响力比内容本身的真实性更为重要。这对于网络商业模式来说再真实不过了，一切都基于流量的评估和营销，所有数据都与网上顾客的参与度关联起来。

例如，一个关于某个政客的耸人听闻但完全虚构的视频可能会因为其情感影响而获得数百万次观看（甚至影响选举结果）。在由情感驱动的社交媒体和分享平台中，影响往往比内容本质要重要得多。相反，在线业务的内在动机和商业模式可能在结构上就对真相漠不关心，因为从某种意义上说，一段内容的真相或准确性可能与它在吸引网友分享和参与方面的表现无关。从政治选举到有关健康方面的错误信息，这些情感驱动力给别有用心的人创造了无数的机会，使其可以操纵虚假的看法或者捏造没有事实依据的阴谋论。

数量优于质量

这一趋势描述的是直接依据流量、用户数量或其他量化指标来衡量质量，而不使用其他更为合理的方式进行评估。

例如，你购物时可能因为某个商品畅销就认为它质量好，而不是及时认识到，尽管畅销品固然有自身优势所在，但这很可能与质量之外的一系列因素有关（例如，可能是卖家为了脱手库存而大幅度打折，或者一直在操纵推荐算法）。

回声室效应

这一趋势描述了人们只寻求网络上那些能够支持自己

世界观的信息、来源和关系。由于选择的数量过于庞大，人们倾向于为自己本身所持有的观点寻求确认，并且逃避可能挑战其观点的交流。

例如，有些人可能会对选举结果非常惊讶，因为他们所接收的新闻和观点都表明落选的候选人更受支持。在回声室中，你听到的所有声音都是相似的，它们就像回音一样在墙壁上四处反弹。

过滤气泡

回声室效应是基于某人的主动观点，而过滤气泡的出现是由于信息系统本身就是基于个性化选择的，因此人们可能从未意识到自己的视角如此狭小，就如同身处气泡之中。这个词是2011年由伊莱·帕里泽（Eli Pariser）在他的同名书中创造的。[65]

例如，搜索引擎的搜索结果可能是根据你的个人偏好和搜索历史筛选后给出的，只为你提供了你可能同意的那些结果。同样的，社交媒体资讯也会对你的个人信息和浏览历史进行详尽的分析，只向你展示那些你可能喜欢或者感兴趣的事物。

过滤气泡和回声室效应中潜在的问题在于它们可能创造了一个有偏的信息环境，提供了经过选择的信息来迎合你的偏见，或者迎合了可以影响你信息获取的那些公司的偏见和优先事项。这一观察引发出一个内涵丰富的问题，即信息环境在何种情况下才可以打破过滤气泡的弊端，尽可能地创造信息的随机联系和客观多样性。

社会两极化

这一趋势描述的是一个群体会倾向于拥有相似观念和利益，这在社交媒体和网络社群中十分常见，因为这些群体通常是经过自我筛选才聚集在一起的，久而久之整个群体会偏向一个极端。因为这个群体缺乏观点多样性，没有了对立观点，群体内部就会趋于统一和一致。

例如，在一个激进分子群体中只要出现一些观点狭隘的人，那小组成员的观点就会越来越趋向极端，不愿妥协。这会同时促进社会分化，因为持有不同观点的人们彼此很少交流观点，转而只与观点相似的人群交流。而同样的，这种趋势也很容易为意图操控和传播虚假信息的人所利用。[66]

少数人暴政

少数人暴政描述的是一个话语权很强又缺乏灵活性的少数群体可能会掌控政策制定和决策过程。例如，100个人计划聚餐，其中90个人都对餐食比较随意，没有特殊的偏好，而有10个人只吃有机食物，那这次聚餐可能要么就是所有人都吃有机食物，要么就会不欢而散。

一般来说，一个不灵活并且固执的少数群体对于一个相对灵活和宽容的大多数群体可能会有"四两拨千斤"的能力，会不成比例地大幅度影响决策结果——只有少数人积极认可的极端立场，但这些少数人却在辩论和谈判中占主导地位。

算法的偏见和不可预测性

据观察，数据通常是人们主动制造的，而不是人们发现的，这一点在大数据领域和由大数据支持的机器学习算法中尤为重要。我们需要关注该领域中的两个潜在问题：首先，算法可能吸收或者重复原始数据中的偏见；其次，大多数机器学习过程的高深莫测会加大批判和反思的难度，除非你对原始数据及其局限性有专业的了解，而这正是众多算法的终端用户所缺乏的能力。

例如，《科学》(Science)杂志在2017年4月发表了一项研究，研究人员发现算法在分析大量英语文本时，往往会嵌入性别和种族偏见。这样的研究结果只向我们展示了算法偏见的冰山一角，也告诉我们必须要对这一领域展开批判性思考，以避免对人工智能进行训练时无意识地加剧社会不公平、偏见和排斥，更不用说越来越强大的工具进一步凸显了压迫和歧视，如监视人身活动、面部识别系统以及对网络行为的自动跟踪和分析等。[67]

结构性近因偏见

正如第九章中所阐述的，近因偏差指的是高估近期事件的重要性，而忽视长期趋势。例如，如果某人试图解释经济状况，可能会着重强调近期的选举结果，而忽视长期的发展趋势。当涉及网络信息的时候，有很多因素都会加强这种偏差的影响力。

很多网站、搜索引擎和社交媒体在评估某事物相关程度时，都会强调其新鲜感和新颖性，这种倾向与以信息流为主要传播方式的网络信息相结合，向人们突出展示了近期的热点话题。

网络才普及数十年，但是每年产生的新信息越来越多，比之前所有信息总量都要庞大，让信息环境的时效性越来越短，许多早期的数字资源都得不到维护和重复利用。结果，因为人们自己可以自由地搜索他们喜欢的任何东西，他们自然更有可能去寻找那些更容易想到的最近的事情。

学习要点11.2

抵御系统性偏差的十个简单步骤

1 不要让情感主导你的网络行为：对于一个重要的话题，你需要关注其求证过程、信息来源和他人主张中的偏见。

2 钻研信息的编辑历史和参考文献：对于广泛传播的信息，仔细研究其产生的来源和过程。

3 不要止步于简单和即时的信息：不要停留在搜索结果的第一页，也不要只关注被引用最多的信息来源和最受欢迎的解决方法。

4 更深入地和不经意地去钻研一些感兴趣的主题和领域，而不是只试图覆盖某一领域中的最伟大作品。

5 有大有小：在使用大型网络的同时，有意使用小型网络和服务。充分利用多样化的个人推荐、评论观点和经过精心策划的网页链接。

6 使用社交媒体来打破"回音室"：有意识关注那些与自己观点和社会背景不同的人和信息来源。

7 避免被同化：或许你的朋友们都只使用某一项网络服务，但你不要最终只使用一种服务，可以多尝试其他的网络服务。

8 警惕搜索过滤：探究你所使用的搜索引擎在多大程度上根据你的浏览记录和偏好来展现特定的搜索结果和推荐，并找到避免这种搜索过滤的方法。

9 不要拘泥于现在：钻研过去的历史，将眼光放长远，有意识地搜索过去几年的结果和信息，抵消媒体所施加的时效压力。

10 对数据保持疑问：数据是否经过了测量，是如何得出的，以及数据所强调的结果有哪些偏见和局限。

时间、注意力和其他人

要有批判性思维，就需要我们慢下来，再三思考，反思自己的直觉和本能在某些特定情况时是否值得信赖。时间不够用是科技引发的最大抱怨之一，原因很简单：有限的时间与无限的联系和互动机会相碰撞，当两者之间的差距过大时，几乎我们每个人都会面临这样一场意志力与习惯的对抗。

这是"充实"和"匮乏"之间的较量。在信息充实的时代，我们最缺乏的就是时间和注意力，这也带来了两大挑战：

- 所有事物都在争抢注意力，但不论是群体的还是个人的注意力都十分有限。

● 持续的互联性使得每一刻都是同样的体验，变得平淡无奇，这会损害人类的认知和幸福感。

就拿电子邮件来举例，我发现通常我的电子邮件就是我的每日待办事项，但是这个清单是由他人为我建立的：其中的任务清单并非由我自己选择，也不符合我自己的优先顺序和偏好，但是我却觉得我必须要按照这样的待办清单有条不紊地开展每日工作。

为什么会这样呢？我又能做些什么呢？清空邮箱似乎是最重要又最令人满意的答案，但是发送更多邮件意味着会有更多的回信，同时也会填满别人的邮箱。我想要的其实不是一个干净的邮箱，而是一颗平静的内心——它可以是和朋友、同事进行有意义的对话，也可以是在脑海中为其他事情留出足够空间。

想一想11.2

在使用技术的时候，你认为自己最好和最差的习惯有哪些？你会采取哪些行动来扬长避短呢？

就我个人而言，最有用的方式是限制自己每天使用电子邮箱的时间，在规定的时间内查看电子邮箱，而不是打开电子邮箱并且一直放在后台。我通过转换习惯和环境，而不是试图提高意志力，来帮助自己提高专注度，并（至少部分地）逃离无尽的电子邮件陷阱。

当你使用网络开展工作时，你是如何适应和调整的呢？后文中提供了一些建议供你选择，帮助你培养良好的网络批判性思考的习惯。尝试依次思考每个建议，看看它们是否适合你的工作，你还有哪些其他建议？或者你想向别人推荐哪些建议呢？

日常习惯和优先次序

按重要性排序，而不是难易程度。 不要掉入难易程度的陷阱去优先完成那些看起来更简单的事情，而应该为重要的事情预留足够的时间。

给任务分类。 不要总是在不同的任务之间来回切换，你可以尝试着对一天中的任务进行分类，将它们分为几组，并且在一段时间内集中处理一类任务。例如，在每天开始工作或者结束工作时（或者两个时间都）留出一小时专门查看邮件和短信，在其他的时间就不要查看——虽然可能忍受这么长的时间都不查看邮箱真的很难。

掌握主动而非被动应对。 干扰是毁掉注意力的一大祸根，所以当你在工作的时候，尝试掌握主动而不是被动应对，这意味着你要主动去查看工作相关的通知，而不是一直被通知消息打扰，让它们不断地出现在你正在做的其他事情的背景中。

拥抱边界。切忌将每分每秒都过得千篇一律，也不要一整天都保持在线，试着将自己从互联网的世界里剥离出来，享受片刻的宁静。你可以把图书馆或者书房作为固定的工作场所，也可以将厨房和卧室作为与网络信息隔绝的休息区。

不要止步于简单和即时的信息。不要停留在搜索结果的第一页，也不要只关注最多引用的来源和最受欢迎的解决方法。

不要拘泥于现在。钻研过去的历史，将眼光放长远，有意识地搜索过去几年的结果和信息，抵消媒体所施加的时效压力。

搜索、发现和知识分类

如果你现在要开始工作，首先会做什么呢？你会打开一台电子设备：笔记本电脑、台式电脑、手机或平板。然后你开始打字或者是大声地说出你的指令。

如果你正准备开始一项工作，你可能会在搜索栏中输入一些关键词，可能你会使用诸如谷歌之类的搜索引擎，或者一份图书馆的藏书目录、一个学术论文数据库、类似维基百科的一般性网络资源，抑或是专业的网络资源（比如政府记录、医疗数据和报纸档案）。通过一些初级的搜索你就能找到较为专业的网络资源。但你也可能并不会过多地考虑这些问题。

但是有效的搜索意味着什么呢？答案似乎过于明显，都不需要我来阐释。如果你找到了自己要找的东西，那你的搜索就是成功的。然而，为了充分地描述这个过程，我们不仅需要考虑搜索策略，还要思考发现策略，即如何使用相应的技术来帮助我们找到特定的信息，更重要的是，告诉我们首先应该寻找什么。

● 搜索策略帮助我们寻找那些已经稍有了解的信息或正有意识地寻找的信息。

● 发现策略让我们了解我们需要知道哪些信息，打开发现和探索的大门，展示出不同的观点。

因此，我们可以把已知和未知分为四大类：

● 已识别的已知（"已知的已知"）：我们知道自己知道的信息，只需要简单地点击或者认真地输入一个搜索词就可以找到这些信息。

● 已识别的未知（"已知的未知"）：我们知道自己不知道的事情，这些事情有待探索，认真的搜索策略可以帮助完成这些探索。

● 未识别的已知（"未知的已知"）：指在调查中那些我们已知但尚未正式确定为知识的东西，一个成功的发现过程可以让我们确定一系列不同来源的知识。

● 未识别的未知（"未知的未知"）：我们不知道自己不知道的事情，所以我们通常最后才会发现这些知识。

我们也可以用图表的形式展示上述的四个类型，这个表格也称为"乔哈里窗"（Johari window）[以两位发明者的名字命名：乔瑟夫·鲁夫特（Joseph Luft）和哈林顿·英厄姆（Harrington Ingham）于1995年首次提出此概念][68]：

	确定（知道）	不确定（不知道）
已识别（知道）	已识别的已知 "已知的已知"	已识别的未知 "已知的未知"
未识别（不知道）	未识别的已知 "未知的已知"	未识别的未知 "未知的未知"

首先，让我们一起思考一下，在非学术环境中的搜索应该包含什么内容。假如你的一个表妹不太熟悉电脑技术，向你求助：

谢谢你愿意帮助我！我想买一个新的笔记本电脑，预算是500英镑，但是我不知道怎么买。我希望电脑轻一点，电池耐用一些，不过我对性能要求不高。我主要用它来办公，而且我也经常出差。有人建议我看看"虚构牌"的新机型Lite99，但是我还是希望能听听你的建议。如果你能给我推荐两三个机型就好了。

你会如何帮助她呢？首先，你必须要仔细思考你的调研目标，重点如下：

- 价格500英镑左右的新笔记本电脑；
- 重量轻而且电池耐用；
- 性能不用太高；
- 适合办公和旅行携带。

你还需要思考一个具体的问题：

- "虚构牌"的新机型Lite99符合上述的标准吗？

在调研的最后，你还需要：

- 推荐两到三台符合上述标准的笔记本电脑。

我们先来搜索一下有关Lite99的信息吧。为了回答这个问题，你将需要通过可靠且权威的来源确认Lite99的价格和规格说明书。你可以去查看官方网站，或者一个可靠的购物网站的详情页，或者一些可信度高的文章或论坛中的评价和讨论，而最好的方法是，搜索各种不同的来源并且进行比较。

在这里，我们就可以采用一些搜索策略，来对已识别的已知（指前面已列出来的标准清单）和已识别的未知（指你需要用某些标准来评价某个电脑机型，同时找出一些备选方案）进行进一步的了解。你可以按照下面的步骤开始搜索：

● 在搜索框中输入搜索词"Lite99"和"虚构牌"，浏览搜索结果并打开几个可能有用的网页。

● 在购物平台的搜索栏中输入搜索词"Lite99"和"虚构牌"，直接看价格、商品详情和买家评价。

● 在你信任的专业网站搜索栏中输入搜索词"Lite99"和"虚构牌"，寻找一些相关的讨论。

通过浏览和比较这些信息，你应该可以回答那些有关Lite99的调研问题。现在，你所要做的是进行更加开放性的搜索，需要你发掘和探索未识别的已知。其中关键的问题包括：针对你未知的事情你需要了解什么？你应该如何开始？

第一步，有意识地使用模糊搜索词，以便得到广泛的搜索结果，提供更多与笔记本电脑制造、机型、特点、价格和品质相关的潜在关键信息。以下是你可能用得上的几个策略：

- 从多样且一般性的搜索词切入，出现大量关于500英镑左右的笔记本电脑的网页和文章。
- 初步判断不同来源的可信度，如电子杂志、论坛、专家评价等。
- 浏览最可信又最专业的来源，来帮助你了解笔记本电脑的样式、规格、特点以及注意事项。
- 使用更为具体的搜索词，比如备选的电脑品牌和高质量评价网页。
- 在第二次搜索的基础上，直接开始调查不同备选机型的品牌网站、销售平台和评价网站。
- 用更精确的搜索词来搜索，如准确的机型名称。将机型名称加上引号，然后在评价或者购物网站里进行精确搜索。
- 使用上述各种搜索词，深入地了解各个备选机型，比较其特点、生产日期、价格、购买方式还有用户和专家的各种评价。
- 保存搜索记录并形成初步的草稿，其中包含各种评价标准，比如价格、特点和品质，来满足最开始提到的那些要求。
- 进一步精简草稿，在备选机型的长清单中选出最能平衡各项指标的几个机型。

● 根据你的搜索和分析结果写一个清晰又有用的总结：回一封友好的邮件，提供推荐的机型、品牌链接以及最佳的购买平台。

罗列了这么多步骤之后，你可能会觉得这个过程过于复杂，但是当你在网上购物或者浏览其他人的社交媒体时，你所做的事情可能远比这复杂得多！如果你是一个经验丰富的网络购物者，半个小时你就能高质量地完成上述的那些任务。

接下来，让我们试着将这十个步骤应用在你的研究领域中。选取一个你研究的问题、话题或者主题，完成下面的任务。

完成练习时，你可能会发现我们还没有处理过最神秘的一个知识类型：未知的未知。

仍然在推荐电脑的情境中，请你想象当你正在写邮件，你的家人恰好经过，并且告诉你："你应该知道吧，你表妹不喜欢没有背光键盘的笔记本电脑。不要推荐那种机型！"

现在该怎么办呢？你检查了一下你的短清单，发现里面只有一款电脑是带背光键盘的，你只能长叹一口气，再去看看你的备选长清单了。

其实，你从家人那里获得的重要信息就是你根本不知道自己不知道的。我们可以将此与之前的搜索和发现过程相对比，在之前的搜索过程中你在一个合理的搜索范围内进行了数据收集，而未知的未知是不在此范围内的。回想一下，你会发现，如果你直接和表妹对话，你就会得知一些她对于笔记本更具体的要求。实际上，我们也应该这样做：

- 直接和其他人交流是扩展视野的重要方式之一，避免落入已知信息的陷阱，也避免搜索的局限性。

这里有一个更严肃的例子供你思考。假如现在是20世纪50年代初，你收到了一个重要研究项目的大纲，大纲内容如下：为了测试战争史上最重要的新武器——原子弹的影响和局限，并训练我们的军队学会部署原子弹，我们将大型军事演习与高空核试验相结合，数万名士兵驻军于原子弹引爆地七千米外的安全地带，近距离观察核试验并在引爆后行军越过该区域。考虑到后见之明容易引起的问题，请你先在这里考虑一下可能要警惕哪些未知因素？

- 你想要研究什么？试着提出一个问题。
- 列出几个宽泛的搜索词。
- 在此基础之上，列出较为可信的信息来源。
- 根据最可靠的来源，列出需要着重考虑的关键点和问题。

- 进行更为精确的搜索。
- 列出搜索得出的主要观点。
- 进一步对主要观点进行深入的搜索。
- 浏览深入搜索期间你所得到的最可靠的信息来源。
- 有序地整理与记录你所得到的关键点。
- 将关键信息按相关程度的顺序排列。
- 整理信息，以清晰且有效的文字形式展示出来。

上文提到了关于原子弹的研究大纲，主要描述了1951年至1957年间美国进行的沙漠岩石演习。其中已识别的未知是军队如何接受训练来应对核战争，以及演习的效果如何。然而，未识别的未知，也可能是其中最重要的"未知的未知"，是长期暴露在核辐射中的后果。在20世纪90年代，根据美国的《辐射暴露赔偿法》(Radiation Exposure Compensation)，成千上万的人最终获得了关于辐射暴露后果的赔偿：根据美国司法部的数据，到2016年，该法规已批准向31000多人支付超过20亿美元的赔偿金(沙漠岩石并不是唯一的辐射源)。[69]

在技术时代，我们为何如此重视"未知的未知"？在上述例子中，未知的未知才是我们需要长期关注的事物。对于机遇和挑战的认知过于狭隘会使我们错失良机，拒绝了解多样的专业知识或是拒绝承认自己认知的不确定性都会导致我们与机会失之交臂,而在技术时代,我们对技术应用的依赖会加剧这种可能。

想一想11.3

你能想到有哪些未知的未知——你不知道或没想到要问的事情——让你措手不及?如果你能回到过去,你会提醒年轻的自己要注意这些事情吗?

学习要点11.3

不要落入"未知的未知"陷阱

1 在早期的研究过程中,将你自己置于多样的信息来源和观点之中,不要长时间聚焦于一个单一、狭隘的调查。

2 继续接触那些偶然和计划外的信息来源,特别是那些通过与其他思想家、研究者还有评论家接触后获得的信息。

3 不要过度重视流行或传统的观点。

4 保持开放和灵活,乐于接受他人的辩论、分歧和批判。

关于搜索和发现的实用建议

在本章的最后，我收集了一系列有关搜索、发现和其他一些研究过程的实用建议。你可能对有些建议十分熟悉，或者会觉得有的建议过于显而易见而不屑提起，但是我相信其中总有一两条建议能让你眼前一亮。

你可以选出自己认为有用并实际采纳的五点建议，这就是我们在学习过程中最为关键的一个步骤：接纳一般性的观点，并转化为实际行动。

当你确定的时候要精确

你越是准确地知道你在寻找什么，就越是要尽可能精确地使用你的搜索词：有效的搜索将产生少量相关且高质量的结果。

将准确的短语放在引号中进行搜索，可以得到精准的搜索结果。例如，搜索"用福林苯酚试剂测量蛋白质"得到的结果是很精确的——被引用最多的学术论文的标题。

如果你对搜索的标题并不确定，你可以只搜索你确定的那几个词，或者不加引号地搜索那些你感兴趣但是不太常见的词。比如，如果你不记得上面那篇文章的准确标题，你使用关键词"福林苯酚测量论文"就能轻易地搜索到上面的那篇文章。

如果搜索词不常见或者搜索内容越长,那么搜索结果就会越少。在上述的例子中,输入"福林苯酚论文"可以快速找到那篇论文,但是如果输入"蛋白质测量"就无法达到这样的效果。

用发现打开搜索的大门

一次成功的发现过程将会帮助你打开研究的新领域,因为它会为你提供一些关键术语、短语、主题和权威的来源,将你引向相关度高又信息量大的讨论。

当你获得了这些关键词和概念后,你就可以更高效地搜索和对比信息,反之,你将无法获取高质量的信息来源。

例如,如果你想要学习数字计算机的历史,你可能会从某些一般性的搜索词出发,但是如果你了解到了一些早期计算机的名称,你就可以使用更具体的搜索词,如埃尼阿克1946(ENIAC,电子数字积分计算机),这样你就解锁了更细致具体的信息来源。

使用高级搜索来精简搜索结果

大多数的搜索引擎都有各种"高级"搜索选项,可以让我们通过各种筛选标准来精简搜索结果,比如日期、语言、具体短语、数量、地区、最新更新、网址和文件类型等。

你也可以搜索不同的媒体类型，比如图片和视频，同时用不同的标准来筛选，比如日期、视频长度或者图片质量。总之，在搜索时尽可能地精简搜索结果。

在搜索结果或者网页中进一步搜索

在一个网页中，你可以使用浏览器自带的"查找"功能（Windows系统中Ctrl+F键，Mac系统中Cmd+F键）来搜索某个特定的关键词或短语。

你还可以使用浏览器搜索，在搜索结果的页面中直接找到某个特定的词，并选择同时显示更多的搜索结果，以便于扫描和搜索。当你找到一个有用的在线资源或网站，就可以使用其内部搜索功能来寻找特定的页面。

学习要点11.4

在搜索中运用操作技巧

操作技巧是指你可以与搜索词结合起来的特殊符号和指令，是实现高级搜索的快捷方式，相当于搜索引擎中的编程语言。在下面，我选出了谷歌搜索（也适用于大多数搜索引擎）中一些最常用的技巧，[70]请你自己试着运用这些技巧。

● 在一些词前面加上符号来排除它们。例如，输入"著名的汤姆·克鲁斯"，那你得到的搜索结果中会包含"著名"和"汤姆"，但不包含"克鲁斯"。

● 默认模式下，如果输入多个搜索词，搜索出来的结果会包括所有的搜索词。你可以在搜索词中间加上"或"。

● 如果你不知道你要搜索的内容具体是什么，或者不知道怎么拼写，你可以使用通配符(*)来代替你不确定的字或者词。比如说，输入"历史上最富有的*"，得到的搜索结果会包含"历史上最富有的"，并在"*"处匹配各种可能的搜索结果。同样，如果你输入"techno*"，就可能搜索出"technology、technocrat 和 technological"。

● 如果你想在某网站中搜索，可以在搜索词前面加上"site:XXX"。比如，输入"site:bbc.com horse"，那得到的搜索结果就是BBC网站中有关"horse"的结果。

● 在搜索词前面加上"inurl:XXX"，得到的搜索结果就是这一特定网址内的（网址也叫作URL），或者你可以使用限定词intitle:XXX来限定网页标题。比如，搜索

"intitle:FAQ",那得到的结果都是以"FAQ"为标题的网页。

- 使用波浪符号"~"来搜索近义词。比如,输入"~学院",得到的结果不仅会与"学院"相关,还会搜索到"学院"近义词"大学"相关的结果。

- 如果想要将搜索结果限制在某一时间段内,可以在时间之间加上两个英文句号和一个空格。比如,输入"诺贝尔和平奖1920..1960",搜索到的结构就是1920至1960年间的诺贝尔和平奖相关的内容。

- 使用"cache:XXX"查看网页快照——一种储存在谷歌中网页的旧版本。比如,搜索"cache:bbc.com"就可以搜索出谷歌所保存的BBC的网页快照。

- 使用"related:XXX"搜索相关网站。比如,搜索"related:NYtimes.com"可以找到一些和纽约时报类似的网站(我搜索到的是今日美国和华盛顿邮报)。

- 使用"link:XXX"搜索与特定URL链接的网站。

使用社交搜索来求助及助人

在社交媒体上直接搜索话题或者主题,可以找到相关讨论、文章和想法的链接。

不要害怕在社交媒体上提问,比如在相关网页的评论区、在论坛和讨论区里,或者使用专门提问的网站,比如Quora（一个问答SNS网站）。直接提问不会让你产生什么损失,反而可能会让你省去上千个搜索步骤。

如果你能回答别人提出的问题,也请你积极地帮助他或者分享你的经验。赠人玫瑰,手有余香。而且,为他人讲解一件事情,是确定自己学会的最佳方法。

如果你对一个事物非常了解,你可以在如维基百科那样的共享平台上编辑文章,方便他人查阅。我们每个人都可以做到,这既简单又不耗费太多时间,而且可以帮助自己巩固所学、加深理解。

谷歌以外：使用多种工具和服务

把数字资源的清单放在教科书中往往是浪费时间,因为它们会随着时间的推移迅速变化,而且在不同的学科、机构和地区之间有很大的差异。因此,这里给你提供的是更不容易变化或消失的类别清单。

最重要的是,请你尽快了解所在机构的专业学术数据库、图书馆和期刊资源,必要时可以向图书馆员工寻求帮助。要主动大胆地使用这些资源,因为这些资源既昂贵又重要，而且你的课程可能有特别的建议和要求。你是否需要使用数据库来搜索论文呢？从PubMed和Web of Science到Google Scholar、ORCID和JSTOR等，都是质量较高的数据库，你需要仔细了解你所研究的领域有哪些核心数据库可以使用。

你所在的机构可能还会订阅各种资源，比如词典、记录、档案和电子手稿等，各个学科可能有所不同。你可以在学院网站或者图书馆网站中寻找一下，看看它们是否可以帮助你的学习，或者判断它们本身是否有趣或有用。

谷歌是很好的工具，但是不要只依赖于它。你可以使用其他搜索引擎进行广泛的搜索，得出更多样的结果，但是如果你在找一些特定的东西，那你需要使用更有针对性的工具。

当你发现了有用的网站或者资源，可以在其内部展开搜索。使用它自带的搜索功能，直接找到你需要的信息。

你也可以使用浏览器自带的搜索功能，在单个网页或者文章里进行搜索：找到相关的关键词，可以省去大量的阅读时间。

在扫描的书籍内页中搜索，也是发掘可靠的原始书籍或引文的好方法。除了图书馆和订阅服务之外，谷歌图书或许是最好的搜索工具。

根据需要来搜索图片、图书、视频、新闻和地点有助于获得更多有用的结果。有时，比起文字资料，图片更易于浏览和选择。有时，你可能想要在新闻结果中搜索信息。有时，来源可靠的视频比文章展示或阐述得更为清楚，特别是当你想要弄懂"如何做某事"时。

你做的每个选择都可能是错误的。在你选择之前，先问问自己——这是最好或最有意义的选择吗？跳出固有框架，或许拒绝才是最佳选择。

整理、组织好内容并建立更高目标

你可以使用各种不同的工具、应用程序、网页剪切服务和一些专业软件来管理、组织和整理对你来说很重要的内容，比如Pinterest、OneNote、Evernote，还有一些文献管理工具，如EndNote和Reference Manager，当然工具远不止这些。

保持良好的记录习惯，有序地使用技术可以让很多事情变得简单，省去不必要的工作（或替代活动）。使用应用程序和工具时，要记住不要轻易地将某件事情变成习惯，除非你确定它值得你花费时间。

不要用复制粘贴来完成你的原创作品。你的最终作品应该是一笔一画写出来或者一字一句敲出来的，而不是从别处搜刮来的笔记和拼凑的信息。独立完成你的作品，并且确保它完全属于你。

重复和提炼是非常重要的技能。不要原封不动地照搬第一个搜索结果网页的内容，也不要用你的第一份草稿来交差。要不断超越，多阅读，创造多样性。只是浏览搜索到的第一个浏览网页，看排名靠前的搜索结果，或者只关注最简单和最明显的事物当然简单，但是意义有限。

最后，请你问问自己：你认为上述建议中最有用的五个技巧是哪些？你会如何将它们应用于自己的工作、研究和实践中？

想一想11.4

你认为科技的未来是否光明？你对未来的哪些技术最感兴趣？你最担心或者不喜欢哪些技术？

总结

在数字时代，获取信息、探讨问题和传播知识的过程与信息系统通常会相互矛盾：

● 获取信息、探讨问题和传播知识通常是缓慢且需要大量努力的过程，强调真实性和准确性，倾向于用推理来说服他人，并且积极地寻求讨论，听取分歧。

● 而开放共享的信息系统更强调速度和简单，情感和社会影响因素更胜一筹，信息的普遍性比真实性更重要，而人们也倾向于寻求确认和共识。

因为两种趋势共同存在于今天的技术应用过程中，所以背后隐藏着一个重要的问题：

● 如何才能高效地使用开放共享的信息系统来帮助我们获取知识，以及从中获益呢？

为了仔细地思考这个过程，我们有必要区分数据、信息和知识等概念：

● 原始数据：有待处理的事实或数字。

● 信息：在赋予其意义的特定语境下，经过处理、排列和整理后的数据。

● 求证：检验信息真实性的可靠过程。

◉ 知识：经证实的信息，有充分的理由相信其真实性。

◉ 透明：确保你如实说明了研究和验证过程的性质和局限性。

◉ 权威：认为某个特定来源能提供关于某事的"官方"说法，且认为其凌驾于其他来源之上。

信息再多也无法自动转变成知识，相反，这为我们创造和理解知识带来了相当大的挑战。信息环境中需要警惕的特定漏洞和偏见包括：

◉ 社会认同的威力，权威性和普遍性叠加产生的效应。

◉ 强调影响而忽视事物本质，强调数量而忽视质量。

◉ 回音室效应、网络效应、过滤气泡效应、两极化现象和少数人暴政现象越来越普遍。

◉ 近因偏见过于强调速度和新鲜感，认为其代表了意义和成果。

上述的所有挑战都与时间和注意力紧密联系，也可能是由于我们在纷乱复杂的信息环境中需要快速做出决定，从而产生了对认知启发式（快捷思维方式）的依赖。

在进行任何调查时，我们需要考虑四种不同的已知和未知类型，并通过部署有效的搜索策略（找到我们知道我们正在寻找的特定内容）和发现策略（发现我们应该寻找的内容）来实现。

- 已识别的已知（"已知的已知"）：我们知道自己知道的信息，只需要简单地点击或者认真地输入一个搜索词就可以找到这些信息。
- 已识别的未知（"已知的未知"）：我们知道自己不知道的事情，这些事情有待探索，认真的搜索策略可以帮助我们完成这些探索。

- 未识别的已知（"未知的已知"）：指在调查中那些我们已知但尚未正式确定为知识的东西，一个成功的发现过程可以让我们确定一系列不同来源的知识。
- 未识别的未知（"未知的未知"）：我们不知道自己不知道的事情，所以我们通常最后才会发现这些知识。

想要从最后一类"未知的未知"中获得知识是困难的，需要我们有意识地丰富信息来源，制订开放的计划，不断接触各种偶然信息，保持开放包容的思想，保持灵活性，并能够拒绝主流观点。

第十二章

综合篇：
研究、工作和生活中的批判性思维

如何对情绪性和诱导性的语言进行批判性思考？
↓
如何对谬误和错误推理进行批判性思考？
↓
如何对认知偏见和行为偏差进行批判性思考？
↓
如何更好地克服对自己和他人的偏见？
↓
如何才能更具批判性地应用技术？
↓
如何成为拥有批判性思维的作者和思考者？

你能从本章中学到的5点

1 写作的秘诀。
2 什么是高质量学术写作?
3 写作中需避免的问题。
4 培养良好习惯的重要性。
5 批判性思维的"十诫"。

如果你想批判性地思考,想要出色地工作,想要成功地与他人合作,你就需要关注词语及其所包含的思想。你需要接触别人的观点,并尽可能丰富地表达自己的观点,这需要大量的练习,但是这样做是值得的。在本书的最后一章之中,我想要为你提出一些建议来帮你做到这一点。在此之后,我们将更广泛地讨论你所好奇的问题,比如高效思考对我们自身来说有何意义,以及哪些习惯最有可能帮我们实现高效思考。

泛谈高质量写作

我最想要养成的习惯之一是广泛和随机地阅读。我喜欢徜徉在书的世界里:科幻小说、纪实文学、哲学、情节跌宕起伏的惊险小说。如果条件允许，我喜欢出门到小餐馆、咖啡店或者图书馆里，暂时逃离我的日常生活去观察世界。

我发现这种方式可以帮我免去各种纷扰——电脑屏幕上的纷繁复杂的邮件、不断更新的社交媒体动态和各种零散的碎片任务。这种逃离可以丰富我的思想，沉浸在他人的文字中可以为我带来源源不断的能量和可能性，帮助我写作、工作和思考。因此，对于高质量的写作，首先我想提出的建议是：

高质量写作始于高质量阅读：高质量阅读不等同于读"好"书，它指的是广泛、细致、饱含热情、不同寻常、有乐趣、有野心地阅读。不仅要读广受推荐的书，也要发展自身的喜好，培养自己的好奇心。你最喜欢读哪一类书？在你的研究领域中，你最喜欢的书是什么呢？诸如此类的问题可以帮你深入地写作，帮助你发展出自己的品位，增强阅读的能力，为成功的写作打下基础。

不要退缩：如果你问任何一个职业作家，他们所面临的最困难的挑战是什么。他们很可能会回答：动笔前大脑一片空白。"万事开头难"，开始往往是工作中最困难的部分。如何开始一项重要工作，如何着手一件不确定的事情，或者如何进入一个未知的领域？最好的答案是——这其实并不重要,你只需要行动起来。写作过程本身就会让你逐渐明白你想表达的内容。

因此,我在本书第六章中给出的建议是:做一个主动的读者,写作的时候勤做笔记、批注和草稿,并尽可能早地开始组织文章。

想一想 12.1

试着向你认识和尊重的人,比如朋友、家人或者同事,提出这个问题:如果你只能向我推荐一本书,那会是哪本书?通过这个问题而得到的一些建议对我的想法产生了巨大影响。例如,有两个朋友都告诉我必须要读的一本书——《波普尔》(*Popper*, Fontana 现代大师系列, 1985年),作者是布莱恩·马吉(Bryan Magee)。这本书只有100多页,读起来很精彩,这里我也想将这本书推荐给你们。

我们并不需要追求完美的遣词造句,重要的是,你开始以写作的形式思考,动脑筋产生自己的想法。时刻注意自己的退缩倾向,不管这种倾向是完全在做别的事情,或是以与写作无关的方式"组织"自己,还是假装你需要在开始写作前读完所有内容。不要容忍退缩,不要让完美成为美好的敌人。动手写吧！

优秀写作也是重写：任何严肃和持续的创作，都需要你成为自己的读者，以批判性的眼光重读自己的作品。你需要运用你所有的精读和批判性阅读的技巧来看待你自己的作品。而且，如果方法正确，你应该会很享受这个过程。

这听起来或许有些奇怪，因为自我批评可能会使工作陷入停滞状态。但是我仍然认为，以正确的思维合理地进行重写和编辑会带来非常愉悦的体验。当我重写文章时，我喜欢将文章打印出来，用笔进行修改，同时佐以一杯咖啡（咖啡是我创作过程中非常重要的一部分），这样能帮助我完全站在读者角度来阅读我自己的文章。我不喜欢在电脑上写作和编辑，因为这会让我产生幽闭恐惧，变得过度紧张。

可能你的情况有所不同，但是你可以试试在不同地点用不同方法投入到你的工作，并且为重写某个持续的写作任务留出一些空间和时间。重新阅读和解释你想表达的观点可以让你的文章升华，也是让你真正想说的东西开始成熟定型的关键。即使是突然的洞见和理解的飞跃也需要时间和空间才能出现——片刻的沉默、一次散步或停顿，或者换个场景。

练习： 这个建议非常简单，但是也很难阐述得更详尽了。所有人都需要练习，你也不要退缩，尽情地练习吧。继续阅读，继续写作，继续尝试。重复、学习、享受。如果你认为学习就是首先理解某事物，然后根据理解来完成工作，那你就错了。很多时候，技能和理解都是长期练习的结果，需要不断重复，并从中得到属于自己的见解。

汲取灵感： 我曾建议大家培养阅读习惯来激励自己写作，但它并不是唯一的方法。浏览网页、观看电影和纪录片、听播客和音乐等，都是无穷无尽的灵感来源。换言之，关键的问题并不在于如何寻找有趣的来源，而是在于花费时间来深入接触——思考并发挥想象。最后，还有一些问题需要你思考：

- 哪种媒体平台，什么时间、什么地点和什么事件能够激发你最多的想法？
- 最近在你的生活中，有哪些事物激发了你大量的新想法？为什么呢？
- 在你的学习中，哪些文本和资源对你的学习和理解最有帮助？他们好在何处？
- 你比较信任哪些人推荐的优秀资源可以激发想法和灵感？为什么？

细说高质量学术写作

在学术研究中，高质量写作和高效思考是需要培养并练习的一系列技能。不同的学科领域可能会有截然不同的技能要求，但是它们都建立在共同的基础之上，一篇成功的学术文章应该能够向我们展现以下三点：

- 有明确的写作目标。
- 研究并理解了必要的资料。
- 有足够能力并有条理地做出可靠的回答。

请记住，任何疏忽的信息或者提及的不相关信息都会降低你文章的可信度。下面给出了优秀学术写作的九个步骤：

确保你充分理解研究内容：你在解决什么问题？你有多长的写作时间？评价你论文的标准有哪些？优质的论文或者项目是什么样的？如果你没有首先弄清楚这些，你就无法高效地进行学术写作和研究。你需要挑选合适的研究问题，并且了解好的答案是什么样子的。

这个建议可能过于显而易见，但却是各个层面最常见的研究误区，就是没有充分考虑研究问题，或者对于信息的需要与否判断有误。在你进一步开始研究之前，请你确保：

- 用你自己的话准确复述研究问题。
- 确认论文要求的篇幅和截止时间。
- 检查论文评价标准和具体内容,将相关信息列成清单。
- 至少找出该领域内的一篇优秀论文或者成功项目,作为你研究写作的范本。
- 如果对上述问题有任何不清楚的地方,一定要及时提问,不要在疑问和担心上浪费过多时间。

制订阅读、研究、收集信息的计划: 在第五章和第六章中我们已经详细地了解过这个过程的步骤和方法。将计划和阅读变成一个既有策略又积极主动的过程,不要延迟,立刻开始动笔记录笔记和草拟文章。从创作的初期开始,我们就要专注于记录笔记、建议并为论证做好开篇布局。下面是一个简短的回顾:

- 创建或采纳阅读长清单,包括大量可能有用的资源。
- 将阅读长清单精简成一个对当前学习目标更有帮助的阅读短清单,制定实际可行的阅读量目标。
- 合理使用不同的阅读技巧,节约阅读时间,比如跳读、扫读、搜索文本和精读。
- 在上述所有的步骤中,都需要记录笔记、积极思考，询问某一特定信息资源是否有用。

- 所有的笔记都应该包含某一资源的全部细节，方便你再次找到该资源并将在论文中加以引用。

整理内容/大纲： 有时你可能会获得一份论文写作步骤指南，那你一定要仔细遵守。然而，有时你必须靠自己来整理研究内容。

一般来说，论文由观点、概念、案例证明和研究问题组成，将这些内容以清晰的结构组织起来，形成连贯的行文来展示你的研究结果。以下这些关键问题有助于你加深自己的思考：

- 抛开种种细节，你想要表达的核心观点是什么？
- 如何将核心观点分为多个关键点？
- 用什么顺序能最有效地阐述这些关键点？
- 哪些证据可以支持观点？它们如何支持观点？
- 草拟大纲之后，还有哪些要点需要添加、调整或删去，使内容尽可能精简且全面？

提出这些问题非常简单，但是想要回答它们并非易事，你没法一蹴而就。你必须不停地修改和完善你的文章大纲，直到你能回答上述问题。

好的引言是好的开端： 大致确定大纲后，你就要开始真正的写作了。你可以先从引言开始，即使这可能只是一个需要修改的草稿版本。一个好的引言应该向读者展示三点，从而帮助你确定研究重点：

- 你已充分了解研究问题。
- 你已全面考虑研究背景。
- 你将提供清晰明了、符合逻辑且基于证据的解释。

结构清晰并符合逻辑地组织文章主题：根据大纲撰写论文，并始终保持大局观。你需要时刻掌握文章的内容，保持其连贯一致性，控制行文结构。在一篇较长的论文中，可以使用标题和章节进行划分，以显化和加强结构。

牢记你自己在阅读别人的作品时发现的可借鉴之处。内容的清晰准确比语言表层的精巧或"学术"要重要得多。一般来说：

- 用一段文字来阐述一个要点，如果较为复杂可以用两个段落。不要通篇不分段，十行文字已经足够长了，但同时也要避免过短的段落。
- 每个段落都以清晰的观点或问题开头，以总结或者是过渡性的文字来结尾。
- 不要在某一点上陷入困境，或者没有留出足够的时间或空间来完成所有需要做的事情。时刻参照自己的文章大纲，确保内容不跑偏。
- 灵活使用连接词、标题，或者分章节，提高读者的阅读体验，不要在不相关的观点之间反复跳跃。

结论必须要回答研究问题：结论需要与引言部分相呼应，必要时可以重写引言部分来使两者相对应和联系。文章的内在联系性对于论文来说尤为重要，但这并不是强迫你得出证据不足的结论。不要害怕对你的结论持谨慎态度和有所保留，也不要害怕对你所发现的复杂情况进行反思。一个有吸引力的结论往往是反思性的，而不是确定的。

完成初稿并预留修改时间：完成初稿后给自己鼓鼓掌，同时还要确保你预留了足够的时间来重读和修改。你应该至少留出几天的时间来修改论文，如果是较长的文章或者项目，最好留出一周时间。从截止日期往前数，并将这个日期纳入你的计划。

这应该是最让人感到轻松的步骤，当你在修改论文时，你不仅要例行公事地检查拼写、语法和格式（虽然这些也很重要），更重要的是要把自己摆在作者的角度来修改行文风格和文中论证。

提供参考文献列表：你必须准确地知道学院或者课程的参考文献要求，如果你前期足够有条理，并且对于阅读和研究的文献都有完善的记录，那这对于你来说就非常简单了，并且你还可以借助一些软件工具。如果你还没有弄清楚要求，或者没有在写论文时同步记录，也不要沮丧或放弃。现在开始准备也不晚，但是不要让这一过程影响到正常的阅读、写作和思考。

重要的不是分数，而是反馈和交流： 在写作上，你已经花费了大量的精力，现在可以尝试让其他人来读一读你的文章，可以是朋友和家人、导师和教授，也可以是网络上的同道中人。认真对待你可以获得的所有反馈，诚实地反思自己如何才能做得更好。可以问自己：

- 我的长处和短处是什么？
- 什么或者谁可以作为我的榜样？
- 我可以采取什么策略来提高能力？

时常问自己这些问题，可以助你追求卓越、取得成功，但是在写作这件事情上，我们不可能一下子就得出正确答案，或者突然开窍、灵光乍现。像大多数值得做的事情一样，写作是为了找到一种让你进步的工作方式。

学习要点12.1

写作时需要避免的问题

- 不要假装聪明或者"学术范"，不要在模仿别人的风格中失去自我，不管是对你自己还是对读者来说，行文清晰都是写作中的金科玉律。

- 不要妄图一遍成文，一定要给自己留出重读的时间，编辑并润色文章来避免不必要的错误。

- 除了引文以外不要直接复制粘贴，引文必须加上引号，并给出参考来源。不要在未经允许的情况下随意挪用他人的文章或观点。

- 不要全盘否定他人的观点，在写作时保持宽容和接纳的心态，多采用他人的观点作为证据支撑，详细地介绍他们的想法，再仔细谨慎地总结自己的立场。

- 当你在进行长期项目时，不要把自己困在细节的怪圈里，不要在细枝末节中迷失方向。如果你大脑一片空白，完全失去了视角和思路，那就休息一下，离开电脑屏幕，做些别的事情，当你准备好了再重新开始工作。

- 行文要清晰准确，但不能过于迂腐，也不要陷入所谓的学术写作的语法规则之中，因为这种东西并不绝对存在。比如，你可以拆分不定式，也可以用介词结束一个句子。不要过于拘泥于所谓的论文形式，保持活泼大方的风格，不要让文字枯燥又紧张。

想一想12.2

你在不同体裁作品中读到的最棒、最令人印象深刻、最吸引人的东西是什么？作者在每一个有效的范例中都有什么特别之处？你能找到任何体现他们风格的句子或短语吗？

写作和重写练习

我认为重写文章是非常重要的一环，所以在这一小节中将会有一些重写练习。我特意避免了那些"文体规则"，因为很多所谓的规则都是带有主观偏好的，并不是绝对的标准。

学习要点12.2

关于重写的七个实用建议

1 简洁：找出冗余累赘的短语，并将其替换成简洁明了的表达，因为一些无意义的限定词只会分散读者的注意力。

2 清晰：找出长难句，并将其改写为简单的短句。

3 清晰重于准确：把观点清晰地表达出来比准确定义每一个术语更为重要。

4 要突出重点：找出并删去不必要或不相关的内容。

5 更好地引导读者：使用一些指示性或者连接性的词汇来捋清各种观点之间的逻辑。

6 全面地修改：大胆修改句子和段落来改善结构和行文的清晰和流畅程度。

7 仔细地重读：在修改和编辑文章的时候，跳读无法解决问题，重读应该是缓慢且仔细的过程，或许将文章打印出来，用笔修改会帮助你更好地进入状态。

将冗余累赘的词组短语修改为简洁明了的表达是一项非常重要的技能，我们可以将其内化成一种习惯。带着这个原则来重写下面这段文字，为了降低难度，我已经将一些你需要修改的短语用下划线标注出来了：

本文将会进行极其深入的研究，探究离婚相关的社会分析，按照一定的顺序聚焦西方社会中离婚率上升的原因理论分析，包括法律制度持续反复的变化，经济和技术范式转变，道德和社会领域内规范性假设转变，以及后宗教

<u>公共意识</u>的崛起。

你的答案如何呢？下面给出了我的修改版本。简化文字的时候，我尽可能地避免复杂的术语，降低所谓的"学术范"，使修改后的文章可读性更强：

本文将探究离婚相关的社会分析，聚焦西方社会中离婚率上升的原因，包括法律制度的变化、经济和技术的发展、道德和社会规范的转变，以及世俗主义的上升。

对于上面的第二点建议，下面有一个长难句断句练习。这也是一个非常重要的技能，可以帮助读者能够跟上你的思维。你的思维在脑中可能清晰无比，但是阐述给他人的时候就会显得不甚清楚，所以将长句切分成短句可以有效地帮助读者理解。

试着将下面这个长句子切分成三个清晰的短句：

在财政和政治压力的环境下，合格教师的短缺给这一代学生带来了严峻的挑战和潜在的机会，他们可以集体向政府施加压力，纠正新入职教师的工作生活中最不受欢迎和最令人沮丧的问题——频繁的考试和密切的监视就是一个特别突出的领域。

下面是修改后的版本。你的答案或许和我的有所不同，重要的是保持清晰表达的原则。你的改动比我做的多也没有关系，我的这个版本也还有很大的改善空间。

在财政和政治压力的环境下，合格教师的短缺给这一代学生带来了严峻的挑战和机遇。这些学生有可能集体对政府施压，以纠正新入职教师的工作生活中最不受欢迎和最令人沮丧的方面。其中一个突出的方面是频繁的考试和密切的监视。

针对第三点建议，下面也有一个练习，帮助你抓住行文重点，删去不必要的材料。文章的初稿中可能会包含很多可以删去的内容——即使删除也不会影响文章的意思，其中的一个重要原因是我们在刚开始写作的时候，对很多内容都不太确定。请完成下面的练习：

当评估企业成功或失败的原因时，很明显的是大多数会导致这样事情发生的重要因素往往是那些处于企业控制之外的因素，比如市场条件、竞争和偶然事件等因素。因此，作为研究者，我们原则上应该准备好以一种合理的怀疑态度来对待所有成功人士的个人英雄主义式叙事。这是需要记住的重点。

你的答案如何?下面的例子中我将不重要的成分都删去了,并且用删除线标注了出来。你的版本有何不同?你能否比我修改得更短,同时保持信息和意思的完整性呢?

当评估企业成功或失败的原因时,~~很明显的是~~大多数~~会导致这样事情发生~~的重要因素往往是~~那些处于~~企业控制之外的因素:~~比如~~市场条件、竞争和偶然事件~~等因素~~。~~因此,~~作为研究者,我们~~原则上~~应该准备以一种合理的怀疑态度来对待所有成功人士的~~个人~~英雄主义式叙事。~~这是需要记住的重点。~~

整理后的文字如下:

当评估企业成功或失败的原因时,大多数的重要因素往往是企业控制之外的因素:市场条件、竞争和偶然事件等。作为研究者,我们应该以一种合理的怀疑态度来对待所有成功人士的英雄主义式叙事。

我修改后的版本只有87字(英文)，而原文有130字(英文)，缩减了1/3左右，但是信息和意思仍然完整，我删去的主要是其中无意义的词，尤其是一些限定词或者重复的成分。这使得叙述方式更为直接，避免用"一定程度上"或"原则上"这样的词来削弱我们的观点，这些词听起来似乎是考虑周到或者谨慎思考的结果，其实收效甚微。

在你的写作中，是否也有类似的情况？试图使用一些毫无意义的词汇来让自己的文章"滴水不漏"？不要把含糊和间接当作学术严谨，清晰地表达不确定性和复杂性是一门艺术，值得我们努力。这里是最后一个练习，看看你能不能在不改变其原意的基础上找到更简洁明了的叙述方式来总结这段文字：

在分析了过去50年的历史数据的基础之上，假设两者之间的因果关系不是不合理的：一方面是潜在的浮动水平，另一方面是市场表现，尽管其中存在一个复杂反馈机制。

你是如何简化的呢？这里是我简化后的版本，从75字(英文)缩减到50字(英文)，删减了1/3的篇幅：

对过去50年的历史数据的分析表明市场浮动和市场表现之间可能存在因果关系，尽管其中存在复杂的反馈机制。

后者比前者读起来更有自信，但其实我们只是删去了一些看似学术性的表达。不要被别人看似专业的文章风格所误导，重读并修改初稿之后，我们一定可以得到更加简洁、清晰的作品。

妨碍完成任务的因素

写作和其他工作一样都会存在妨碍我们前进的各种困难。不管是对于学生，还是对于专业人士来说都是如此，只不过专业人士或许拥有更多习惯和技巧来跨越这些障碍(也可能是因为他们能获得报酬)。

为什么你会感觉到压力、害怕、生气、无法专注呢？是否有解决办法呢？有哪些话题是你同样非常关注，并想投入精力去书写或者探索呢？大体上来说，你需要处理的问题有两个：

- 诚实地思考妨碍你工作的因素。
- 脚踏实地地思考哪些因素可以改变，哪些不能改变。

在本书中，我们反复地讨论日常工作和生产力，包括了很多有用的内容，[71]但是在这一小节之中，我想要聚焦于培养**习惯**这一话题，帮助大家养成批判性阅读、写作和思考的良好习惯。[72]

当我们第一次做某些事情的时候，经常是出于主动而做出选择，或者主动地批判性思考我们需要或者想要的。我们小心翼翼地选择新手机、新衣服、学习场所或者通勤路线。在此之后，我们的选择就会变得无意识了，转变成习惯性的行为，即不加思考地做某事或使用某物。随着时间的推移，我们有时也会发现可能并不应该做这件事情，或者应该换一种方式。

重新评估你的习惯可能是一项艰巨的工作，但这是非常值得做的。你的习惯决定了你如何花费大部分时间和精力。正如我们在前几章中看到的，积极参与是一种宝贵而有限的资源：你需要有节制地、有选择性地应用它。没有十全十美的日常安排，但安排时间的方式有好有坏。无论如何，要想如你所愿地那样去工作、思考和生活，你必须做好安排和计划。

因此，花费一些时间和精力在检查习惯上是非常重要的。你有哪些不想要的习惯，或者有哪

习惯（Habits）：一种定期重复的例行行为，往往是无意识发生的。我们可以通过创造条件来改变行为习惯，新行为自动形成的过程就是习惯的形成。

些习惯会过分地消耗你的精力、参与度、注意力和乐趣？你又有哪些希望养成（或者希望更频繁做）的习惯来帮助你提高和激励自我认可、接人待物的参与度以及对可能性的感知？

本书已经接近尾声了，请你思考想改掉的三个坏习惯，想要培养的三个好习惯，以及你无法改变但是希望能平静接受的三件事情。

你想改掉的三个坏习惯：

1
2
3

你想培养的三个好习惯：

1
2
3

你无法改变但应该平静接受的三件事情：

1
2
3

你可能会觉得不可思议，仅仅把它们写下来这样简单的举动就能帮助你改变态度、克服焦虑，还可能给你创造其他更多机会？你什么时候状态最好？怎么才能让自己的积极状态保持更长时间，更充实地生活呢？这些听起来像是自我放纵的问题，但是这些都是能够帮助我们高效工作和思考的实用工具，也能帮助我们确定最终的前进方向。

评估你的批判性思维

让我们一起再次完成下面的10道题，对自己的批判性思维能力做出评估。10分代表非常自信，0分代表非常不自信。将自评分数依次填在下面并算出总分。

1 我能够密切且详细地关注信息和观点。　　____ /10
2 我能够总结和解释自己所获得的信息。　　____ /10
3 我很容易理解别人的观点，以及他们为什么相信自己的观点。　　____ /10
4 我可以清楚地表达自己的观点。　　____ /10
5 当我了解到新事物时，我愿意改变自己的想法和观念。　　____ /10
6 我能够比较和评估多种信息来源。　　____ /10
7 我能够找到并分析相关信息的来源。　　____ /10

8 我能够清楚地总结和解释他人的作品，包括其局限性。　　　　　　　　　　＿＿／10

9 我能够证明自己的结论，并概述其背后的证据。　　　　　　　　　　　　　＿＿／10

10 我能够意识到并向他人解释我知识的局限性。　　　　　　　　　　　　　＿＿／10

总分＿＿／100

如果你从头到尾读完了本书，那这应该是你第二次，也是最后一次回答上面的10道题。你的最终得分是多少呢？与你第一次的成绩相比有所提高吗？在哪些方面你的自信程度最高或者最低呢？无论答案是什么，你都应该为自己所做的努力感到骄傲。下面的最后一个练习可以帮助你回顾所学、规划未来以及庆祝所有新的发现。

- 作为一个思考者，我最自信的方面是……
- 我最不自信的方面是……
- 对我来说，本书中最有价值的是……
- 我最不感兴趣的是……
- 回看过去，我最应该改正的是……
- 我希望更深入研究的方面是……
- 我未来的提高和发展策略是……

批判性思维中的十诫

当然,这不是真正的"十诫",而是我的倾情推荐和建议,希望在这本书的最后为大家总结一份有用的笔记。

1 **慢速思考**:这是重中之重。你所面临的问题是否需要深度思考呢?如果是,那请你停下来,认真制定好策略。如果不是,那就不要太担心,别把它放在心上,继续前进。

2 **节约精力**:我们的意志力、精力和注意力都是有限的,我们要通过良好的工作习惯和合适的工作环境来集中注意力,把时间和精力的支配权掌握在自己手里。

3 **静候答案**:时间本身就能过滤许多"杂质"。此时无声胜有声,静候是思考的朋友,将棘手的问题搁置几天甚至更久,你或许就会恍然大悟。

4 **了解局限**:知之为知之,不知为不知。学会承认自己的局限,承认自己还需要学习更多。寻求他人的专业帮助,但也要记住,术业有专攻,最好还是不要找物理专家咨询经济学问题。

5 **警惕沉没成本**:一旦我们在某事上投入了时间、努力、金钱或者精力,我们就很容易陷入沉没成本的陷阱。记住,我们永远不可能将已经花费的找回来,所以坚定地向前看。不要因为自己拥有了某物就高估其价值。如果我们无法完成某事，那就要及时止损。狠心一点——不要被你的过去束缚住。

6 评估策略而不是结果： 根据结果来评估是非常危险的。下等的策略可能会偶然得到好的结果，优秀的策略也不是永远有效。但即便结果好，下等的策略永远是下等的，而优秀的策略值得我们反复尝试。不要满足于眼前的胜利，只有好的策略才能帮助我们取得最终的胜利。

7 均值回归适用于大多数情况： 结果无论高于或低于均值，都有很高的概率向价值均值回归。就像崩盘后的经济，大多数事物都会逐渐从低点恢复或者从高点回落。所以不要太过在意短期发生的事情，甚至因此给事物打上标签。关注长期、大量的数据及其表现出的趋势。

8 寻求反证而不是确认： 如果你只看支持性证据，那么所有事都可以得到证明，只要你只看脚下，甚至可以证明地球是个平面。我们要关注的应该是挑战和反驳，这才能真正检验观点的真伪。如果一个理论无法经受这样的考验，那么大概也没有价值可言了。

9 关注参照物： 如果走1英里就可以收获1英镑，你愿意吗？假设你想买一个40英镑的水壶，发现在1英里外的一家店里这个水壶打对折，只需20英镑。你可能会愿意走这1英里。但是如果1英里外的店里打折的是一辆原价6000英镑，现价5980英镑的车，你可能就宁愿多花这20英镑也不愿意走了。为什么呢？人的感觉永远是相对的，确保你能够在决策时为自己定下参照物，而不是把这个重要任务交给别人。

10 承认所有选项都有错误的可能： 在选择之前问问自己，这是否已经包含了最好和最有意义的选项？浏览某一网站时，如果不输入详细个人信息就无法登录，那可能最好还是不要输入。一个政治家表示我们如果不提高税收就会面临大量移民，但这并不能说服你应该从两者中选择一个。跳出框架，问问自己是否真的要做出选择，还是存在一个不同的、更好的思考方式？

总结

优秀写作始于优质阅读：广泛、主动并富有热情的阅读。尽早开始记录笔记、规划写作策略和动笔成文。所有的优秀写作都是重写的结果，学会用批判性眼光阅读自己的文章。当你进行学术论文的写作时，可以采取以下步骤：

- 确保你理解了你需要解决的问题。
- 规划阅读，推进研究并收集信息。
- 规划论文内容并制定大纲。
- 从优质的引语开始书写。
- 用符合逻辑的顺序书写论文主体部分。
- 以清晰的结论结尾，回答引语中提出的问题。
- 完成初稿并且留出修改的时间。
- 不要忘记提供参考文献列表。
- 积极接受反馈和交流，在学习中成长。
- 完成了写作之后，请问自己：有哪些心理因素妨碍了我的写作和投入？在工作方式和目标方面，最重要的实际障碍是什么？

我有什么策略来克服这些障碍？

结语

我们生活在一个智能大数据的时代，大量迅速变化的信息只能由机器来处理和加工，而这又反过来加快了机器学习的过程。

在合适的条件下，这些系统拥有出色的优化、识别和处理信息的能力。我们无法准确地判断机器系统的能力，但它们正在切实地改变着我们的世界，越来越多地参与到我们以往认为只有人类才可以涉足的领域，比如自然语言、图片识别、医疗诊断和音乐创作等。

而与机器相比，我们人类则擅长处理少量信息，同时，我们在各种领域都是适应能力极强、创造性极高和极具批判性的思考者。我们可能有所偏颇但情感充沛，情感和理解力同时驱动着我们互相合作、相互协商。

情感和理解力只属于人类，并根植于我们的一切行为。它们一体两面，不可分割，正如我在本书中所说，我们对于人类自身思维和动力源泉复杂性的了解越深刻，意味着我们越擅长通过各种手段操控他人的思想。

行为经济学、认知心理学、神经科学、社会心理学等领域的研究成果都被直接应用于商业模式以牟取更多利益，或者被应用于政治领域以谋求更多权力。

这些都是真实存在的，我们通过越来越密集的信息网络与世界和他人相连，以实现自身价值。

对于这些操控，我们并不是束手无策，但信息的匮乏和对偏见的漠视在我们依赖的体系中留下了深刻的烙印，更不用说日益增长的全球技术力量正被用于监视和专制控制，侵蚀了人类的隐私、自主权和尊严。在21世纪，自由、成功、充满批判精神的生活是什么样的呢？它基于在相关的、准确的信息基础上做出合理判断的自由。但它也始于你，始于你的时间和注意力：你选择如何使用这些时间，与谁在一起，追求哪些目标。

创新者期盼未来30年会涌现出许多现在还不存在的工作岗位。然而，如果我们能够充分关注现在，我们可能会发现面临的问题——如何使工作富有价值，以及如何为子孙后代创造更宜居的地球家园。我们对于自己所创造事物的价值和重要性有何期待呢？使自动化系统经得住人类的审查意味着什么？创造真正具有包容性的工具又意味着什么？或者，避免在未来的技术中重演现有的排斥和不公正又意味着什么呢？

我相信，对于人类的集体存在以及其中的脆弱性、不平等和相互依存性进行批判性的思考，从未像现在这样重要，让我们思考思维中闪亮的存在，思考自我欺骗中的思想缺陷，也思考我们自己的成长。

祝你工作顺利、生活顺意，也祝你思维变得更加灵活。感谢你的认真阅读！

词汇表

序章

元认知（Metacognition）：对思维本身的思考，一种更高层次的技巧，可以让你不断学习、进步和适应。

非批判性思维（Uncritical thinking）：不假思索地相信所读所闻，不停下来去质疑其准确性、正确性和合理性。

批判性思维（Critical thinking）：当进行批判性思考时，我们会通过推理、评估证据和仔细思考思维本身来积极地了解正在发生的事情。

怀疑精神（Scepticism）：不会不假思索地接受所闻、所见和所读。

客观态度（Objectivity）：尝试以中立的角度理解事物，而不是通过某一种片面的观点或者你最先接触的信息做出判断。

偏见（Bias）：以片面的方式处理事物，从而扭曲事物的实际情况。

有意识的偏见（Conscious bias）：有人故意发表片面的观点或者明显地持有片面的观点。

无意识的偏见（Unconscious bias）：观点或决定被未察觉到的因素所影响。

放慢速度（Slow down）：批判性思维并不能一蹴而就，在做任何事情之前，你需要放慢速度去思考，而不是依赖直觉。

所见即全貌（What You See Is All There Is）：由心理学家丹尼尔·卡尼曼提出，指人们倾向于只关注当下非常明显的事物，忽略大多数情况中隐藏的复杂性。

幸存者偏差（Survivorship bias）：一种认知偏见，倾向于在某件事上只考虑成功的例子，而不顾多数失败或不太成功的整体情况。

确认偏误（Confirmation bias）：人们普遍倾向于只用新的信息来强化自己原有的观念，而不是试图提升和理清自身理解。

教条主义（Dogmatism）：认为特定的原则或观点完全正确，且免于所有形式的批判性检验和讨论。

注意力与分心（Attention versus distraction）：指分配时间并集中精力完成眼前的任务，与排除其他任务和无关信息之间的紧张关系。

推理（Reasoning）：以明智或符合逻辑的方式思考问题，展示出思考过程，以便进行有意义的辩论，在允许分歧的同时促进合作。

批判性思维的目标（The purpose of critical thinking）：批判性思维帮助我们寻找事情实际现状的最佳解释。

第一章

断言（Assertion）：没有理由或证据支撑的事实或观点陈述。

论证（Argument）：试图通过推理说服某人，使其同意某一特定结论。

结论（Conclusion）：进行论证的人试图让你接受的最终观点；在所有论证中由诸多前提支持的最后观点。

定位结论（Searching for a conclusion）：当你试图判断某人是否在进行论证时，首先要看他是否可以提供一个试图让你接受的结论。

非论证（Non-argument）：一篇文章中没有试图通过推理来说服你接受某个结论，所以它不是论证。

描述（Description）：只是陈述信息，而没有通过评估、评论或使用信息来说服他人。

总结（Summary）：对于关键信息进行简要概述，通常会列出一篇较长作品中所涉及的主要内容。

观点（opinion）或**观念**（belief）：观点往往是对特定主题的个人判断，而观念往往是基于道德、信仰或文化背景的信念。

建议（Advice）或**警告**（Warnings）：关于某人应该或不应该做什么的意见。

阐释（Clarification）：阐明某个短语、想法或思路的含义。

例证（Illustration）：有关一般观点的实际例子。

解释（Explanation）：对事情发生的一个或多个原因进行如其所是的推测。

修辞（Rhetoric）：通过诉诸情感而非理性来使别人信服。

风格（Style）：写作的方式，包括用词、短语和语言结构。对于不同的主题和受众，需要使用不同的风格。

夸张（Exaggeration）：夸大其词，通常作为一种修辞策略；与过度概括一样，提出比实际情况严重得多的主张。

过度概括（Over-generalization）：暗示某件事情比实际情况更普遍，通常作为一种修辞策略；提出比实际情况更广泛的主张。

第二章

论证重构（Reconstructing an argument）：识别一个论证中各个不同的部分，然后以标准形式清楚地对这些部分进行阐述，使我们能够更准确地看出论证是如何运作的。

结论（Conclusion）：进行论证的人试图说服他人的最终观点，或在论证中由其前提支持的最后命题。

前提（Premise）：在论证中为支持其结论而提出的主张。

无关信息（Extraneous material）：与论证过程无关的信息，在重构和分析中应该加以剔除。

假设（Assumption）：与论证有关，陈述者认为是理所当然而未明确说明的内容。

中间结论（Intermediate conclusion）：论证过程中出现的结论，用作前提来支撑最终结论。

扩展论证（Extended argument）：指最终结论由一个或多个前提支持的论证，这些前提本身就是中间结论，而中间结论受到之前的前提支持。

善意理解原则（Principle of charity）：假设他人是诚实且理性的，而且他们的论点值得以最强有力的形式表达出来。

偏见（Prejudice）：在没有证据的情况下坚持某一观点；在听取论证前就坚信自己的观点是真相。

稻草人（Straw man）：一种修辞手法，以明显错误的方式将他人观点过分简化，目的在于使其更容易被驳倒。

明确的前提（Explicit premises）：某人为支持其结论而直接提出的所有内容（前提）。

隐含前提（Implicit premises）：被假设为推理的一部分，但没有被陈述者阐明，需要被包含在论证重构论点里。

关联前提（Linked premises）：须综合而非单独支持结论的前提。

独立前提（Independent premises）：无须依靠其他前提就可以单独支持结论的前提。

第三章

演绎推理（Deductive reasoning）：在所给前提的基础上合乎逻辑地引出一个结论，不参考任何外部信息。

演绎证明（Deductive proof）：证明一个特定的结论在逻辑上是由某些前提得出的，如果这些前提为真，则该结论就一定为真。

保真推理（Truth-preserving）：如果使用得当，演绎推理可以确定在结论中保留论证中的前提的真实性（首先它们是真实的）。

有效推理（Valid reasoning）：正确运用演绎推理，从前提中得出合乎逻辑的结论。

无效推理（Invalid reasoning）：不正确地运用演绎推理，不能合乎逻辑地从前提中得出结论。

无端结论（Unwarranted conclusion）：没有前提支持的结论。

必要条件（Necessary condition）：如果某事为真，则必须满足必要条件，但必要条件本身并不能保证某事为真。

充分条件（Sufficient condition）：如果充分条件被满足，则足以保证某事为真。

逻辑学（Logic）：学习区分推理正确与否的原则的学科。

肯定前件（Affirming the antecedent）：一种有效的论证形式，因为一个事件总是从另一事件出发，所以前面的事件为真可以保证后面的事件也为真。

形式谬误（Formal fallacy）：一种无效的论证形式，演绎逻辑中的一种错误，意味着这种形式的论证不能得出有效的结论。

肯定后件（Affirming the consequent）：一种无效的论证，它错误地假设，当一个事件总是从另一事件出发时，后面的事件为真也保证了前面的事件为真。

否认后件（Denying the consequent）：一种有效的论证形式，一件事总是在另一件事后发生，如果后面的事没有发生，也保证了前面的事不是真的。

否认前件（Denying the antecedent）：一种无效的论证形式，它错误地假设，当一件事总是随着另一件事发生时，如果前面的事件没有发生，也保证了后面的事件不是真的。

可靠论证（Sound argument）：既有效又具有真实前提的演绎论证，意味着其结论也必定是真实的。

不可靠论证（Unsound argument）：不符合可靠标准的论证，要么是因为它无效，要么是因为其中一个或多个前提不真实，或两者兼而有之。因此，你不能指望它的结论是真实的。

第四章

归纳推理（Inductive reasoning）：一种推理形式，其中的前提基于观察到的模式或趋势可能强烈支持结论，但我们永远无法绝对确定结论是正确的。

扩充性推理（Ampliative reasoning）：另一种描述归纳推理的方法，旨在通过"放大"前提，得出更广泛的结论来表明这种推理是有效的。

有说服力（Cogent）：一个具有良好结构的归纳论证，但我们不一定要接受其结论为真（类似于有效的演绎论证）。

归纳强度或归纳力（Inductive strength or inductive force）：衡量我们有多大可能性去相信一个归纳论证为真。

归纳力强（Inductively forceful）：一个归纳论证同时具有良好的结构和真实的前提，因此我们有充分的理由接受其结论为真（类似于可靠的演绎论证，但不具有绝对的确定性）。

隐含限定词（Implicit qualification）：在一些实际含义与字面不符的一般性陈述中，我们需要假设一些隐含的限定，表明其适用的程度。

概率（Probability）：某件事情发生或为真的可能性。

理性预期（Rational expectation）：在特定情况下最合理的预期，这可能与某人的个人预期大相径庭。

归纳性论证的排序（Ranking inductive arguments）：比较不同的归纳论证并按照其说服力强弱排序。

样本（Sample）：用来代表整个类别的特殊案例，你希望在其基础上进行归纳概括。

n=1：样本量为1表明该事件是特殊事件，没有基于严谨的调查。任何基于单一实例的归纳论证都可能是非常弱的。

代表性样本（Representative sample）：尽可能类似于我们期望得出一般性结论的大群体。

随机样本（Randomized sample）：从整个研究领域中随机选择的样本，没有任何特定的元素被过度代表而导致可能的误解。

采样偏差（Sampling bias）：因样本选择的方法不完善引起的偏差。

观测误差（Observational error）：由于测量系统准确性方面的问题所造成的误差，通常报告为±X，其中X是测量值和实际值之间的潜在差异。

误差幅度（Margin of error）：基于样本的结果可能与总体结果之间差异程度的表达。

归纳问题（Problem of induction）：无论我们认为某件事情的可能性有多大，归纳论证都无法真正证明它是真的。

证伪（Falsification）：证明曾经被认为是真实或显而易见的事物为假。

反例（Counter-example）：一个迫使人们重新思考某个特定立场的例子，因为它的发现直接与曾经被认为正确的结论相矛盾。

黑天鹅事件（Black swan event）：违背以往经验和超出经验预期的事件，其出现几乎无法预测。

第五章

经验主义（Empiricism）：以自己感官的观察结果认识世界，并通过自身的经验和观察来检验事物。

溯因推理（Abductive reasoning）：有时也被称为"寻找最佳解释的推理"，它试图为那些被认为是真实的事物寻找最佳解释。

解释（Explanation）：对某一事物形成原因的看法。

理论（Theory）：对某一现象的基本性质的一般解释。

假说（Hypothesis）：一个精确的、可测试的预测，旨在对一个理论进行严谨的研究。

科学方法（Scientific method）：通过观察、实验和测量对世界进行系统的实证调查，以及发展、检验和完善理论。

零假设（Null hypothesis）：与所检验的假设完全相反，是否能证伪零假设是保证研究严谨性的常见方法。

奥卡姆剃刀定律（Occam's razor）：这一原则认为，在选择解释时，最简单的解释通常是最好的，而假设越多，就越不可能是真的。

证明标准（Standard of proof）：超过某个阈值，你就决定接受对某件事情的证明为真，也就是说，如果没有达到这个标准，你就不会接受其真实性。

统计学意义（Statistical significance）：某一特定的结果完全偶然发生的概率，导致这一结果发生的原因中没有值得注意的。设定一个显著性阈值是在实验中建立证明标准的常见方式。

p值（p-value）：实验的结果完全偶然产生的概率，以1和0之间的小数形式表示；p值越小，结果产生的可能性就越小。

相关性（Correlation）：两个趋势彼此紧密关联，两组信息之间的确切相关程度可以通过各种统计方法计算出来。

因果关系（Causation）：一个事件是另一事件的直接原因。

定量数据（Quantitative data）：基于精确量化的一个或多个特定变量的研究，以便产生可用的统计数据。

定性研究（Qualitative research）：探索性研究，基于评估某物的品质或性质，而不是通过测量。

可行性（Feasibility）：基于你所掌握的时间、资源和信息，是否可以有意义地解决所提出的研究问题。

第六章

原始资料(Primary sources)：直接来自所调查的主题、时期或现象。

次级资料(Secondary sources)：是他人对某一特定主题、时期或现象的研究成果。

代表性样本(Representative sample)：精心挑选的实例样本，使其尽可能准确地代表整体的性质。

相关来源(Relevant sources)：那些有力地支持某一论证的证据来源。

无关来源(Irrelevant sources)：经过仔细检查，这些来源的证据对主要论点没有帮助。

偏见(Bias)：只要信息来源中有一个事项与研究者观点不符，就会存在偏见。

权威来源(Authoritative sources)：是指那些通常被认为是某一领域中最严谨、最值得信赖的信息来源。

声誉(Reputation)：信息来源的专业立场，以及衡量信息来源可靠性的重要准则。

开创性作品(Seminal works)：那些奠定某一领域基础的成果。

最新来源(Current sources)：那些最新的思想和证据。

可复制(Replication)：要求结果在多个实验或调查中能够被重复；能够被广泛重复的结果比没有被重复的结果要可信得多。

阅读策略(Reading strategy)：采取系统的阅读证据和材料的方法，以建立信心和理解，并充分利用你的时间。

主动阅读(Active reading)：以一种投入的心态进行阅读，重点是提问、理解和做笔记，其目标在于了解一篇文章如何对你有用。

引文(Citation)：学术文章中对内容文本的引用，其来源的详细信息应以公认格式正式和详细地提供。

第七章

非理性(Irrational)：不用逻辑或推理的方式来指导判断和行动。

情绪化(Emotional)：不断影响我们各种经历的强烈、不由自主的那些感觉。

道德(Moral)：人类对于正确和错误的判断。

主观性(Subjectivity)：某个人自身独有的经验和判断，与之相对的是证实那些不依赖于某个人的信息。

直觉(Intuition)：人类基于本能、情感和经验而非通过有意识的推理在不知不觉中理解事物并做出决定的方式。

客观性(Objectivity)：独立于任何个人观点存在的事实，其正确性不受个人观点影响。

修辞(Rhetoric)：通过推理以外的方式说服别人的艺术。

人品诉求(Ethos)：在说服过程中建立信息来源可信度。

理性诉求(Logos)：说服过程所包含的思辨过程。

情感诉求（Pathos）：在说服过程中表达的情绪感召力[21]。

机会时刻（Kairos）：说服工作最有可能奏效的合适时机。

公正（Impartiality）：摒弃语言中的情感偏见，尽可能客观地表达自己。

修辞手法（Rhetorical device）：一种用于加强信息感召力的说服技巧。

反问句（Rhetorical question）：一个非字面意思且不需要回答的问句，目的在于更有力地表达观点。

术语（Jargon）：一般由专业人士使用的词汇和表达，在专业人士之间合理使用。有时也对非专业人士使用，但设置限制其参与的门槛。

热词（Buzzwords）：流行的词汇和短语，吸引读者眼球且紧跟潮流。流行性大于实用性，一般缺乏深入思考。

烟雾弹（Smokescreen）：口头表达上的回避，讲话者将关键信息隐藏在大量的无关词句当中。

委婉语（Euphemism）：有意用一个较为中性的表达替换掉负面含义的表达，以模糊事件的严重性。

夸张（Hyperbole）：为增强修辞效果故意夸大。

曲言法（Litotes）：故意轻描淡写或使用否定而不是用直接强调的方式让某观点更可信。

假省法（Paralepsis）：以声称不愿讨论某事的方式引入一个观点，可以在亮明观点的同时不负有对其进行讨论的责任。

第八章

谬误（Fallacy）：有缺陷的错误推理，建立了前提和结论之间的错误联系，因此无法提供让人信服的有力理由。

谬误论证（Fallacious argument）：将推理建立在可识别的谬误之上，无法从前提中得出结论的论证。

诉诸人气（Appeal to popularity）：认为大多数人的观点一定正确的错误论证。

诉诸无关权威（Appeal to irrelevant authority）：虽然某人在专业领域没有相关知识，但简单地以其作为权威人物的声望代替对观点的论证，即认为权威人物的意见就一定正确的错误论证。

无根据的隐含假设（Unwarranted hidden assumption）：指推理中错误但未言明的因素，经常会导致谬误，我们应该阐明该假设以发现其中的错误。

类比举例（Comparable example）：用来检验谬误论证，解释其问题所在，即在不同语境中使用完全相同的推理模式。

非形式谬误（Informal fallacies）：基于对外部信息进行错误或不充分分析的错误推理形式，即一个犯了除论证结构（形式）以外的推理错误。

相关性谬误（Fallacy of relevance）：基于与结论不充分相关的前提进行论证，得出结论。

红鲱鱼谬误（Red Herring）：指以转变议论主题的方式来转移他人对实际问题注意

力的谬误。

诉诸论证（Argument by appeal）：依靠外部因素，比如人气或权威来证明结论。但当这类因素与结论没有明显相关性时，很容易导致说服力不够或完全错误的论证。

诉诸人身攻击（Ad hominem）：攻击表达观点的人而非其观点的谬误。

无关结论（Irrelevant conclusion）：从本该支持结论的推理中得出了一个实际上不符合逻辑的结论。

歧义谬误（Fallacy of ambiguity）：在推理过程中转变术语含义，或故意模糊表达来支撑并无根据的结论。

一词多义（Equivocation）：使用同一个词语的两种不同意义，并故意将其混为一谈来进行推理。

歧义句构（Amphiboly）：使用具有多重含义的短语或句子，并且不做澄清。

合成谬误（Fallacy of composition）：错误地认为，只要部分正确，整体就一定正确。

分解谬误（Fallacy of division）：错误地认为，只要整体正确，其每一个部分就一定正确。

实质谬误（Material fallacies）：提前假设了结论真实性或回避真正问题的谬误。

乞题（Begging the question）：将待证明的结论放在前提之中，引出看似确定但毫无证据的结论。

循环推理（Circular reasoning）：一种前提和结论相互支持的论证，形成了无法得到任何结果的循环。

后此谬误（Post hoc ergo propter hoc）：非形式谬误的一种，假设当某事件在另一件事件后发生，那么后者必然是前者的起因。

相关不蕴含因果（Correlation is not causation）：此谬误认为如果两个现象或一系列数据紧密相关，那么它们一定存在因果关系。

颠倒因果（Inverting cause and effect）：非形式谬误的一种，混淆了因和果，将结果错认为原因。

假两难（False dilemma）：错误地认为，在一个复杂的情境中，只有两个选择中的一个为真。

既定观点问题/复合问题（Loaded/complex question）：提出的一个问题中暗含并试图强制性地使他人接受自己关于另一个问题的假设，而无论他人给出什么样的答案。

错误类比（Faulty analogy）：认为并无关联的两件事有相似之处，并以此将不合理的结论合理化。

错误概化（Faulty generalization）：试图用小范围的证据来判断更广泛的观察结果，但是事实上无法提供支撑。

滑坡谬误（Slippery slope）：认为既然某件小事可以发生，那么接着就会发生一系列不可避免且严重性不断加深的事件。

形式谬误（Formal fallacy）：由于推理逻辑错误导致结论无效的谬误。

中项不周延（Undistributed middle）：一种形式谬误，混淆了普遍适用规则和部分适用规则。

基本比率谬误（Base rate neglect）：这类谬误忽视了某事的发生概率，从而可能得出关于某个结果可能性的错误结论。

假阴性（False negative）：错误的阴性测试结果，但被测事物其实是存在的（比如在你已经怀孕时，检验结果却是未怀孕）。

假阳性（False positive）：错误的阳性测试结果，被测事物其实并不存在（比如，在你没有怀孕时，检验测试结果却是已孕）。

贝叶斯定理（Bayes's theorem）：基于我们对先前事件的了解来计算某事发生概率的方法。

基本比率（Base rate）：是指我们正在调查的某些情况的初始潜在可能性（例如，该人群中，某疾病的基本发病率为每年每2000人中有1例）。

第九章

启发式（Heuristic）：一种认知快捷方式，也叫"经验法则"，使人们能够快速做出决定和判断。

认知偏见（Cognitive bias）：是指经验法则使认知产生可预判的歪曲，从而导致了判断失误的情况。

情绪启发式（Affect heuristic）：一种利用正面或负面情绪反应做出快速决策的倾向。

易得性启发式（Availability heuristic）：指在做决定或评估时，人们倾向于选择最容易获得或者大脑最先想到的选项。

近因偏差（Recency bias）：夸大近期发生事件的重要性，因为它们更容易被想起。

锚定启发式（Anchoring heuristic）：一个初始值或参考系会影响你的后续判断，即使它与你正在考虑的事情无关。

聚焦效应（Focusing effect）：是指一种过分关注事物的某一显著方面而忽视其他相关因素的倾向。

代表性启发式（Representativeness heuristic）：指的是被故事或人物特征的表面可信程度（似是而非）影响，从而忽视其发生概率的倾向。

刻板印象（Stereotype）：对某一特定类型的事物或人的典型特征普遍持有的、简化的、理想化的看法。

社会偏见（Social bias）：我们对他人、人群或者社会和文化机构的判断中存在的偏见。

框架效应（Framing effects）：基于人们对得失或事物正负面影响的感知，以不同的方式呈现同一场景或事物会影响个人的判断和偏好。

重构（Re-framing）：故意改变呈现信息的方式，以转换原有表达框架所突出的重点。

损失规避（Loss aversion）：现实中，同等数额的损失会比同等数额的收益引起更大的情绪波动，因此人们在决策时倾向于尽量避免损失。

展望理论（Prospect theory）：一种基于观察结果得出的理论，描述人们如何在已知风险的不同情境下做出决策，并在不同的潜在损益间做出选择。

确认偏误（Confirmation bias）：是指更多关注与我们已有认知相符合的观点，而忽视与之相悖说法的倾向。

德州神枪手谬误（The sharpshooter fallacy）：也叫作集群错觉，是指通过在事件发生之后寻找支持自己的证据，却忽视其中不符合的因素，声称自己发现了固有模式（实际上并不存在）的倾向。

公正世界假说（Just world hypothesis）：相信所有事最终都会归于平衡，相信世界从根本上说是公平的。

相关效应（Coherence effect）：指人们通过信息内含的故事或者世界观的内在逻辑性而不是根据其准确性和可能性来判断信息的倾向。

沉没成本误区（Sunk cost fallacy）：指的是在一件事情上已经发生且不可收回的情感投入已经超出了可以放弃的程度，所以想要继续投入的倾向。

邓宁-克鲁格效应（Dunning-Kruger effect）：对某个领域知之甚少或者全然不知的人反倒更容易高估自己的能力，是由无知导致的无端自信。

过度自信效应（Overconfidence effect）：大多数人，尤其是专业人士在面对非其专业领域问题时，对自己的判断和能力会表现过度自信。

行为经济学（Behavioral economics）：将心理学研究和方法应用于经济学领域，通过实验和观察来研究真实决策。

第十章

大数法则（Law of large numbers）：样本越大，或稳定的测量重复次数越多，其结果越有可能倾向于接近预期结果。

小数法则（Law of small numbers）：样本越小，或测量的次数越少，其结果越可能与预期结果不同。

均值回归（Reversion to the mean）：指的是假设结果随时间呈正态分布，一个离群结果随后会出现一个非离群结果的趋势。也就是说，均值回归以正态分布假设为基础，认为事物在长期的变化过程中，不管是过高还是过低的极端情况，总有向"平衡位置"（或均值位置）靠拢的倾向，上涨或下跌的趋势均无法持久。

错误归因（Fundamental attribution errors）：倾向于不成比例地将事件视为深思熟虑的行为或意图的结果，而不是环境的产物。

道德运气（Moral luck）：这种自相矛盾的观点认为，我们应该只因为人们能够控制的事情而责怪他人，但在现实中，我们经常根据结果的好坏来判断他人。

历史可能性（Alternative histories）：不是指实际发生的事件，而是指那些在现实生活中没有发生但可能发生的所有可能性。

结果偏见（Outcome bias）：倾向于用结果而不是过程的合理性来评估一个决策。

幸存者偏差（Survivorship bias）：倾向于过度关注某事的成功案例，而忽视了整体上占比很高的失败案例。

后见之明（Hindsight bias）：回顾过去认为比其实际情况更容易预测，并把不可预见的事件视为可预见的倾向。

发表性偏见（Publication bias）：学术期刊更可能发表结论引人注目而非可信但结论平平的研究成果。

择优挑选（Cherry-picking）：有意挑选更吸引眼球的结果从而错误地代表整体。

正态分布（Normal distribution）：又名高斯分布，是一个理想化的连续分布，在结果的中间有一个峰值，峰值两侧曲线对称。

均值（Mean）：传统的"平均数"，数据之和除以其数量。

中位数（Median）：在按序排列的一组数据中，居于中间位置的数。

众数（Mode）：数据中最常出现的数。

极端事件的影响（Impact of extremes）：极端事件即使很少，也会比众多普通事件对结果的影响更大。

可预见性偏差（Illusion of predictability）：认为观察到的模式必然会重复，或者认为当前的常态概念永远适用的一种错觉。

第十一章

原始数据（Raw data）：有待处理的事实或数字。

信息（Information）：在赋予其意义的特定语境下，经过处理、排列和整理后的数据。

知识（Knowledge）：经证实的信息，有充分的理由相信其真实性。

求证（Verification）：检验信息真实性的可靠过程。

透明（Transparency）：确保你如实说明了研究和验证过程的性质和局限性。

权威（Authority）：认为某个特定来源能提供关于某事的"官方"说法，且认为其可信度凌驾于其他来源之上。

信息环境（Information environment）：指人、组织和系统之间共享信息的整体领域及其属性。

社会认同（Social proof）：将他人的行为或者表面上的观点作为证据来形成自己的想法。

系统性偏差（Systems biases）：可预见的偏见和信息歪曲，在网络信息系统中可能会产生巨大的影响力。

网络效应（Network effect）：一项服务随着更多的人使用而变得更有用、更有价值，同时也可能更有优势，用户更难退出。

第十二章

习惯（Habits）：一种定期重复的例行行为，往往是无意识发生的。我们可以通过创造条件来改变行为习惯，新行为自动形成的过程就是习惯的形成。

附录

五大论证有效形式纲要

只有对于演绎论证，我们才可以判断其是否有效和是否可靠。对于归纳论证来说，我们只能根据其为结论提供的原因来评估其强弱程度，无法完全判断某论证绝对正确。

阅读下列的五种基础的演绎论证有效形式，同时了解常见的相关谬误和对谬误形式的滥用，可以帮助你判断出复杂论证的逻辑有效性。

永远不要忘记，一个有效的论证只有在其前提为真的情况下才能保证其结论为真，否则，它只是重复了其前提中的假设。一个可靠的论证既有效，又有真实的前提，才能保证其结论一定为真。但是，要想找到确定真实的前提，现实生活永远比案例研究要困难得多。

1 *Modus Ponens*：**肯定前件**

"*Modus Ponens*"是拉丁缩略语，意思是"肯定的情绪"，它描述了一种有效演绎论证的一般形式，也被称为肯定前件：

前提1：如果A，那么B。如果你不穿夹克出门，那么你会得感冒。

前提2：A。你出门没穿夹克。

结论：因此，B。因此，你会得感冒。

我们需要将肯定前件与一种类似但无效的论证形式，即肯定后件的谬误，仔细区分开来，后者的形式如下：

前提1：如果A，那么B。如果你不穿夹克出门，那么你会得感冒。

前提2：B。你得了感冒。

结论：因此，A。因此，你出门一定没穿夹克。

实际上，这个谬论混淆了"如果"A为真，B就为真与"只有"A为真，B就为真。

2 *Modus Tollens*：否定后件

"*Modus Tollens*"是拉丁文的缩写，意为"否认的情绪"，描述了一种有效论证的一般形式，也被称为否认后件：

前提1：如果A，那么B。如果你不穿夹克出门,那么你会得感冒。

前提2:B为假。你没得感冒。

结论:因此,A为假。因此,你不可能出门没穿夹克。

还有一种无效的论证形式,与否认后件类似,被称为否认前件。它是一种形式谬误,主要形式如下:

前提1:如果A,那么B。如果你不穿夹克出门,那么你会得感冒。

前提2:A为假。你穿了夹克出门。

结论:因此,B为假。因此,你不可能得感冒。

这里的形式谬误又一次混淆了"如果"A为真,B就为真与"只有"A为真,B就为真。

3 假言三段论/链式论证

术语"三段论"描述了一个从两个前提中推断出结论的演绎论证,而"假言"指的是每个前提采取"如果……那么……"的形式。因此,一个假设性的三段论形式如下：

前提1：如果A，那么B。如果公司亏损了，那么总裁会被解雇。

前提2：如果B，那么C。如果总裁被解雇了，那么公司需要一位新总裁。

结论：因此，如果A，那么C。如果公司亏损了，那么公司需要一位新总裁。

这种论证的一个更常见的说法是"链式论证"，因为它描述了一个因果链——如果我们愿意的话，这个因果链可以延伸到两个前提之外。A足以保证B，B足以保证C，以此类推。

不过，请记住，有效性本身并不能保证真理，这种特殊的论证形式经常会掺杂不真实的前提，误导读者：

如果你不准我带薪休假，我就会难过，并且感到压力重重；如果我难过，并且感到压力重重，我就会考试不及格；如果我考试不及格，我就找不到工作；如果我找不到工作，我就永远不会成为一个有生产力的社会成员。因此，除非你允许我带薪休假，否则我永远不会成为一个有生产力的社会成员。

4　选言三段论：非此即彼论证

选言三段论的基础是说明两件事中一定有一件必须是真的，也就是说，如果一件事不是真的，另一件事必须是真的：A为假就足以保证B为真，B为假就足以保证A为真。

前提1：要么A，要么B。要么总裁被解雇，要么公司盈利。

前提2：A为假。总裁没有被解雇。

结论：因此，B。因此，公司一定盈利。

像链式论证一样，这种非此即彼的论证形式经常被滥用来达到误导的目的。思考一下这个特殊的选言三段论：

要么被告有罪，要么他学会了如何在同一时间出现在两个地方。鉴于后者不可能是事实，前者必须为真，即被告有罪。

这是一个有效的论证。然而，请注意，它的有效性建立在这样一个假设上：除了它所描述的两种情况之外，没有其他可能的情况：要么被告有罪，要么他学会了如何同时出现在两个地方。这有可能吗？也许不是，但公诉律师希望你这么认为。

5　建设性两难

最后这种论证形式留给我们的不是单一的结论，而是两种可能性。实际上，它结合了之前的两种论证形式——假言三段论（要么A，要么B）和肯定前件（如果A，那么B）。它也很容易被滥用：过度简化

一种情况,假装在这种情况下,只有两种选择是有用的。它的形式如下:

前提1:要么A,要么B。要么现总裁被解雇了,要么公司盈利了。

前提2:如果A,那么C。如果现总裁被解雇了,那么公司需要一个新总裁。

前提3:如果B,那么D。如果公司盈利了,现总裁会获得奖金。

总结:因此,C或D。因此,要么公司需要一个新总裁,要么需要给现总裁发奖金。

注释

序章

1. Wasik, J. (2012) 'Hacked by a phisher? How the grandparent scam works', *Forbes*, 6 September. Available at: www.forbes.com/sites/johnwasik/2012/09/06/hijacked-by-a- phisher-how-the-grandparent-scam-works (accessed August 2021).
2. Kahneman, D. (2012) *Thinking, Fast and Slow*. London: Allen Lane.
3. The term 'confirmation bias' itself was coined by Peter Cathcart Wason in 1968, although the tendency it described had long been known to students of human nature. See Wason, P.C. (1968) 'Reasoning about a rule', *Quarterly Journal of Experimental Psychology*, 20 (3): 273–81.

第一章

4. Baumeister, R.E., Bratslavsky, E., Muraven, M. and Tice, D.M. (1998) 'Ego depletion: is the active self a limited resource?', *Journal of Personality and Social Psychology*, 74 (5): 1252–65.

第二章

5. *The Oxford Companion to Philosophy* begins its entry on the principle of charity with this useful summary: 'In its simplest form, it holds that (other things being equal) one's interpretation of another speaker's words should minimize the ascription of false beliefs to that. For example, it suggests that, given the choice between translating a speaker of a foreign language as expressing the belief that elephants have wings and as expressing the belief that elephants have tusks, one should opt for the latter translation.' See Honderich, T. (ed.) (2005) *The Oxford Companion to Philosophy* (2nd edition). New York: Oxford University Press.

第三章

6. The Vegan Society (n.d.) 'Definition of veganism'. Available at: www.vegansociety.com/ go-vegan/ definition-veganism (accessed August 2021).
7. A brief note on logic and computers: Digital computing is founded on the insight that it's possible for a combination of tiny switches, called a transistor, to embody a valid logical proposition. You can, for example, create a transistor so that it will produce a positive output if it receives a positive input from another transistor; or so that one transistor switches on only when two others are both on; or so that one transistor switches on when another is off. This simple logical vocabulary is the basis of all computer algorithms–and it is, incredibly enough, sufficient to produce everything that modern computers achieve. It just takes billions of switches and a grasp of logic.
8. In formal logic, there are nine elementary valid arguments that can be used to form most others: *modus ponens*, *modus tollens*, hypothetical syllogism, disjunctive syllogism, constructive dilemma, absorption, simplification, conjunction and addition. An excellent textbook outlining these and much else is Copi, I.M., Cohen, C. and McMahon, K. (2010) *Introduction to Logic* (14th edition). New York: Routledge.

第四章

9. The American pragmatist philosopher Charles Sanders Peirce (1839–1914) introduced the term 'ampliative reasoning' to clarify the way in which the conclusions of inductive arguments extend

what is asserted in their premises. See Houser, N. and Kloesel, C.J.W. (eds) *The Essential Peirce* (1992/1998). Indiana: Indiana University Press.

10 For an excellent explanation of both sampling and its statistical context, see Field, A. (2016) *An Adventure in Statistics*, London: Sage, and Chapter 10 in particular.

11 'That the sun will not rise tomorrow is no less intelligible a proposition, and implies no more contradiction, than the affirmation, that it will rise. We should in vain, therefore, attempt to demonstrate its falsehood. Were it demonstratively false, it would imply a contradiction, and could never be distinctly conceived by the mind.' In Hume, D. (1772/1993) 'Cause and effect: part I', *An Enquiry Concerning Human Understanding*. London: Hackett.

12 This is an example perhaps most famously discussed in Taleb, N.N. (2007) *The Black Swan: The Impact of the Highly Improbable*. New York: Random House.

13 Wason, P.C. (1968) 'Reasoning about a rule', *Quarterly Journal of Experimental Psychology*, 20 (3): 273–81. As noted earlier, Wason also gave us the phrase 'confirmation bias'.

第五章

14 A classic text in translation from the Latin is Bacon, F., Sir (1620) *Novum Organum* (ed. J. Devey, 1902). New York: P.F. Collier. This can be read in full online at http://oll. Liberty fund.org/titles/bacon-novum-orga num. The term 'empirical' itself comes from the Latin noun *empiricus*, describing the school of physicians who believed in basing their expertise upon experience (as opposed to those who believed in basing their expertise upon the Hippocratic tradition of sacred medical writings).

15 The American pragmatist philosopher Charles Sanders Peirce (1839–1914) coined the term 'abductive reasoning' in addition, as noted in a previous footnote, to that of 'ampliative' reasoning. It was Peirce who established the three-part distinction between deduction, induction and abduction to which my account in this book is partially indebted, together with the theory that these three modes of reasoning between them map out the scientific method: abductive reasoning first suggests a hypothesis, the researcher then deduces what must logically be true if this hypothesis is true, then induction finally makes predictions that permit the testing and refining of the initial hypothesis.

16 The friend was William Stukeley, who published his account in *Memories of Sir Isaac Newton's Life* (1752); the manuscript was released online by the Royal Society and has subsequently appeared, among other places, in Chown, M. (2017) *The Ascent of Gravity: The Quest to Understand the Force that Explains Everything*. London: Weidenfeld & Nicolson.

17 There are many accounts of the history of gravitation research; a thorough recent book is Chown, M. (2017) *The Ascent of Gravity: The Quest to Understand the Force that Explains Everything*. London: Weidenfeld & Nicolson.

18 This phrase was first used by the philosopher Gilbert H. Harman in 1965, and was intended to offer a more precise definition than Peirce's sense of abduction. 'I prefer my own terminology because I believe that it avoids most of the misleading suggestions of the alternative terminologies,' he wrote. 'In making this inference one infers, from the fact that a certain hypothesis would explain the evidence, to the truth of that hypothesis. In general, there will be several hypotheses which might explain the evidence, so one must be able to reject all such alternative hypotheses

before one is warranted in making the inference. Thus one infers, from the premise that a given hypothesis would provide a "better" explanation for the evidence than would any other hypothesis, to the conclusion that the given hypothesis is true.' Harman, G. (1965) 'The inference to the best explanation', *The Philosophical Review*, 74: 88–95.
19 I borrowed this example from Huff, D. (1973) *How to Lie with Statistics*. London: Penguin.

第六章

20 One of the clearest and most useful APA style guidelines resources I have found online is offered by the Purdue Online Writing Lab as part of its Research and Citation Resources at: https://owl.purdue.edu/owl/research_and_citation/resources.html (retrieved August 2021).

第七章

21 Aristotle's *Treatise on Rhetoric* dates from the 4th century BC; one of the most authoritative modern editions is the Loeb Classical Library (1989). For an accessible and entertaining account of classical rhetoric in both ancient and modern contexts, see Leith, S. (2011) *You Talkin' To Me? Rhetoric from Aristotle to Obama*. London: Profile Books.
22 See the fascinating book, Cialdini, R. (2016) *Pre-suasion*. London: Simon & Schuster.
23 This was the original headline used by Upworthy on 20 May 2013 for the article now titled 'This amazing kid got to enjoy 19 awesome years on this planet: what he left behind is wondtacular'. Available at: www.upworthy.com/this-amazing-kid-got-to-enjoy-19-awesome-years-on-this-planet-what-he-left-behind-is-wondtacular (accessed August 2021).
24 From Case, M.A. (2016) 'The role of the popes in the invention of complementarity and the Vatican's anathematization of gender', *University of Chicago Public Law & Legal Theory Working Paper*, No. 565.
25 If you're interested in reading about the Stanford prison experiment in more detail, one rich resource is the Stanford Prison Experiment website at www.prisonexp.org (accessed August 2021) which encompasses detailed information about the original experiment, and materials from the 2007 book and 2015 film it inspired, all put together by the experiment's originator, Philip Zimbardo.

第八章

26 As we will see later in this chapter, the ancient Greek philosopher Aristotle was the first to list fallacies and his work continues to underpin many common approaches. A useful discussion of ancient and modern approaches to fallacies can be found on the Stanford Encyclopedia of Philosophy website at https://plato.stanford.edu/entries/fallacies (accessed August 2021).
27 Aristotle identified 13 fallacies in *Sophistical Refutations*, one of the six books that make up his collected works on logic, the *Organon*. A full text can be accessed online at http://classics.mit.edu/Aristotle/sophist_refut.1.1.html (accessed August 2021).
28 The Royal Society has made the original 1763 text of Bayes's essay available online, as part of its *Philosophical Transactions*. See Bayes, T. (1763) 'An essay towards solving a problem in the doctrine of chances', *Philosophical Transactions*, 53: 370–418. doi:10.1098/rstl.1763.0053

第九章

29 The American political scientist and economist Herbert A. Simon (1916–2001) was the first to use the term 'heuristics' to describe mental short cuts for decision-making, in the 1950s. Simon discussed heuristics in the context of what he called 'bounded rationality', which described the limitations of individual decision-making in terms of the complexities of a problem, the capacity of the mind and the time available. Hence the practical importance of achieving satisfactory solutions through rules of thumb, rather than focusing only on the best possible theoretical solution. See Simon, H.A. (1955) 'A behavioral model of rational choice', *Quarterly Journal of Economics*, 69 (1): 99–118.

30 Finucane, M.L., Alhakami, A., Slovic, P. and Johnson, S.M. (2000) 'The affect heuristic in judgment of risks and benefits', *Journal of Behavioral Decision Making*, 13 (1): 1–17.

31 This example first appeared in Tversky, A. and Kahneman, D. (1973) 'Availability: a heuristic for judging frequency and probability', *Cognitive Psychology*, 5 (2): 207–32.

32 For this, other statistics and a useful explanation of the psychological mechanisms in play, see Anderson, J. (2017) 'The psychology of why 94 deaths from terrorism are scarier than 301,797 deaths from guns', *Quartz*, 31 January. Available at: https://qz.com/898207/ the-psychology-of-why-americans-are-more-scared-of-terrorism-than-guns-though-guns- are-3210-times-likelier-to-kill-them (accessed August 2021).

33 Ross, M. and Sicoly, F. (1979) 'Egocentric biases in availability and attribution', *Journal of Personality and Social Psychology*, 37 (3): 322–36.

34 See Ariely, D., Loewenstein, G. and Prelec, D. (2003) '"Coherent arbitrariness": stable demand curves without stable preferences', *Quarterly Journal of Economics*, 118: 73–106. doi https://doi.org/10.1162/00335530360535153

35 My choice of example is influenced by Schkade, D.A. and Kahneman, D. (1998) 'Does living in California make people happy? A focusing illusion in judgments of life satisfaction', *Psychological Science*, 9 (5): 340–6.

36 The 'Linda problem' first appeared in Tversky, A. and Kahneman, D. (1974) 'Judgments under uncertainty: heuristics and biases', *Science*, 185 (4157): 1124–31.

37 For an example of objections to the Linda problem, see Hertwig, R. and Gigerenzer, G. (1999) "The 'conjunction fallacy' revisited: How intelligent inferences look like reasoning errors", *Journal of Behavioral Decision Making*, 12: 275–305. doi:10.1002/ (sici)1099-0771 (199912)12:4<275::aid-bdm323>3.3.co;2-d

38 For the period October to December 2016, the Office of National Statistics Labour Force Survey reported 375,000 people working in agriculture, forestry and fishing; 528,000 people working in mining, energy and water supply; and 4,143,000 people working in health and social work. See 'EMP13: Employment by industry', released on 15 February 2017, online at www.ons.gov.uk/employmentandlabourmarket/peopleinwork/employ mentandemployeetypes/datasets/employmentbyindustryemp13 (retrieved July 2017).

39 One recommended place to start reading around prejudice, stereotyping and exclusion is hooks, b. (1981) *Ain't I a Woman: Black Women and Feminism*. Boston, MA: South End Press.

40 The key initial paper that introduced framing effects, including a version of this particular example, is Tversky, A. and Kahneman, D. (1981) 'The framing of decisions and the psychology of choice', *Science*, 211 (4481): 453–5; while a useful later paper analysing different types of framing effect is Levin, I.P., Schneider, S.L. and Gaeth, G.J. (1998) 'All frames are not created equal: a typology and critical analysis of framing effects', *Organizational Behavior and Human Decision Processes*, 76 (2): 149–88.

41 See Kahneman, D. and Tversky, A. (1979) 'Prospect theory: an analysis of decision under risk', *Econometrica*, 47 (2): 263.

42 See Knutson, A. (2013) '22 people who found Jesus in their food', *BuzzFeed*, 29 March. Available at: www.buzzfeed.com/arielknutson/people-who-found-jesus-in-their-food (retrieved July 2017).

43 My (fictional) example is not based on any one study, but its general points echo the criticisms made in its 2009 report by the American Psychological Association Task Force on Appropriate Therapeutic Responses to Sexual Orientation, which conducted 'a systematic review of the peer-reviewed journal literature on sexual orientation change efforts (SOCE)' and concluded that 'efforts to change sexual orientation are unlikely to be successful and involve some risk of harm, contrary to the claims of SOCE practitioners and advocates'. See American Psychological Association (2009) *Report of the Task Force on Gender Identity and Gender Variance*. Available at: www.apa.org/pi/lgbt/resources/policy/ gender-identity-report.pdf (accessed August 2021).

44 For a detailed exploration of this, see Amankwah-Amoah, J. (2014) 'A unified framework of explanations for strategic persistence in the wake of others' failures', *Journal of Strategy and Management*, 7 (4): 422–44.

45 Kruger, J. and Dunning, D. (1999) 'Unskilled and unaware of it: how difficulties in recognizing one's own incompetence lead to inflated self-assessments', *Journal of Personality and Social Psychology*, 77 (6): 1121–34.

46 Alpert, M. and Raiffa, H. (1982) 'A progress report on the training of probability assessors'. In D. Kahneman, P. Slovic and A. Tversky (eds) *Judgement Under Uncertainty: Heuristics and Biases*. Cambridge: Cambridge University Press. pp. 294–305.

47 Some of the complexities of expert overconfidence are explored in Lin, S.-W. and Bier, V.M. (2008) 'A study of expert overconfidence', *Reliability Engineering and System Safety*, 93: 775–7. This includes the observation that experts are by no means always overconfident in their own fields and that previous effects suggesting this may be due in part to noisy data.

48 See Benson, B. (2017) 'Cognitive bias cheat sheet, simplified: thinking is hard because of 4 universal conundrums', *Medium*, 8 January. Available at: https://medium.com/think ing-is-hard/4-conundrums-of-intelligence-2ab78d90740f (accessed August 2021).

49 Tversky, A. and Kahneman, D. (1974) 'Judgments under uncertainty: heuristics and biases', *Science*, 185 (4157): 1124–31. Also online at http://psiexp.ss.uci.edu/research/teaching/ Tversky_Kahneman_1974.pdf; Kahneman, D. and Tversky, A. (1979) 'Prospect theory: an analysis of decision under risk', *Econometrica*, 47 (2): 263. Also online at www.princeton. edu/~kahneman/docs/Publications/prospect_theory.pdf; Tversky, A. and Kahneman, D. (1981) 'The framing of decisions and the psychology of choice', *Science*, 211 (4481): 453–8. Also online at http://psych. hanover.edu/classes/Cognition/Papers/tversky81.pdf.

第十章

50 A version of this story is told by Daniel Kahneman in his delightful autobiographical essay on the Nobel Prize website at www.nobelprize.org/nobel_prizes/economic-sciences/ laureates/2002/kahneman-bio.html (accessed August 2021).

51 The phrase 'fundamental attribution error' was coined in 1977 by the social psychologist Lee Ross to describe people's tendency to attribute others' behaviour to their intentions and character, even if that behaviour was clearly a result of circumstances. See Ross, L. (1977) 'The intuitive psychologist and his shortcomings: distortions in the attribution process'. In Berkowitz, L. (Ed.) *Advances in Experimental Social Psychology*, 10. New York: Academic Press. pp. 173–220.

52 See Williams, B. (1981) *Moral Luck*. Cambridge: Cambridge University Press; and Nagel, T. (1979) *Mortal Questions*. New York: Cambridge University Press.

53 See Taleb, N.N. (2007) *Fooled by Randomness: The Hidden Role of Chance in Life and in the Markets*. London: Penguin.

54 Among many other places, this story is told well in Ellenberg, J. (2014) *How Not to be Wrong: The Hidden Maths of Everyday Life*. London: Penguin.

55 For an example of an organization attempting to ensure the publication of research data in full, rather than selectively, see the AllTrials website at www.alltrials.net

第十一章

56 Shannon's foundational paper in information theory was published in two parts in 1948: Shannon, C.E. (1948) 'A mathematical theory of communication', *Bell System Technical Journal*, 27 (3): 379–42; and Shannon, C.E. (1948) 'A mathematical theory of communication', *Bell System Technical Journal*, 27 (4): 623–66; subsequently republished under a new title, together with additional materials by Warren Weaver, in Shannon, C.E. and Weaver, W. (1949) *The Mathematical Theory of Communication*. Champaign, IL: University of Illinois Press. For an excellent, accessible introduction to information theory, see Floridi, L. (2010) *Information: A Very Short Introduction*. Oxford: Oxford University Press. And for a dazzling popular history of information that remains one of the most compelling non-fiction books I have ever read, see Gleick, J. (2011) *The Information: A History, A Theory, A Flood*. London: HarperCollins.

57 See Wikipedia, 'List of highest mountains on Earth', at https://en.wikipedia.org/wiki/List_of_highest_mountains_on_Earth (accessed August 2021).

58 For a brief, useful account of the complex history of measuring Everest, see the Britannica article 'The height of Everest' at www.britannica.com/place/Mount-Everest/ The-height-of-Everest (accessed August 2021).

59 See the official NASA history *Apollo Expeditions to the Moon*, Chapter 13.1, 'Houston, we've had a problem', by J.A. Lovell, online at https://history.nasa.gov/SP-350/ch-13-1. html (accessed August 2021).

60 Adapted from 'The Full Fact Toolkit' at https://fullfact.org/toolkit (accessed August 2021).

61 For an excellent in-depth analysis of social proof in the context of technology, see Hendricks, V.F. and Hansen, P.G. (2016) *Infostorms: Why do we 'Like'? Explaining Individual Behaviour on the Net*. New York: Springer.

62 It remains worth reading Brin and Page's original 1998 paper presenting Google and its prototype model for 'effectively dealing with uncontrolled hypertext collections where anyone can publish anything they want'. See Brin, S. and Page, L. (1998) 'The anatomy of a large-scale hypertextual web search engine'. In: Seventh International World-Wide Web Conference (WWW 1998), 14–18 April, Brisbane, Australia. Available at: http:// ilpubs.stanford.edu:8090/361 (accessed August 2021).

63 Metcalfe himself tells the story in Metcalfe, R. (2007) 'It's all in your head', *Forbes*, 20 April, online at www.forbes.com/forbes/2007/0507/052.html (retrieved July 2017): 'Using a 35mm slide ... I argued that my customers needed their Ethernets to grow above a certain critical mass if they were to reap the benefits of the network effect. 3Com sold $1,000 cards that connected desktop computers into a network. Here was the payoff: The cost of installing the cards at, say, a corporation would be proportional to the number of cards installed. The value of the network, though, would be proportional to the square of the number of users. Multiply the number of networked computers by ten and your systemwide cost goes up by a factor of ten but the value goes up a hundredfold.'

64 Pariser, E. (2011) *The Filter Bubble: What the Internet is Hiding from You*. New York: Penguin.

65 For example, see Boxell, L., Gentzkow, M. and Shapiro, J.M. (2017) 'Is the internet causing political polarization? Evidence from demographics', NBER Working Paper No. 23258, March.

66 See Greenwald, A.G. (2017) 'An AI stereotype catcher', *Science*, 356 (6334): 133–4; and for a lively, broader discussion of these emerging issues, see O'Neil, C. (2016) *Weapons of Math Destruction: How Big Data Increases Inequality and Threatens Democracy*. New York: Penguin.

67 See Luft, J. and Ingham, H. (1955) 'The Johari window, a graphic model of interpersonal awareness', in *Proceedings of the Western Training Laboratory in Group Development*. Los Angeles, CA: UCLA.

68 The Wikipedia entry on the Nevada Test Site, where Desert Rock and other operations took place, has useful details and links to follow for further reading at https://en.wikipedia. org/wiki/Nevada_Test_Site (accessed August 2021).

69 Note that the easiest way to access many 'advanced' search operations is to go to either a specific Advanced Search page, such as Google's, or to click to display specific 'tools' or 'options'.

第十二章

70 For example, I highly recommend Allen, D. (2015) *Getting Things Done: The Art of Stress-free Productivity*. London: Piatkus.

71 For an excellent book on habits, see Duhigg, C. (2012) *The Power of Habit: Why We Do What We Do, and How to Change*. New York: Random House.

参考书目

批判性思维

Bowell, T. and Kemp, G. (2015) *Critical Thinking: A Concise Guide* (4th edition). London: Routledge. A detailed, clear exploration of the field that's especially impressive in dealing with argument reconstruction and assessment in detail.

Cottrell, S. (2011) *Critical Thinking Skills: Developing Effective Analysis and Argument* (2nd edition). London: Palgrave Macmillan. An attractive, accessible and wide-ranging introduction to both critical thinking skills and their wider study context, packed with great exercises.

hooks, b. (2010) *Teaching Critical Thinking: Practical Wisdom*. London: Routledge. Offers a powerful vision for progressive, critically engaged education in the present day.

van den Brink-Budgen, R. (2010) *Critical Thinking for Students* (4th edition). Oxford: How To Books. A basic introduction to concepts, useful for its lucidity when it comes to claims, explanations and assumptions. Most appropriate for AS or A-level students.

逻辑和推理

Copi, I.M., Cohen, C. and McMahon, K. (2016) *Introduction to Logic* (14th edition). London: Routledge. A classic that's both expansive and accessible, and comprehensive when it comes to both the rules of logic and its wider context and significance.

Hodges, W. (2001) *Logic* (2nd edition). London: Penguin. A well-designed introductory textbook with a clear style and exercises aimed at helping undergraduates master the fundamentals.

Sinnott-Armstrong, W. (2018) *Think Again: How to Reason and Argue*. London: Pelican. A lucid account of the everyday power and significance of reasoning.

研究方法

Criado Perez, C. (2020) *Invisible Women: Exposing Data Bias in a World Designed for Men*. London: Vintage. Brilliantly exposes the degree to which much that is taken for granted as 'normal' is premised upon male rather than female bodies and experiences.

Kumar, R. (2014) *Research Methodology: A Step-by-Step Guide for Beginners* (4th edition). London: Sage. A lucid and comprehensive guide, especially strong on data, sampling and processing.

Thomas, G. (2013) *How to Do Your Research Project: A Guide for Students in Education and Applied Social Science*. London: Sage. Does exactly what it says in the title, in a personable and accessible way, with great illustrations, detail and relevant examples throughout.

良好的阅读和写作能力

Evaristo, B. (2019) *Girl, Woman, Other*. London: Hamish Hamilton. This Booker-winning work of fiction has a style of remarkable clarity, precision and empathy, interweaving multiple lives and generations: a model of rich, resonant prose and how to put life on the page.

Wallace, M. and Wray, A. (2011) *Critical Reading and Writing for Postgraduates* (2nd edition). London: Sage. Sophisticated and in-depth, as the title suggests, but with an accessibility that makes it valuable for any undergraduate looking to improve.

Warburton, N. (2007) *The Basics of Essay Writing*. London: Routledge. A clear and friendly introduction, with detailed practical advice covering often-overlooked essentials.

批判性思考方法

Floridi, L. (2014) *The Fourth Revolution: How the Infosphere is Reshaping Human Reality*. Oxford: Oxford University Press. One of the finest and most wide-ranging popular explorations of the human consequences of the information age, from a leading academic thinker.

Fry, H. (2019). *Hello World: How to be Human in the Age of the Machine*. London: Black Swan. A highly engaging account of what it means to think rigorously and humanely about technology in the 21st century.

Lanier, J. (2010) *You Are Not a Gadget: A Manifesto*. London: Penguin. A delightful provocation and meditation on the relationship between humanity and technology, as fresh today as when it was written.

Noble, S. U. (2018) *Algorithms of Oppression: How Search Engines Reinforce Racism*. New York: NYU Press. A power account of algorithmic bias and the structural injustices it can perpetuate.

认知偏见和行为经济学

Eberhardt, J. (2019) *Biased: The New Science of Race and Inequality*. London: William Heinemann. An authoritative guide to the deep roots and consequences of biases rooted in racial sterotypes and assumptions, by one of the world's leading experts in the field.

Kahneman, D. (2011) *Thinking, Fast and Slow*. London: Penguin. There is no better mainstream guide to behavioural economics than this modern classic. Essential reading from the Nobel laureate who helped define the field.

McRaney, D. (2012) *You Are Not So Smart*. London: Oneworld. Lively, well referenced and wide-ranging, this tour through 48 common cognitive biases is a great starter text.

统计、不确定性和概率

Blastland, M. and Spiegelhalter, D. (2013) *The Norm Chronicles: Stories and Numbers about Risk*. London: Profile Books. One of the liveliest recent examinations of risk in everyday life, and what it means to think with playful rigour about possibilities, from skydiving to terrorism.

Field, A. (2016) *An Adventure in Statistics: The Reality Enigma*. London: Sage. Unconventional, long, illuminating and beautiful, this combination of illustrated novel and stats textbook covers almost everything a social scientist needs to know for stats.

Harford, T. (2020). *How to Make the World Add Up: Ten Rules for Thinking Differently About Numbers*. London: Bridge Street Press. A smart, accessible and lucid introduction to statistical thinking.

Taleb, N.N. (2001) *Fooled by Randomness*. London: Penguin. The first book in Taleb's *Incerto* series is a fine place to introduce yourself to his idiosyncratic genius. Infuriatingly brilliant.

思考世界

Blackburn, S. (1999) *Think*. Oxford: Oxford University Press. A dazzling introduction to philosophy of mind that will fit into your pocket – and fill your head with dizzying questions.

Ferner, A. and Chet, D. (2019) *How to Disagree: Negotiate difference in a divided world*. London: White Lion. A slim, impactful guide to constructive disagreement and the nature of difference in the 21st century.

Midgley, M. (2018) *What is Philosophy for?* London: Bloomsbury. A wise, accessible book exploring the varied ways in which we try to make sense of the world – and both the power and limitations of science.

图书在版编目（CIP）数据

向答案提问 /（英）汤姆·查特菲尔德著；赵军主译. -- 杭州：浙江教育出版社，2023.11
ISBN 978-7-5722-6641-6

Ⅰ. ①向… Ⅱ. ①汤… ②赵… Ⅲ. ①逻辑思维－通俗读物 Ⅳ. ①B804.1-49

中国国家版本馆CIP数据核字(2023)第185981号

Critical Thinking 2e by Tom Chatfield
©Tom Chatfield 2022
Authorized translation from English language edition published by SAGE Publications, Ltd.
本书原版由SAGE Publications, Ltd.出版，并经其授权翻译出版。

引进版图书合同登记号　浙江省版权局图字：11-2023-234

向答案提问
XIANG DAAN TIWEN

[英] 汤姆·查特菲尔德　著　赵军　主译　潘曼谊　刘奕蕾　参译

总 策 划	李　娟	策划编辑	王思杰
责任编辑	洪　滔	责任校对	王晨儿
美术编辑	韩　波	责任印务	曹雨辰

出版发行　浙江教育出版社（杭州市天目山路40号 邮编：310013）
印　　刷　北京盛通印刷股份有限公司
开　　本　787mm×1092mm　1/32
印　　张　19.125
字　　数　321 300
版　　次　2023年11月第1版
印　　次　2023年11月第1次印刷
标准书号　ISBN 978-7-5722-6641-6
定　　价　128.00元

如发现印、装质量问题，请与印刷厂联系调换。联系电话：15901363985

人啊，认识你自己！